"十四五"职业教育国家规划教材

建筑力学 （第2版）

JIANZHU LIXUE

主　编/方从严　李有香

副主编/檀秋芬　汪荣林　段忠清

黄　丹　陈　凯　彭　佩

合肥工业大学出版社

图书在版编目(CIP)数据

建筑力学/方从严,李有香主编．—2版．—合肥:合肥工业大学出版社,2016.7(2024.1重印)

ISBN 978-7-5650-2865-6

Ⅰ.①建…　Ⅱ.①方…　②李…　Ⅲ.①建筑科学—力学　Ⅳ.①TU311

中国版本图书馆CIP数据核字(2016)第159713号

建筑力学(第2版)

主　编　方从严　李有香　　　　责任编辑　张择瑞　汪　钵　袁　媛

出　版	合肥工业大学出版社	版　次	2009年9月第1版
地　址	合肥市屯溪路193号		2016年7月第2版
邮　编	230009	印　次	2024年1月第8次印刷
电　话	理工图书出版中心:0551－62903204	开　本	787毫米×1092毫米　1/16
	营销与储运管理中心:0551－62903198	印　张	16　　字　数　379千字
网　址	press.hfut.edu.cn	印　刷	安徽联众印刷有限公司
E-mail	hfutpress@163.com	发　行	全国新华书店

主编信箱　fcy@whptu.ah.cn　　责编信箱/热线　zrsg2020@163.com　13965102038

ISBN 978-7-5650-2865-6　　　　定价:48.00元

如果有影响阅读的印装质量问题,请与出版社营销与储运管理中心联系调换

高职高专土建类专业系列教材

编 委 会

顾 问 干 洪

主 任 柳炳康

副主任 周元清 罗 琳 齐明超

编 委 （以姓氏笔画为序）

王丰胜 王先华 王 虹 韦盛泉 方从严

尹学英 毕守一 曲恒绪 朱永祥 朱兆建

刘双银 刘玲玲 许传华 孙桂良 杨 辉

肖玉德 肖捷先 吴自强 余 晖 汪荣林

宋风长 张齐欣 张安东 张 延 张 森

陈送财 夏守军 徐友岳 徐凤纯 徐北平

郭阳明 常保光 崔怀祖 葛新亚 董春南

满广生 窦本洋

高职高专土建类专业系列教材
参编学校名单（以汉语拼音为序）

安 徽

安徽电大城市建设学院
安徽建工技师学院
安徽交通职业技术学院
安徽涉外经济职业学院
安徽水利水电职业技术学院
安徽万博科技职业学院
安徽新华学院
安徽职业技术学院
安庆职业技术学院
亳州职业技术学院
巢湖职业技术学院
滁州职业技术学院
阜阳职业技术学院
合肥滨湖职业技术学院
合肥共达职业技术学院
合肥经济技术职业学院
淮北职业技术学院
淮南职业技术学院
六安职业技术学院
宿州职业技术学院
铜陵职业技术学院
芜湖职业技术学院
宣城职业技术学院

江 西

江西工程职业学院
江西建设职业技术学院
江西蓝天学院
江西理工大学南昌校区
江西现代职业技术学院
九江职业技术学院
南昌理工学院

总 序

高等职业教育是我国高等教育的重要组成部分。作为大众化高等教育的一种重要类型，高职教育应注重工程能力培养，加强实践技能训练，提高学生工程意识，培养为地方经济服务的生产、建设、管理、服务一线的应用型技术人才。随着我国国民经济的持续发展和科学技术的不断进步，国家把发展和改革职业教育作为建设面向21世纪教育和培训体系的重要组成部分，高等职业教育的地位和作用日益被人们所认识和重视。

建筑业是我国国民经济五大物质生产行业之一，正在逐步成为带动整个经济增长和结构升级的支柱产业。我国国民经济建设已进入健康、高速的发展时期，今后一个时期土木工程设施建设仍是国家投资的主要方向，房屋建筑、道路桥梁、市政工程等土木工程设施正在以前所未有的速度建设。因而，国家对建筑业人才的需求亦是与日俱增。建筑业人才的需求可分为三个层次：第一层次是高级研究人才；第二层次是高级设计、施工管理人才；第三层次是生产一线应用型技术人才。土建类高职教育的根本任务是培养应用型技术人才，满足土木工程职业岗位的需求。

但是，由于土建类高职教育培养目标的特殊性，目前国内适合于土建类高等职业技术教育的教材较为缺乏，大部分高职院校教学所用教材多为直接使用本、专科的同类教材，内容缺乏针对性，无法适应高职教育的需要。教材是体现教学内容的知识载体，是实现教学目标的基本工具，也是深化教学改革、提高教学质量的重要保证。从高等职业技术教育的培养目标和教学需求来看，土建类高职教材建设已是摆在我们面前的一项刻不容缓的任务。

为适应高等职业教育不断发展的需要，推动我省高职高专土建类专业教学改革和持续发展，合肥工业大学出版社在充分调研的基础上，联合安徽省18多所和江西省6所高职高专及本科院校，共同编写出版一套"高职高专土建类专业系列规划教材"，并努力在课程体系、教材内容、编写结构等方面将这套教材打造成具有高职特色的系列教材。

本套系列教材的编写体现以学生为本，紧密结合高职教育的规律和特点，涵盖建筑工程技术、建筑工程管理、工程造价、工程监理、建筑装饰技术等土建类常见的专业，并突出以下特色：

1. 根据土木工程专业职业岗位群的要求，确定了土建类应用型人才所需共性知识、专业技能和职业能力。教材内容安排坚持"理论知识够用为度、专业技能实用为本、实践训练应用为主"的原则，不强调理论的系统性与科学性，而注重面向土建行业基层、贴近地方经济建设、适应市场发展需求；在理论知识与实践内容的选取上，实践训练与案例分析的设计上，以及编排方式和书籍结构的形式上，教材都尽力去体现职教教材强化技能培训、满足职业岗位需要的特点。

2. 为了让学生更好地掌握书中知识要点，每章开端都有一个"导学"，分成"内容要点"和"知识链接"两部分。"内容要点"是将本章的主要内容以及知识要点逐条列举出来，让学生搞得清楚、弄得明白，更好地把握知识重点。"知识链接"以大土木专业视野，交代各专业方向课程内容之间的横向联系程度，厘清每门课程的先修课与后续课内容之间的纵向衔接关系。

3. 为了注重理论知识的实际应用，提高学生的职业技能和动手本领，使理论基础与实践技能有机地结合起来，每本教材各章节都分成"理论知识"和"实践训练"两大部分。"理论知识"部分列有"想一想、问一问、算一算"内容，帮助学生掌握本专业领域内必需的基础理论；"实践训练"部分列有"试一试、做一做、练一练"内容，着力培养学生的实践能力和分析处理问题的能力，体现土木工程专业高职教育特点，培养具有必需的理论知识和较强的实践能力的应用型人才。

4. 教材编写注意将学历教育规定的基础理论、专业知识与职业岗位群对应的国家职业标准中的职业道德、基础知识和工作技能融为一体，将职业资格标准融入课程教学之中。为了方便学生应对在校时和毕业后的各种职业技能资质考试与考核，获取技术等级证书或职业资格证书，教材编写注重加强试题、考题的实战练习，把考题融入教材中、试题跟着正文走，着力引导学生能够带着问题学，便于学生日后从容应对各类职业技能资质考试，为实现职业技能培训与教学过程相融通、职业技能鉴定与课程考核相融通、职业资格证书与学历证书相融通的"双证融通"职业教育模式奠定基础。

我希望这套系列教材的出版，能对土建类高职高专教育的发展和教学质量的提高及人才的培养产生积极作用，为我国经济建设和社会发展做出应有的贡献。

柳炳康

2009 年 1 月

第二版前言

本教材于 2009 年初版，是教育部确定的首批"十四五"职业教育国家规划教材，安徽省教育厅确定的"十四五"首批高等职业教育规划教材；安徽省教育厅批准的"省级一流教材建设项目"（2020yljc13）。

本次修订，创新教材呈现方式和话语体系，在内容和形式上都作了较大篇幅的调整。将教材内容划分为 10 个模块重新编排，各模块既相对独立又相互联系。很多知识点的文字叙述和数学推导作了修改，力求去繁求简，例题和习题也有所调整；模块六静定结构的内力计算中，增加了静定平面桁架的内力计算；平面图形的几何性质和平面杆件体系的几何组成两部分作为附录呈现，全书内容更为紧凑。许多素材源于工程实例，从中提取力学概念，便于学生理实结合。增加了思政元素、引例；以二维码形式嵌有 43 个教学视频和延伸阅读材料，附有课件等配套的数字资源，能实现可读、可视、可听。努力做到结构科学，案例生动，深入浅出，有利于培养学生学习能力、实践能力和创新能力。

本次修订由芜湖职业技术学院方从严和安徽水利水电职业技术学院李有香任主编；芜湖职业技术学院檀秋芬、江西工程职业学院汪荣林、滁州职业技术学院段忠清、芜湖职业技术学院黄丹、陈凯、彭佩任副主编；参加编写的还有安徽交通职业技术学院吴巍、安徽建工技术学院陆飞虎、芜湖职业技术学院徐存燕、李瑶、张文昌等老师。安徽三建工程有限公司王兴明正高工、中铁时代建筑设计院有限公司王军正高工、安徽鲁班建设投资集团有限公司汤传余正高工等给予指导，参与编写工程案例。广联达科技股份有限公司提供了教学视频。

恳切希望兄弟院校继续对本书进行严格的审查，把发现的问题及时通知我们，以便再度加以修改，使之不断完善，能成为比较合用的教材。

编　者

2023 年 6 月

第一版前言

建筑力学是土建类专业课程体系中最重要的专业基础课，掌握建筑力学知识是每一个从事土建专业工作的技术人员必须具备的基本素质。

本教材作为高职院校土建类专业基础课教材，在编写过程中，围绕高职教育培养应用型技术人才的目标，遵循高职教育的教学内容"以应用为目的"、"以须知够用为度"的原则，努力使本书的编写既满足高职学生学习相关课程的当前学习需求，又兼顾学生自我学习、自我提高发展的长远学习追求。本书对知识的讲解深入浅出，并与土木工程的实际相结合，有些例题直接源于对实际工程问题的提炼，使力学知识的讲解具有"直观、易懂、实用"的特点，为读者构建了一个满足土建类专业知识学习要求的平台。

本教材在编排上努力反映高等职业教育的特点和要求，将理论力学、材料力学和结构力学等不同课程内容综合在一起。全书共分十六章，主要内容包括静力学基础知识，杆件的拉压、扭转和弯曲分析，静定结构内力和位移的计算，超静定结构分析方法，对杆件的几何组成分析、应力状态和强度理论、影响线等内容也作了介绍。本教材可供土建类各专业学生选用，也可作为各类成人高校培训教材。

本教材由方从严和汪荣林任主编，参编人员有李有香、段忠清、吴巍、檀秋芬等同志；参编学校包括芜湖职业技术学院、江西工程职业学院、安徽水利水电职业技术学院、滁州职业技术学院、安徽建工技师学院等。

本教材的编写，参考和引用了书后所列参考文献中的部分内容，在此深表谢意。合肥工业大学张裕怡教授审读全书，提出了许多有益的意见和建议，在此表示感谢。

主于时间仓促，加上编者水平有限，不足之处在所难免，恳请广大读者批评指正。

编　者

2009 年 2 月

《建筑力学》课程思政设计一览表

章节	专业传授	思政素材	实施方法与路径	思政元素
绪论	建筑力学的任务	《墨经》里的力学	**拓展资料阅读：**了解我国春秋战国时代《墨经》提出的力学原理，分析其与牛顿第一定律的相似之处。 **设计目的：**提升学生对我国古代文明的理解与认识。	文化自信 民族自豪感
模块一	力学的基本概念认知	诗词中的道路与力学	**结合古代道路创设问题：**同学们有没有听说过唐宋八大家的苏辙描述民间疾苦的诗句"泥污沉车毂，农输绝苦心"呢？该诗句中有没有体现力这一概念？此时力到底起到了什么样的效果呢？ **设计目的：**激发学生的学习热情，增强课堂教学内容的丰富性和趣味性。	人文素养 发散思维
模块二	工程中常见约束与约束反力	《梦溪笔谈》中的巧妙布局	**拓展资料阅读：**《梦溪笔谈·梵天寺木塔》记录了北宋建筑工匠喻皓用"布板""实钉"来加强结构整体性，解决了木塔晃动的问题，符合现代建筑结构力学原理。 **设计目的：**梵天寺木塔由"动"到"定"的过程，揭示了我国古代巧妙的建设建筑结构与超高的工艺水平。	探索意识 精益求精 工匠精神
模块三	平面弯曲梁的内力计算	梁的理论研究发展	**组织小组讨论：**探讨我国古代在材料力学及工程应用的成就。 **设计目的：**引导学生进一步思考近代力学没有在中国产生的深层次社会原因。	树立价值观 民族使命感 爱国情怀

章节	专业传授	思政素材	实施方法与路径	思政元素
模块四	应力集中现象	生活中的力学现象	**结合生活中的现象创设问题：**同学们有观察过很多食品或者物品的包装都会留三角形的缺口或者一条小切口，帮助我们轻松打开包装袋，这是利用了力学里的什么原理呢？生活中还有哪些现象利用力学原理？ **设计目的：**激励学生主动探究日常生活及所见所闻中的力学现象，逐步培养学生的发散性思维。	观察能力 发散思维
模块五	组合变形的认知	《营造法式》中的力与美	**拓展资料阅读：**讲授弯曲内力时简单介绍中国古代的斗拱：中国古代的工匠特别聪明，他们很早就发明了斗拱，这种斗拱能分散压力，从而使承载能力得到提高。 **设计目的：**引导学生了解到中国古代的"艺痴者技必良"，现代科技时代也需要千千万万的能工巧匠。	技能传承 工匠精神 劳动意识
模块六	静定平面桁架的内力计算	工程中的桁架	**组织主题式教育：**组织学生观看专题视频《超级工程——上海中心大厦》，引导学生自主分析我国现代著名的钢桁架结构工程案例。 **设计目的：**激励学生从我国著名工程中提高专业自信，充分发挥学生的主观能动性，增强学生从事土建行业的决心。	工程意识 吃苦耐劳 专业自信
模块七	胡克定律	郑玄与胡克定律	**布置小组任务：**查阅当前我国学者对郑玄与胡克定律的学术探讨。 **设计目的：**提高学生的文化自信和民族自豪感以及学习能力。	文化自信 自主学习

章节	专业传授	思政素材	实施方法与路径	思政元素
模块八	力法的计算步骤和举例	对称性的利用	**组织小组讨论**：英国一项完全对称的高塔结构输入对称荷载，用电子计算机的结果却不闭合，两个对称点上出现不对称的位移，如果是你们会怎么去处理？ **设计目的**：这是利用对称性检查校核计算结果的一个著名例子。英国的工程师以此为突破口查出了电算程序上的错误，并加以改正，使得该工程的设计工程圆满完成。通过小组讨论引导学生利用对称结构的内力、位移等特点检查计算结果，强化学生的逻辑思维能力。	解析问题 学以致用 勇于实践
模块九	轴心压杆稳定的认知	魁北克大桥坍塌事故	**组织学生口头演讲**：分析魁北克大桥的3次建造历史和经验教训。 **设计目的**：使学生认识到安全设计在工程实际中的重要性，同时对部分灾难中力学问题的了解，可增强学生对力学工程应用性的理解和认识。	安全意识 工程规范 职业道德
模块十	影响线认知	影响线的应用	**布置小组任务**：学生收集一些著名桥梁工程，比如世界十大最长跨海大桥、世界十大最高桥梁等的结构资料，并以图表的形式进行罗列和对比。 **设计目的**：让学生参与工程材料收集和整理，拓展眼界的同时借助案例对重难点进行回顾和梳理。	团队合作 树立世界观 逻辑思维

目　　录

绪　论

0.1　建筑力学的研究对象

建筑物是我们生活所必需的、为实现某种目的而形成的空间结构。在建筑所要满足的要求中,安全是第一位的。就安全性而言,要求建筑物在其设计使用期限内,保证安全,不至于破坏倒塌。为了保证建筑结构的安全,需要对结构进行组成分析和受力分析,需要对结构构件的材料力学性能进行研究分析。

土木工程中的各类建筑物,如房屋、桥梁等,在建造及使用过程中都要承受各种力的作用。工程中把主动作用在建筑物上的外力称为荷载,例如自重、风压力及水压力等都属于荷载。在建筑物中承受和传递荷载而起骨架作用的部分或体系称为结构,例如工业与民用建筑中的梁、柱,公路、铁路上的桥梁,水坝,电视塔等。组成结构的各个部件称为构件。

结构有很多分类方法,工程中常见的结构按其几何特征可分为杆件结构、板壳结构、实体结构。

1. 杆件结构

为了研究方便,将长度方向的尺寸比截面尺寸大得多的构件统称为杆件,如梁、柱等。将杆件组成的结构称为杆件结构,它是应用最广的一种结构。常见的房屋结构很多就属于杆件结构。

2. 板壳结构

由薄板或薄壳组成的结构称为板壳结构,其几何特征是它们的长度和宽度远大于其厚度。当构件为平面状时称为薄板;当构件具有曲面状时称为薄壳。板壳结构也称为薄壳结构。

3. 实体结构

如果结构的长、宽、高三个尺度为同一量级,则称为实体结构。

在建筑工程中,杆件结构是应用最为广泛的结构形式。按照空间特征,杆件结构又可分为平面杆件结构和空间杆件结构两类。凡组成结构的所有杆件的轴线都位于同一平面内,并且荷载也作用于该平面内的结构,称为平面杆件结构;否则称为空间杆件结构。实际结构多属于空间结构,但在计算时,根据实际受力特点,有许多可简化为平面结构来分析。

建筑力学的研究对象是杆件结构,本书只限于研究平面杆件结构。

0.2　平面杆件结构的分类

平面杆件结构按其受力特征可分为以下几种类型:

1. 梁

梁是一种以弯曲变形为主的构件,其轴线通常为直线。梁可以是单跨的或多跨的,如图 0-1 所示。

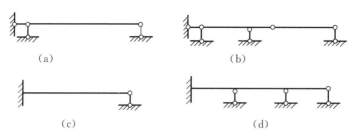

图 0-1 不同类型的梁

2. 刚架

刚架是由直杆组成,其结点全部或部分为刚结点的结构。刚架既承受弯矩,也承受剪力和轴力,如图 0-2 所示。

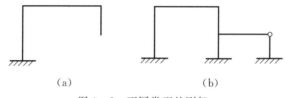

图 0-2 不同类型的刚架

3. 桁架

桁架是由直杆组成,其所有结点都为铰结点的结构。在平面结点力的作用下各杆受轴力作用,如图 0-3 所示。

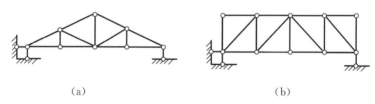

图 0-3 不同类型的桁架

4. 组合结构

组合结构是由桁架和梁或刚架组合在一起而形成的结构,部分杆件只承受轴力,而另一部分杆件则同时承受弯矩、剪力和轴力,如图 0-4 所示。

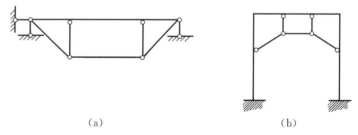

图 0-4 不同类型的组合结构

5. 拱

拱轴线多为曲线,其特点是在竖向荷载作用下能产生水平支座反力,这种水平支座反力可减少拱横截面上的弯矩,如图 0-5 所示。

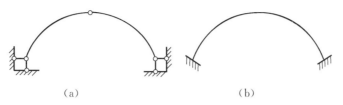

（a）　　　　　　　　　（b）

图 0-5　不同类型的拱结构

0.3　杆件变形的基本形式

在工程结构中,由于外力经常以各种不同的方式作用在杆件上,因此,各种工程构件(杆件)产生的变形也是很复杂的。在分析这些复杂的实际变形中发现,所有的变形都是四种基本变形形式中的一种,或者是四种基本变形形式的叠加。故要研究工程构件(杆件)的变形,首先就要了解这四种基本变形形式。

1. 轴向拉伸或压缩变形

杆件在一对大小相等、方向相反、作用线与杆件轴线重合的拉力或压力作用下产生的变形称为轴向拉伸或压缩变形,使杆件产生长度的改变(伸长或缩短),如图 0-6(a)、(b)所示。起吊重物的钢索、屋架中的腹杆等都是轴向拉伸和压缩的实例。

（a）　　　　　　　　　（b）

图 0-6　杆件受轴向拉伸和压缩作用

2. 剪切变形

杆件受到大小相等、方向相反、作用线垂直于杆轴线且相距很近的一对外力作用下产生的变形称为剪切变形,如图 0-7(a)所示。受外力作用后剪切变形杆件的两部分沿外力作用方向发生相对的错动。工程中的螺栓等连接件都是剪切变形的实例。

3. 扭转变形

杆件在一对大小相等、方向相反、作用面垂直于杆轴线的力偶作用下产生的变形称为扭转变形,如图 0-7(b)所示。扭转变形杆件的任意两个横截面间发生绕轴线的相对转动,而轴线仍保持直线。机械中的轴承就是扭转变形的实例。

4. 平面弯曲

杆件受到作用于纵向对称平面内,且力的作用线垂直于杆轴线的力或力偶作用而产生的变形称为弯曲变形,如图 0-7(c)所示。受外力作用后弯曲变形杆件的轴线由直线变为曲线。建筑工程中的梁、楼板产生的变形都是弯曲变形的实例。

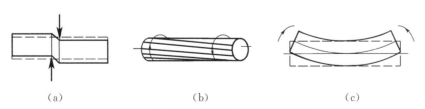

（a）　　　　　　　　（b）　　　　　　　　（c）

图 0-7　杆件分别受剪切、扭转、弯曲作用

0.4　变形固体的基本假设

物体在受力后都会发生变形。在外力作用下,形状或尺寸发生改变的固体称为变形固体。

当分析物体的平衡和运动规律时,这种微小变形的影响很小,可略去不计,而假定在外力作用下固体的形状和尺寸都绝对不变,忽略了固体的变形而把它抽象为刚体。

当分析强度、刚度和稳定性问题时,这些问题都与变形密切相关,使得变形成为不能忽视的因素而必须考虑。这时,将物体视为变形固体,并做出如下假设:

1. 连续性假设

假设构成变形固体的物质完全填满了固体所占的整个几何空间而毫无空隙存在,其结构是完全密实的。

2. 均匀性假设

假设在固体的体积之内,各点的力学性质完全相同。

3. 各向同性假设

假设固体的每一点沿各个不同方向的力学性质完全相同。

4. 线弹性假设

变形固体在外力作用下几何形状和尺寸发生的改变称为变形。外力卸除后能消失的变形称为弹性变形;外力卸除后不能消失的变形称为塑性变形。当所受外力不超过一定范围时,弹性变形很小,其变形可完全消失,具有这种性质的变形固体称为完全弹性体。

本课程只研究完全弹性体,且外力与变形之间符合线性关系,即线弹性假定。

5. 小变形假设

本课程所研究的变形限于“变形与其本身的原始尺寸相比通常是很微小”,称为“小变形”。这样在研究平衡和运动规律时,可以直接按变形前的原始尺寸和形状来计算。

0.5　建筑力学的任务

各种建筑物在正常工作时总是处于平衡状态。所谓平衡状态,就是指建筑物的结构及其构件都相对于地面保持静止的状态。处于平衡状态的物体上所受的力不止一个,而是若干个,我们把这若干个力总称为力系。能使物体保持平衡状态的力系称为平衡力系,平衡力系所必须满足的条件称为力系的平衡条件。

结构在荷载作用下处于平衡状态,作用于结构及各构件上的外力构成了各种力系。建筑力学首先要研究各种力系的简化及平衡条件,根据这些平衡条件,可以由作用于物体上的已知力求出各未知力,这个过程称为静力分析。静力分析是对结构和构件进行其他力学计算的基础。

结构的主要作用是承受和传递荷载。在荷载作用下,结构的各构件内部会产生内力并有变形。建筑力学的主要任务就是研究杆件和杆件结构在荷载及其他因素(支座移动、温度变化等)作用下的工作状况,主要有以下几个方面:

1. 结构的几何组成

特别对杆系结构,必须按一定几何规律组成,以保证所设计的杆件体系在预定荷载作用下,结构能维持其原有的几何形状。

2. 结构受力分析

进行力系的简化和分析,求出约束反力和结构内力。

3. 结构和构件的强度

所谓强度,是指结构和构件抵抗破坏的能力。如果结构在预定荷载作用下能安全工作而不破坏,则认为它满足了强度要求。

4. 结构和构件的刚度

所谓刚度,是指结构和构件抵抗变形的能力。一个结构受荷载作用,虽然有了足够的强度,但变形过大,也会影响正常使用。例如屋面檩条变形过大,屋面会漏水;吊车梁变形过大,吊车就不能正常行驶。如果结构在荷载作用下的变形在正常允许的范围内,则认为它满足了刚度要求。

5. 结构和构件的稳定性

所谓稳定性,是指结构和构件保持原有平衡状态的能力。例如受压的细长柱子,当压力增大到一定数值时,它会突然改变原来的形状(由直变弯),从而改变它原来受压的工作性质,这种现象称为"失稳"。如果结构的各构件在荷载作用下能够保持其原有的平衡状态,则认为它满足了稳定性要求。

综上所述,建筑力学的基本任务就是研究作用在结构或构件上力的平衡关系,研究结构的强度、刚度和稳定性问题,为保证结构或构件安全可靠及经济合理提供理论基础和计算方法。

思考与实训

1. 请简述力学研究的对象。
2. 杆件变形包括哪几种形式?
3. 建筑力学有哪些任务?如何才能学好这门课?

模块一　静力学基础解析

 教学目标 》》》》

　　熟悉静力学基本概念和基本公理,理解力、力矩和力偶的概念,了解平面力系、力的平移的概念,掌握平面一般力系的简化,掌握平面一般力系平衡方程的应用,初步认识静定和超静定结构。

教学要求

能力目标	相关知识
熟悉力学的基本概念	力的三要素,力系的概念及分类
熟悉静力学基本公理	作用力与反作用力公理,二力平衡公理,加减平衡力系公理,力的平行四边形法则,刚化原理
掌握力的投影	分力与投影的异同点,力在坐标轴上的投影,合力投影定理,汇交力系的合力
理解力矩与力偶的概念	力矩的定义,力对点之矩的计算,力偶及其基本性质,力矩与力偶的单位及正负号规定,力的平移定理
掌握平面力系的合成与平衡,用解析法求解汇交力系	力系简化与平衡的解析法基础,平面一般力系的平衡方程的建立,平面力偶系的合成与平衡条件,汇交力系的解析条件

模块一课件

模拟试卷(1)

1.1 力学的基本概念认知

1.1.1 力的定义

用手拉弹簧,手和弹簧之间有相互作用;用桨划船,桨和水之间也有相互作用。引起弹簧变形和船移动的这种作用就是力,力是物体间的相互机械作用。在图 1-1(a)中,绳索 B 用力 P 拉车辆 A,此时绳索 B 与车辆 A 之间的相互作用[图 1-1(b)、(c)]就是力学中要研究的力 F 和 F'。

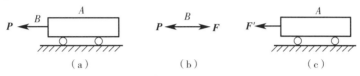

图 1-1 绳索与车辆相互作用示意图

力产生的形式有直接接触和场的作用两种形式。两个物体只要相互接触就有可能产生力的作用(这个概念在画受力图时很重要,记住这一点,在画受力图时就不容易漏掉力的作用)。力的另一种作用形式是场的作用,在建筑工程领域中最常见是重力场的作用,一般表现为物体的重力。

力对物体的作用结果称为力的效应,力的效应可以通过其表现形式被观测到。例如,无支撑的空中物体,由于受到重力作用而产生自由落体运动;挑东西的扁担,由于受到扁担外部的力(人的支撑力和东西的重力)而产生弯曲。力使物体运动状态(即速度)发生改变的效应称为运动效应或外效应;力使物体的形状发生改变的效应称为变形效应或内效应。一个物体受力后,一定会产生力的效应,力与力的效应是一一对应的。

1.1.2 力的三要素

要定量地确定一个力,也就是要定量地确定一个力的效应。实践证明,力对物体的作用效应取决于力的大小、方向和作用点,这称为力的三要素(图 1-2)。

力的大小是衡量力作用效应强弱的物理量,在国际单位制里,力的度量单位为牛顿(N)或千牛(kN),1kN=1 000N。

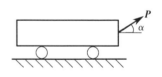

图 1-2 力的三要素示意图

力不仅有大小,而且有方向。力的方向包含两个指标,一个指标是力的指向,如图 1-2 中力 P 的箭头,力的指向表示了这个力是拉力(箭头离开物体)还是压力(箭头指向物体);另一个指标是力的方位,力的方位通常用力的作用线与基准线(通常是水平轴线)的夹角"α"来定量地表示。

力的作用点是力在物体上的作用位置,常指物体间接触点或物体的重心。

由力的三要素可知,力是矢量,可用一个带箭头的线段来表示,称为力的图示法。按一定的比例画出线段的长度表示力的大小;线段的方位和箭头的指向表示力的方向;线段的起点或终点表示力的作用点,线段所在的直线表示力的作用线,如图 1-1 和图 1-2 中的力。在书写时,一般用黑体字母(如 F、P)表示,而 F、P 只表示该矢量的大小。

1.1.3 力系的分类

作用在一个物体上的多个(两个以上)力的总称为力系。

1. 根据受力系作用的物体所处状态,可把力系分为:

(1)平衡力系,作用于某物体而能使其保持平衡的力系。如图1-3(a)所示的电灯,受到重力 **W** 和绳子拉力 **T** 的共同作用处于平衡状态,如图1-3(b)所示。此时作用于电灯上的重力 **W** 和绳子拉力 **T** 构成一个最简单的平衡力系。

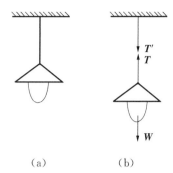

图 1-3　电灯受力作用示意图

(2)不平衡力系,作用于某物体不能使其保持平衡的力系。在建筑力学中,除特殊情况(如进行动力学分析)加以说明外,一般研究的力系均为平衡力系。

2. 根据力系中各力作用线在空间的分布情况,可把力系分为:

(1)平面力系,力系中各力作用线位于同一平面内;

(2)空间力系,力系中各力作用线不在同一平面内。

3. 根据力系中各力作用线间相互关系的特点,可把力系分为:

(1)共线力系,力系中各力作用线均处在一条直线上,如图1-3(b)所示的力系;

(2)汇交力系,力系中各力作用线或其延长线汇交于一点,如图1-4(a)所示的力系中各力的作用线或延长线汇交于一点O;

(3)平行力系,力系中各力的作用线互相平行,如图1-4(b)所示;

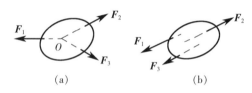

图 1-4　汇交力系与平行力系示意图

(4)一般力系,力系中各个力作用线无特殊规律。

在不改变作用效应的前提下,用一个简单力系代替一个复杂力系的过程,称为力的简化或力系的合成。对物体作用效果相同的力系,称为等效力系。如果一个力与一个力系等效,则该力称为此力系的合力,而力系中的各个力称为这个合力的分力。

1.2　静力学基本公理

静力学公理是人们在实践中,对物体运动特性进行了长期的观察和实验,并经反复验证,得到大家公认的关于力的基本性质的概括和总结。

1.2.1　作用力与反作用力公理

两个物体间的作用力与反作用力,总是大小相等、方向相反,沿同一直线且分别作用在两个物体上。作用力与反作用力总是同时存在。

这个公理阐明了两个相互作用的物体之间力的传递原理。当甲物体对乙物体产生作用力的同时,甲物体也受到来自乙物体的反作用力。可以看出,作用力与反作用力公理是由研究一个物体平衡问题过渡到研究多个物体(物体系统)平衡问题的桥梁。

1.2.2 二力平衡公理

刚体在两个力作用下处于平衡状态的充分必要条件是这两个力大小相等、方向相反,并且作用在同一条直线上。

二力平衡公理阐明了最简单的平衡力系的组成条件,也称为平衡条件,如图1-5(a)所示。平衡条件主要体现在对力系的约束要求,对刚体本身则无要求,如图1-5(b)

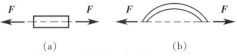

图1-5 两平衡力作用示意图

所示的刚体尽管呈曲线形状,但只要两个力满足平衡条件,仍可保证物体处在平衡状态。受二力作用处于平衡状态的构件称为二力构件。

应当指出,这一公理只适用于刚体,对于变形体,这个平衡条件是不充分的。如图1-6所示的软索,只能承受拉力,而不能承受压力,因此该图所示的受力体不能保持平衡。

图1-6 软索受压作用示意图

必须注意,不能把二力平衡问题和作用力与反作用力关系混淆起来。二力平衡公理中的两个力是作用在同一物体上,而且是使物体平衡的。作用力与反作用力公理中的两个力是分别作用在不同的两个物体上,是说明一种相互作用关系,它们不构成平衡力系。

1.2.3 加减平衡力系公理

在刚体的力系中加上或者减去平衡力系,不会改变原物体的运动效应。

因为平衡力系的运动效应是零,所以在刚体上增加或减少一个零运动效应,不致使刚体原来的运动效应产生影响。

根据加减平衡力系公理,很容易理解力的可传性推论。力的可传性是指作用在刚体上的力,可在刚体中沿着其力作用线任意移动,而不会改变此力对刚体的作用效应。

证明:设有力 F 作用在刚体上的 A 点,如图1-7(a)所示。在刚体中该力作用线延长线上取一点 B,在 B 点加上一对沿 AB 的平衡力 F' 和 F'',F' 和 F'' 构成一平衡力系,且使 $F=F'$ $=-F''$,如图1-7(b)所示。由于从图1-7(a)情形到图1-7(b)情形只是增加了一个平衡力系,根据加减平衡力系公理,图1-7中(a)和(b)的运动效应是等效的。在图1-7(b)中,由于 F 与 F'' 也是一对平衡力,将这个平衡力系减去,则可得到图1-7(c),显然图1-7中(b)和(c)也是等效的。因此可以看出,图1-7(a)、(b)、(c)都是等效的。可见在力的运动效应不发生改变的情况下,力 F 的作用点已由 A 点沿作用线移至 B 点,或者说力 F 的作用点由 A 点传递到了 B 点。

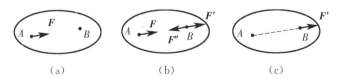

图1-7 力的可传性示意图

应当指出，力的加减平衡力系公理和力的可传性推论都只适用于刚体。如图1-8(a)所示软索 AB 在平衡力 F_1、F_2 作用下处于静止状态，如果应用力的可传性，将 F_1 从 A 点沿作用线移至 B 点，F_2 从 B 点移至 A 点，如图1-8(b)所示，软索 AB 不再能保持平衡状态，也就是说图1-8(a)和(b)的两种情形是不等效的。所以，在非刚体中不能应用力的可传性进行简化。

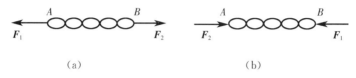

图 1-8　软索中力的不可传性示意图

加减平衡力系公理和力的可传性推论都只适用于研究物体的运动效应，而不适用于研究物体的变形效应。如图1-9(a)中的直杆 AB，两端受等值反向共线的两个力作用处于平衡状态，杆件发生的是拉伸变形。如果将两个力分别沿作用线移到另一端，如图1-9(b)所示，直杆 AB 仍处于平衡状态，但是杆件发生的是压缩变形了。

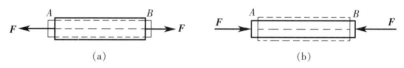

图 1-9　杆件的拉压变形图

1.2.4　力的平行四边形法则

作用在物体上同一点的两个力，可以合成为一个合力，合力也作用于该点，合力的大小、方向，由以这两个力为邻边所组成的平行四边形的对角线来决定，如图1-10(a)所示。其矢量表达式为

$$F = F_1 + F_2 \tag{1-1}$$

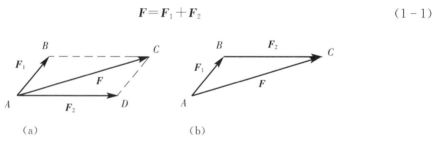

图 1-10　二力的合成示意图

即合力 F 等于两分力 F_1 和 F_2 的矢量和。为了简便，可由 A 点作矢量 F_1，再由矢量 F_1 的末端作矢量 F_2，则 $\overrightarrow{AC}$ 即代表合力 F。这种求合力的方法称为力的三角形法则。

两个共点力可以合成为一个力，反之，一个已知力也可以分解为两个分力。把一个已知力作为平行四边形的对角线，那么与已知力共点的平行四边形的两个邻边，就是这个已知力的两个分力。我们知道，若无其他限制条件，对于同一条对角线，可以作出无数个不同的平行四边形，也就是说，同一个力可以分解为无数对大小、方向不同的分力，要得出唯一解答，必须给出附加条件。在工程中,常把一个力沿直角坐标轴方向进行分解,可得到两个互相垂直的分力 F_x、F_y,如图 1－11 所示。设力 F 方向线与 x 轴正向夹角为 α,F_x、F_y 的大小可由三角函数公式求得:

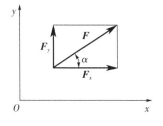

$$F_x = F\cos\alpha \qquad (1-2a)$$

$$F_y = F\sin\alpha \qquad (1-2b)$$

图 1－11　力的分解示意图

力的平行四边形法则是力系简化的基础,也是力分解时所必须遵循的法则。

由该法则还可以得出一个重要的推论——三力平衡汇交定理:刚体受共面不平行三个力作用而平衡时,这三个力的作用线必交汇于一点。

证明:设图 1－12(a)所示刚体在 F_1、F_2 和 F_3 三个力作用下处于平衡状态。设 F_1 和 F_2 的力作用线交于 O 点,若力 F_1 或 F_2 不作用于 O 点,按力的可传性,可将力 F_1 和 F_2 分别沿各力作用线移到 O 点,并按平行四边形法则将 F_1 和 F_2 合成为作用在 O 点的合力 F_{12},如图 1－12(b)所示,这样刚体就相当于在 F_{12} 和 F_3 两个力的作用下处于平衡状态。由二力平衡公理知,F_{12} 和 F_3 两个力必定共线,如图 1－12(c)所示,即 F_3 的作用线必定通过 O 点。这说明 F_1、F_2 和 F_3 三个力必定交汇于一点。

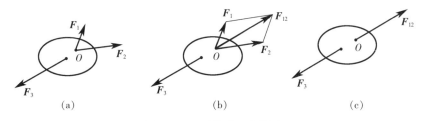

(a)　　　　　　　　(b)　　　　　　　　(c)

图 1－12　刚体受三力作用

1.2.5　刚化原理

当变形体在某力系作用下处于平衡状态,若此时将变形体刚化成刚体,则该物体的平衡状态不受影响。

变形体 AB 绳索在 F_1 和 F_2 力系作用下处于平衡状态,如图 1－13(a)所示。此时,若将变形体 AB 绳索假设为一个不会变形的刚性杆 AB,可以理解此时刚性杆 AB 在平衡力系 F_1 和 F_2 的作用下,仍可保持平衡状态,如图 1－13(b)所示。

刚化原理告诉我们,可以把已处于平衡状态的变形体看成刚体,而对它应用刚体静力分析中的全部理论。

在建筑力学研究的范畴里,主要是讨论平衡力系问题,无论是变形体,还是刚体都处于平衡状态,都满足刚化原理的应用条件。所以,在建筑力学中刚体和变形体的差别,对于受力分析或力系计算的影响不大。正是因为这个理由,所以,以刚体为研究对象建立起的静力学的概念和计算方法,例如平衡条件、平衡方程等,都可以在以变形体为研究对象的材料力学和结构力学中得到运用。

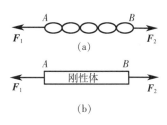

图 1－13　绳索的刚化

1.3 力 的 投 影

1.3.1 力在坐标轴上的投影

如图 1-14 所示,在力系所在的平面内建立坐标系 xOy。从力 F 的始点和末点向坐标轴作投影所得的线段 X、Y 称为该力 F 在 x 轴、y 轴上的投影。力的投影是代数量,从始点的投影到末点的投影,其顺序若沿坐标轴正方向,则力的投影为正值;反之,则为负值。投影的单位仍是力的单位,如 kN 等。

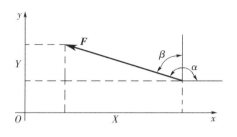

图 1-14 力在坐标轴上的投影

设图 1-14 中的力 F 的指向与 x 坐标轴正方向的夹角为 α,与 y 坐标轴正方向的夹角为 β,α、β 称为力 F 的方向角,$\cos\alpha$、$\cos\beta$ 称为力 F 的方向余弦。则:

$$\begin{cases} X = F\cos\alpha \\ Y = F\cos\beta \end{cases} \tag{1-3}$$

反之,若力 F 在相正交的坐标轴 x、y 上的投影 X、Y 为已知,则力 F 的大小和方向可由下式求得:

$$\begin{cases} F = \sqrt{X^2 + Y^2} \\ \cos\alpha = \dfrac{X}{F}, \cos\beta = \dfrac{Y}{F} \end{cases} \tag{1-4}$$

1.3.2 投影与分力的比较

分力是矢量,而投影是代数量。分力与坐标轴无关,可把力沿任意两个方向分解为分力。而投影与坐标轴有关,必须先建立坐标轴才有投影,坐标轴的方向不同,投影的大小就不同。

如图 1-15 所示,力 F 沿正交的坐标轴方向分解为两个分力 F_x 和 F_y,在这种特殊情况下,力 F 在 x、y 轴上的投影就分别是分力 F_x 在 x 轴、F_y 在 y 轴的投影。这时,只需在分力大小 F_x、F_y 前面带上正或负号就是投影。例如图 1-15 中,分力 F_x、F_y 的大小是 F_x、F_y,若投影用 X、Y 表示,则有 $X = -F_x$、$Y = +F_y$。习惯上把这两个分力名称写为 F_x、F_y,则分力的大小是 F_x、F_y,这时投影就可直接写为 $-F_x$、F_y。

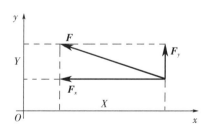

图 1-15 力沿正交方向的分解

1.4 力矩和力偶矩

1.4.1 力矩

从实践中知道,力除了能使物体移动外,还能使物体转动。广泛使用的杠杆、扳手等省力工具的工作原理都包含力矩的概念。

力使物体产生转动效应与哪些因素有关呢?现以扳手拧紧螺母为例来说明。如图 1-16 所示,力 F 使扳手绕螺母中心 O 点转动的效应,不仅与力的大小有关,并且与螺母中心到该力作用线的垂直距离 d 有关。因此可用两者的乘积 $F \cdot d$ 来度量力 F 对扳手的转动效应,称其为 F 对 O 点的矩,简称力矩,用符号 $M_O(F)$ 或 M_O 表示,即

$$M_O(F) = \pm F \cdot d \tag{1-5a}$$

转动中心 O 点称为矩心,矩心到力作用线的垂直距离 d,称为力臂。并规定:使物体产生逆时方向转动的力矩为正,反之为负。

由图 1-17 可知,力 F 对 O 点的矩还可以用 $\triangle OAB$ 面积的两倍来表示,即

$$M_O(F) = \pm 2S_{\triangle OAB} \tag{1-5b}$$

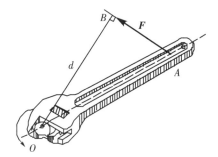

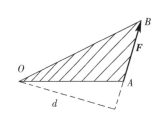

图 1-16 扳手拧螺母示意图   图 1-17 力矩的计算示意图

力矩是一代数量,其单位是 N•m 或 kN•m,力矩在下面两种情况下等于零:

(1)力等于零;

(2)力臂等于零,即力的作用线通过矩心。

1.4.2 力偶矩

1. 力偶的定义

在日常生活和生产实践中,经常遇到由两个大小相等、方向相反、作用线互相平行的两个力组成的力系。这一力系作用的效果是使物体发生转动。如汽车司机作用在汽车方向盘上的一对力(图 1-18),钻孔时作用在钻柄上的一对力(图 1-19),都属于这种情况。

在力学中,把这种大小相等、方向相反、作用线互相平行但不共线的一对力所组成的力系,称为力偶,写成 (F, F')。这两个力作用线所决定的平面称为力偶的作用平面,两力作用

线之间的垂直距离 d 称为力偶臂。

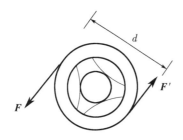

图 1-18　方向盘受力偶作用转动

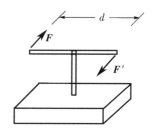

图 1-19　钻柄受力偶作用转动

力偶对物体的作用效果,只能使物体产生转动,而不能使物体产生移动。而力则不然,它既可使物体移动,又可使物体绕某一点转动,因此,力偶不能和力等效,力偶没有合力,不能用一个力来代替。所以力偶跟力一样,是力学中的一个基本元素。

2. 力偶矩

力偶矩用来度量力偶对物体转动效果的大小,它等于力偶中的任一个力与力偶臂的乘积。以符号 $m(\boldsymbol{F},\boldsymbol{F}')$ 表示,或简写为 m,即

$$m=\pm\boldsymbol{F}\cdot d \tag{1-6}$$

上式中的正负号表示力偶的转动方向,与力矩一样,使物体逆时针方向转动的力偶矩为正,使物体顺时针方向转动的力偶矩为负。

力偶矩的单位与力矩的单位相同,在国际单位制中通常用 N・m 或 kN・m 表示。

力偶对物体的转动效果取决于力偶的三个要素,即力偶矩的大小,力偶的转向以及力偶的作用平面。

必须注意的是:力矩和力偶都能使物体转动,但力矩使物体转动的效果与矩心的位置有关,矩心距离不同,力矩的大小也就不同;而力偶就无所谓矩心,它对其作用平面任一点的矩都一样,即等于本身的力偶矩。

3. 力偶的性质

(1)力偶中的两力在任意坐标轴上投影的代数和为零。

设在坐标系 xOy 平面内作用有一力偶($\boldsymbol{F},\boldsymbol{F}'$),如图 1-20 所示。由图可知,力偶中的两力 $\boldsymbol{F}$、$\boldsymbol{F}'$ 在 x 轴上的投影分别为

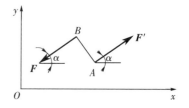

图 1-20　力偶的投影示意图

$$X=-F\cdot\cos\alpha$$

$$X'=F'\cdot\cos\alpha$$

因为 $F=F'$,所以有:

$$\sum X=X+X'=-F\cdot\cos\alpha+F'\cdot\cos\alpha=0$$

同理：
$$Y = -F \cdot \sin\alpha$$
$$Y' = F' \cdot \sin\alpha$$
则：
$$\sum Y = Y + Y' = -F \cdot \sin\alpha + F' \cdot \sin\alpha = 0$$

说明力偶中的两力在任意坐标轴上投影的代数和为零。

（2）力偶不能与力等效，只能与另一个力偶等效。

同一平面内的两个力偶等效的条件是力偶矩的大小相等且转动方向相同。因此，只要保持力偶矩的大小和转向不变，可以任意改变力的大小和力偶臂的长短，而不影响力偶对物体的转动效果。如图 1-21 所示的几个力偶都是等效力偶。

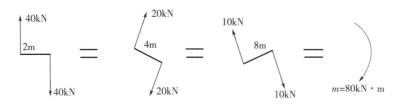

图 1-21　力偶的等效示意图

（3）力偶不能与力平衡，而只能与力偶平衡。

（4）力偶可以在它作用平面内任意移动和转动，而不会改变它对物体的作用。因此，力偶对物体的作用完全取决于力偶矩，而与它在其作用平面内的位置无关。

引例 1　塔吊的稳定

塔吊是建筑工程施工现场经常使用的施工机械。塔吊安装和使用过程中，稳定性至关重要。如图所示塔吊，机身重 W、平衡锤重为 Q，最大起吊重量为 P。

计算塔吊稳定性需针对空载和满载工况（即最不利工况），分别以支腿 A 点和 B 点为倾覆点，计算每个力对其力矩，可分析塔吊稳定性是否满足。

1.4.3　力的平移定理

如图 1-22（a）所示，物体所在的平面上 A 点处作用有力 F，O 点是该平面上的任意一点，与力 F 作用线的距离为 d，在 O 点沿力 F 作用线的方位加上与力 F 等值的一对平衡力 F' 和 F''，有 $F' = -F'' = F$，如图 1-22（b）所示。力 F'' 和 F 组成一个力偶，其矩为 $m(F'', F) = F \cdot d$（逆时针）。可以把这个力偶改画在 O 点处，如图 1-22（c）所示，则作用在 A 点处的力 F 就被平行移动到了平面上的另一点 O 处，同时在该点处增加了一个力偶矩 m。

微课：
力的平移定理

上述就是力的平移定理,可表述为:作用在刚体上的力,可以平行移动到作用面内的任一点,但在新作用点必须附加一个力偶矩才与原力等效,附加的力偶矩等于原力对新作用点的矩。

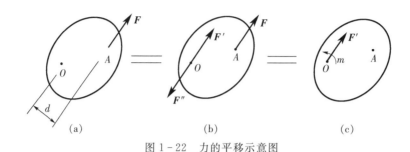

(a)　　　　　　　　(b)　　　　　　　　(c)

图 1-22　力的平移示意图

1.5　平面力系的合成与平衡

1.5.1　平面力系平衡条件的概念

力系中各力的作用线在同一平面内,且任意分布,这样的力系称为平面任意力系,简称平面力系。严格说来,受平面力系作用的物体并不多见,只是在求解许多工程问题时,可以把所研究的问题加以简化,按物体受平面力系作用来处理。如建筑物中的楼板是放置在梁上的,对梁来说,楼板上的面荷载可化为线荷载作用在梁的对称平面内,梁所受的约束反力也可看成作用在此平面内,故梁上作用的力系自然为平面力系,并且这种简化处理能与实际情况足够接近。

1. 共点力的合成

前面已经介绍了利用平行四边形法则求两个力的合力。当要求多个共点力的合力,可以此为基础进行求解。

如图 1-23(a)所示,力 F_1、F_2、F_3、F_4 组成交汇于 O 点的力系。取定比例尺,由力矢长度表示各力的大小,作出力多边形如图 1-23(b)所示,封闭边 AE 就确定了它们的合力 F_R。

在 x 坐标轴上取各力的投影,F_1 的投影是 $-ab$、F_2 的投影是 bc、F_3 的投影是 $-cd$、F_4 的投影是 de、F_R 合力的投影是 ae。

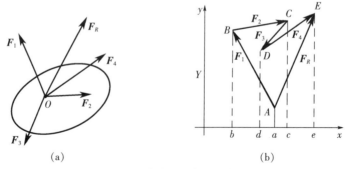

(a)　　　　　　　　　　　　　　　　(b)

图 1-23　共点力的合成示意图

由于合力 $\boldsymbol{F}_R$ 的始点是第一个分力 $\boldsymbol{F}_1$ 的始点,合力 $\boldsymbol{F}_R$ 的末点是最后一个分力 $\boldsymbol{F}_4$ 的末点,因此,合力在 x 轴上的投影等于各分力在 x 轴上投影的代数和,这是必然的;对 y 轴而言,当然也一样,这就是**合力投影定理**,可表述为:合力在任一坐标轴上的投影,等于它的各分力在同一坐标轴上投影的代数和。

2. 平面力系向作用面内任一点简化

如图 $1-24(a)$ 所示,物体受多个力 $\boldsymbol{F}_1$、$\boldsymbol{F}_2$、$\boldsymbol{F}_3$、$\boldsymbol{F}_4$ 等组成的平面力系作用。根据力的平移定理,可以把这些力平移到作用面内的任意一点 O,得到与它们指向相同、大小相等的力 $\boldsymbol{F}_1'$、$\boldsymbol{F}_2'$、$\boldsymbol{F}_3'$、$\boldsymbol{F}_4'$ 等,并各附加一个力偶矩 m_1、m_2、m_3、m_4 等,如图 $1-24(b)$ 所示。有:

$$\boldsymbol{F}_1' = \boldsymbol{F}_1 \qquad m_1 = M_O(\boldsymbol{F}_1)$$

$$\boldsymbol{F}_2' = \boldsymbol{F}_2 \qquad m_2 = M_O(\boldsymbol{F}_2)$$

$$\boldsymbol{F}_3' = \boldsymbol{F}_3 \qquad m_3 = M_O(\boldsymbol{F}_3)$$

$$\boldsymbol{F}_4' = \boldsymbol{F}_4 \qquad m_4 = M_O(\boldsymbol{F}_4)$$

作用于 O 点的各力 $\boldsymbol{F}_1'$、$\boldsymbol{F}_2'$、$\boldsymbol{F}_3'$、$\boldsymbol{F}_4'$ 可合成为它们的合力,记为 $\boldsymbol{F}_R'$,各力偶矩 m_1、m_2、m_3、m_4 可合成为它们的合力偶矩,记为 M_O,如图 $1-24(c)$ 所示。有:

$$\boldsymbol{F}_R' = \boldsymbol{F}_1' + \boldsymbol{F}_2' + \boldsymbol{F}_3' + \boldsymbol{F}_4'$$

$$= \boldsymbol{F}_1 + \boldsymbol{F}_2 + \boldsymbol{F}_3 + \boldsymbol{F}_4 = \sum \boldsymbol{F}_i \qquad (1-7)$$

$$M_O = m_1 + m_2 + m_3 + m_4 + \cdots$$

$$= M_O(\boldsymbol{F}_1) + M_O(\boldsymbol{F}_2) + M_O(\boldsymbol{F}_3) + M_O(\boldsymbol{F}_4) + \cdots = \sum M_O(\boldsymbol{F}_i) \qquad (1-8a)$$

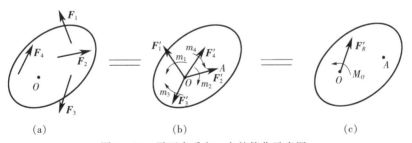

(a)　　　　　　　(b)　　　　　　　(c)

图 $1-24$　平面力系向一点的简化示意图

这样,就进行了平面力系向作用面内任一点 O 的简化。即:平面力系作用面内任一点 O 简化,得到一个合力 $\boldsymbol{F}_R'$ 和一个合力偶矩 M_O。O 点称为简化中心。

若原力系中含有分布力,则应以分布力的合力参与 $\boldsymbol{F}_R'$ 和 M_O 的计算。若原力系中含有力偶矩 m_k,则应参与 m_k 的计算,即式 $(1-8a)$ 应为

$$M_O = \sum M_O(\boldsymbol{F}_i) \pm m_k \qquad (1-8b)$$

1.5.2 合力矩定理

合力矩定理,可表述为:平面力系的合力对任一点的矩等于各分力对同一点的矩的代数和。即

$$M_O(\boldsymbol{F}_R) = \sum M_O(\boldsymbol{F}_i) \qquad (1-9a)$$

当原力系中含有力偶时,例如有 m_k,则 m_k 应该参与计算,这时式(1-9a)为

$$M_O(\boldsymbol{F}_R) = \sum M_O(\boldsymbol{F}_i) \pm m_k \qquad (1-9b)$$

【例 1-1】 试求如图 1-25 所示梁上所有荷载对 A、B、C 点的矩之和。

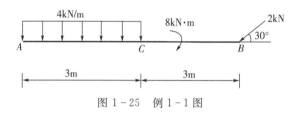

图 1-25 例 1-1 图

【解】 力偶矩的方向按逆时针为正计算,则顺时针方向的力偶矩为负。

$$M_A(\boldsymbol{F}_R) = -8 - \frac{3 \times 3}{2} \times 4 - 2\sin 30° \times 6 = -32(\text{kN} \cdot \text{m})(\downarrow)$$

$$M_B(\boldsymbol{F}_R) = 4 \times 3 \times 4.5 - 8 = 46(\text{kN} \cdot \text{m})(\downarrow)$$

$$M_C(\boldsymbol{F}_R) = 4 \times 3 \times 1.5 - 8 - 2 \times \sin 30° \times 3 = 7(\text{kN} \cdot \text{m})(\downarrow)$$

1.5.3 平面力系平衡条件的基本形式

由上可知,平面力系向平面内任一点 O 简化,得到力系的合力 $\boldsymbol{F}'_R$ 和对于 O 点的合力偶矩 M_O。显然,若要受此力系作用的物体既不移动也不转动,即处于平衡状态,就必须且只需 $\boldsymbol{F}'_R = 0$ 且 $M_O = 0$。因此,平面力系平衡的必要和充分条件为

$$\boldsymbol{F}'_R = 0 \qquad (1-10a)$$

$$M_O = 0 \qquad (1-10b)$$

当已知平面力系各分力的投影时,可以用各分力投影之和 $\sum X_i = 0$ 和 $\sum Y_i = 0$ 来代替合力 $\boldsymbol{F}'_R = 0$。由式(1-8a),可以用各分力对 O 点的矩之和 $\sum M_O(\boldsymbol{F}_i) = 0$ 来代替合力偶矩 $M_O = 0$。于是平面力系的平衡条件又可写为

$$\begin{cases} \sum X_i = 0 \\ \sum Y_i = 0 \\ \sum M_O(\boldsymbol{F}_i) = 0 \end{cases} \qquad (1-11\text{a})$$

或简写为

$$\begin{cases} \sum X = 0 \\ \sum Y = 0 \\ \sum M_O = 0 \end{cases} \qquad (1-11\text{b})$$

平衡条件也称平衡方程,或称为静力平衡方程。式(1-11a)称为平面力系的平衡方程的基本式,其中前两式称为投影方程,后一式称为力矩方程。

1.5.4 平面力系平衡条件的其他形式

在一定的前提条件下,平面力系的平衡方程还可用一个投影方程和两个力矩方程的形式写出,例如用:

微课:
平面系力合成与平衡

$$\begin{cases} \sum X = 0 \quad (\text{或} \sum Y = 0) \\ \sum M_A = 0 \\ \sum M_B = 0 \end{cases} \qquad (1-12)$$

式(1-12)称为平面力系的平衡方程的二力矩式,它的前提条件是:投影轴 x(或投影轴 y)不垂直于 A、B 两点的连线。

在一定的前提条件下,平面力系的平衡方程还可写为三力矩式:

$$\begin{cases} \sum M_A = 0 \\ \sum M_B = 0 \\ \sum M_C = 0 \end{cases} \qquad (1-13)$$

式(1-13)的前提条件是:A、B、C 三点不共线。

以上所述平面力系的静力平衡方程的三种形式,不论采用哪一种都完全保证了力系的平衡,即保证了研究对象的平衡。每一种形式中都含三个静力平衡方程,若再列出第四个静力的平衡方程,则它是前三个方程的必然结果,若将前三个方程的解代入第四个方程,必然得到恒等式 $0=0$,因此称为"非独立的"静力平衡方程,而前三个则称为"独立的"静力平衡方程,非独立的平衡方程可用来检验前三个方程的解是否有误。

1.5.5 静定和超静定的概念

可以由静力平衡方程确定全部未知力的问题称为静定问题;而除静力平衡方程外还需列出其他补充方程才能确定全部未知力的问题称为超静定问题,或称为静不定问题。

单跨结构或构件在平面力系作用下,可以列出三个独立的平衡方程解得三个未知力,则属于静定问题。因此,受平面力系作用的结构,若未知力数目为三个,则称为静定结构。

拓展:
塔吊的平衡

引例 2 杆秤的平衡

用杆秤称重时,当秤杆处水平位置可认为杆秤是平衡状态。

这时秤组受到的力等于所称重物＋秤砣＋称杆自重;以秤组为转动中心,两侧力矩相等。

思考与实训

1. 二力平衡公理和作用力与反作用力公理的区别?
2. 在力的平衡定理中如果力不沿力的作用线进行移动会有什么结果?
3. 计算图 1-26 所示各杆件中力 F 对点 O 的矩。

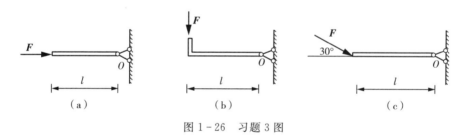

图 1-26 习题 3 图

4. 试求如图 1-27 所示梁上全部荷载在 x 轴上的投影代数和 $\sum X_i$ 以及在 y 轴上的投影代数和 $\sum Y_i$。

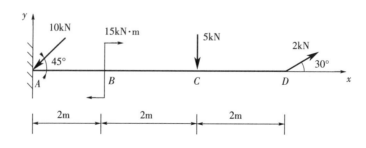

图 1-27 习题 4 图

5. 试求如图 1-28 所示梁上全部荷载对 A 点的矩的代数和 $\sum m_A(\boldsymbol{F}_i)$ 以及对 B 点的矩的代数和 $\sum m_B(\boldsymbol{F}_i)$。

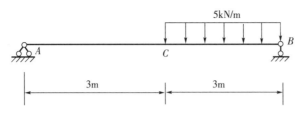

图 1-28 习题 5 图

模块二 物体的受力分析

 **教学目标** >>>

　　熟悉建筑结构中常见的外力分类,掌握常见的约束类型及约束反力,能够将简单的工程实际结构简化成计算简图,并根据实际要求画出单个或物体系统的受力图。熟练利用平衡方程求解约束反力。

教学要求

能力目标	相关知识
熟悉建筑结构中常见的荷载及其分类	物体所受作用力分为荷载和约束力 荷载按作用形式来分,可分为集中力和分布力
熟悉工程中常见的约束和约束反力	铰链、柔索、光滑面约束和固定铰支座、可动铰支座、固定端支座等常见约束形式及其受力特点
掌握结构的计算简图	结构计算简图的概念,平面杆件结构的简化
掌握结构受力图的绘制	结构受力图的画法步骤,二力构件、三力平衡等特殊状态下的受力分析
运用平衡条件进行物体平衡问题的分析,掌握约束反力的计算	杆件平衡问题的解题方法,合力矩定理,约束反力的计算

模块二课件

模拟试卷(2)

2.1　荷载及分类

在建筑力学中,将来自物体(杆件)外部的力简称为外力。外力是导致物体(杆件)产生力的效应的原因。对外力的分析是建筑力学对杆件受力分析的基础。

从力学分析的角度,外力可分为主动力(也称为荷载)和约束力两种形式。能主动使物体运动或有运动趋势的力,称为主动力,如重力、风荷载、人群荷载等。物体所受的主动力一般都是已知的。约束力是由主动力作用而引起的,是未知的。

结构上所承受的荷载往往比较复杂。为了方便计算,可参照有关结构设计规范,根据不同的特点加以分类。

1. 按作用时间长短,荷载可分为永久荷载(恒载)、可变荷载(活载)和偶然荷载。

永久荷载——长期作用于结构上的不变荷载,如结构的自重、安装在结构上的设备的质量等,其荷载的大小、方向和作用位置是不变的。

可变荷载——结构所承受的可变荷载,如人群、风、雪等荷载。

偶然荷载——使用期内不一定出现,一旦出现其值很大且持续时间很短的荷载,如爆炸力、地震、台风的荷载等。

2. 按作用性质不同,荷载可分为静荷载和动荷载。

静荷载——凡缓慢施加而不引起结构冲击或振动的荷载。

动荷载——凡能引起明显的冲击或振动的荷载。

3. 按作用位置,荷载可分为固定荷载和移动荷载。

固定荷载——作用的位置不变的荷载,如结构的自重等。

移动荷载——可以在结构上自由移动的荷载,如车轮压力等。

4. 按作用形式,荷载可分为集中力[图 2-1(a)]和分布力[图 2-1(b)、(c)、(d)、(e)]两种形式。

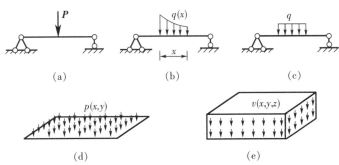

图 2-1　不同形式外力作用示意图

(1)集中力

集中力是指作用在物体一个点上的力,如图 2-1(a)所示。集中力的单位为牛顿(N)或千牛(kN)。集中力是一个理想模型,工程中的外力不可能作用在一个点上,一般来说,外力都是以分布力的形式出现,但分布力的分布范围与物体尺寸相比较很小以至可以忽略不计时,为方便分析力学问题,一般将这种情况下的分布力近似地按集中力处理。

（2）分布力

分布力的作用形式分为线分布力、面分布力和体分布力三种：

① 线分布力

线分布力是指在直线（或线段上）每个点都受到力作用的情况，如图 2-1(b)、(c)所示。线分布力的常用单位为 kN/m 或 N/m。1kN/m 的意思是，1 米长的杆段上每个点受到力的作用，若将这 1m 长杆段上每个点受到的力叠加起来，得到的合力为 1kN。线分布力是建筑力学中最常见的分布力，如果直线上每个点受到的力不是一样大，则称该分布力为不均匀分布力，如图 2-1(b)所示；如果直线上每个点受到的力都是同样大，则称该分布力为均匀分布力，简称均布力，如图 2-1(c)所示。

② 面分布力

面分布力是指在平面上每个点都受到力作用的情况，如图 2-1(d)所示。面分布力的常用单位为 kN/m²，N/m²。1kN/m² 的意思是，1 平方米的面积上每个点都受到力的作用，若将该面积上所有点的力都叠加起来，得到的合力是 1kN。面分布力是结构使用荷载（即建筑使用过程中所受的外力）的主要表现形式，国家以技术法规的形式（《建筑结构荷载规范》）来统一确定结构使用荷载的取值。例如，住宅、宿舍、教室的楼面荷载为 2kN/m²；食堂、餐厅的楼面荷载是 2.5kN/m²；礼堂、剧院的楼面荷载为 3kN/m²。可以看出，这些建筑结构的设计荷载都是以面分布力的形式表示的。

需要强调的是，尽管面分布力是结构计算、设计中荷载常见的表现形式，但由于建筑力学研究对象是平面杆件和杆件系统，它们都是线形构件，所以在平面力学计算过程中，通常要将面分布力等效成为线分布力以后，再进行建筑力学分析。

③ 体分布力

体分布力是指在构成物体的空间里（或者说物体体积内）每一个点都受到力作用的情况，如图 2-1(e)所示。体分布力的常用单位为 kN/m³、N/m³。1kN/m³ 的意思是，在 1 立方米的空间里，每一个点受到力的作用，若将这些点的力都叠加起来，得到的合力是 1kN。体分布力也是荷载的常见表现形式。一般材料和构件的自重都是以体分布力的形式表现，例如根据《建筑结构荷载规范》的规定，素混凝土的自重是 24kN/m³，钢筋混凝土的自重是 25kN/m³，水泥砂浆的自重是 20kN/m³。同样必须强调的是在平面力学计算过程中，通常要将体分布力等效成为线分布力之后，再进行建筑力学分析。

2.2 约束与约束反力

2.2.1 约束与约束反力的概念

在实际工程中，任何构件都受到周围与它有联系的其他构件的限制，而不能自由运动。如房屋中的楼板、梁等构件，受到墙柱等的限制。

一个物体的运动受到周围物体的限制时，这些周围物体就称为该物体的约束。约束是相对于研究对象而言的，也就是说约束具有

微课：
约束与约束反力

相对性。例如,桌子放在楼板上,楼板阻止了桌子的向下运动,所以,对于研究对象——桌子来说,楼板是它的约束,梁又阻止了楼板向下运动,故对于研究对象——楼板而言,梁是它的约束。

约束限制了物体沿某些方向的运动,约束的作用从本质上来说,是抵消了研究对象的运动效应,因此,根据力与力的效应——对应的概念,约束的作用是一种力的作用。当物体沿着约束所能限制的方向有运动或有运动趋势时,约束对该物体必然有力的作用,这种力称为约束反力,简称为反力。约束反力的方向总是与约束所能阻止的物体运动或运动趋势的方向相反,它的作用点就是约束与被约束物体的接触点,而约束反力的大小是未知的,要通过平衡关系和平衡条件来确定。

进行力学分析和计算,就是计算约束作用,即计算约束反力,用约束反力来代表约束对杆件的影响。如图 2-2(a)所示的支承于墙体上的梁,2-2(b)是它的计算简图,一般等效为图 2-2(c)形式,即用约束反力代替约束的作用后再进行力学分析和力学计算,计算对象就是约束反力 F_{xA}、F_{yA}、F_{yB}。画受力图的重要内容之一就是正确地表示出约束反力的作用线(方位)和指向,它们都与约束性质有关。

约束反力的计算,实际上是反映了力的一种外部传递规律,如图 2-2(a)所示结构,外力 P 通过 AB 梁,把力传到了 A、B 端墙上,即力从一个物体(梁)传到另一个物体(墙)上,这个力的传递结果就反映在支座反力 F_{xA}、F_{yA}、F_{yB} 上。所以可看出,支座反力的计算理论,实际上是反映了力的外部传递(从一个物体传递到另一个物体)规律。

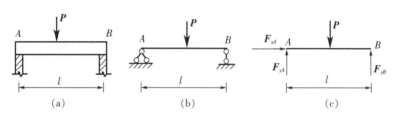

图 2-2　支承于墙体上的梁受约束力作用

2.2.2　工程中常见的约束与约束反力

在实际工程中遇到的约束是多种多样的,通过对实际约束进行抽象、归纳,把实际约束简化为几种典型约束形式。下面介绍几种常见约束的特点及其约束反力特征。

1. 柔体约束

由绳索、链条、皮带、钢丝等柔软物体所构成的约束称为柔体约束,如图 2-3(a)所示。柔体约束的特点是,它只能阻止物体与绳索连接的一点沿绳索中心线离开绳索方向运动,所以柔体约束对物体约束反力的作用点是物体与柔体的连接点,方位沿绳索的中心线,其指向背离物体,也就是说绳索只承受拉力,如图 2-3(b)中的约束反力 T。

2. 光滑面约束

在相互接触的物体上,如果接触处摩擦力很小,可忽略不计,它们之间构成的约束称为光滑面约束,如图 2-4(a)所示。这种约束不管光滑面的形状如何,它都只能限制物体沿着光滑面公法线方位且指向光滑面的运动,而不能限制物体沿着光滑面的公切线运动或离开光滑面的运动。光滑面的约束反力通过接触点,沿着光滑面的公法线指向物体,即光滑面约束反力是压力,如图2-4(b)所示的 A 处约束反力 F_{NA}(下标 A 表示反力的作用点)。

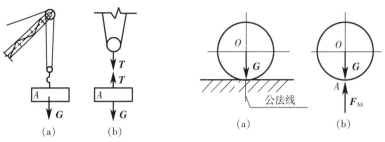

图2-3 柔体约束示意图   图2-4 光滑面约束示意图

3. 圆柱形铰链约束

圆柱形铰链简称为铰链,门窗用的合页就是圆柱形铰链约束的实例。理想的圆柱铰链是由一个圆柱形销轴插入两个物体的光滑圆孔中构成,图2-5(a)表示组成圆柱铰链的部件,物体Ⅰ和Ⅱ通过销轴 A 相连,它们互为约束,图2-5(b)表示圆柱铰链组合后的情形;图2-5(d)是圆柱铰链在计算简图中的表示方法。

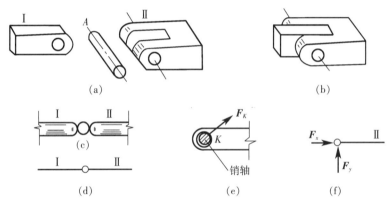

图2-5 铰链约束示意图

由于理论上销轴与圆孔的表面都是完全光滑的,所以从本质上来看,圆柱形铰链约束属于光滑面约束的特殊例子,圆柱形铰链约束只能限制物体在垂直于销轴的平面内沿任意方向的移动,而不能限制物体绕销轴的转动。以物体Ⅱ为研究对象,圆柱铰链的约束反力作用于接触点 K,沿接触面的公法线方向,约束反力如图2-5(e)所示。由于接触点 K 一般不能预先确定,故无法预知接触面的法线方向,所以约束反力 F_K 的方向也不能预先确定。在日常工程计算中,通常用两个正交分力 F_x、F_y 来表示,如图2-5(f)所示(图中力的指向是假设的)。

以物体Ⅰ为研究对象,它所受的约束反力与图2-5(f)中的 F_x、F_y 共线、等值、反向,是作用力与反作用力的关系,如图2-6所示。

4. 固定铰支座

将构件与基础连接的装置称为支座。支座约束的约束反力又称为支座反力。

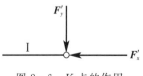

图2-6 K 点的作用
力与反作用力

圆柱形铰链所连接的两构件中,如果其中一个被固定在基础上,便构成固定铰支座,如图 2-7(a)所示。这种支座可以限制构件沿任何方向移动,而不限制其绕 A 点的转动,图 2-7(b)～(e)是它的几种简化形式。其约束反力的特点及表示方法实质上与圆柱铰链相同,如图 2-7(f)所示(图中 F_x、F_y 的指向是假设的)。

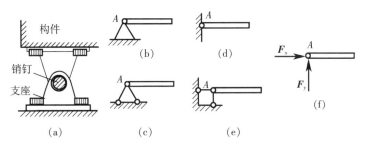

图 2-7　固定铰支座示意图

5. 可动铰支座

在固定铰支座的座体与支承面之间加辊轴就成为可动铰支座,如图 2-8(a)所示。这种支座只能限制物体沿支承面法线方向的运动,所以它的约束反力垂直于支承面,指向待定,其计算简图如图 2-8(b)～(d)所示。约束反力 F_y 在计算简图中的表示如图 2-8(e)所示(图中的 F_y 指向是假设的)。

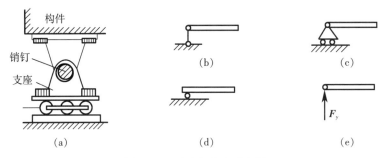

图 2-8　可动铰支座示意图

砖混结构中两端都支承在墙上的梁,其受力后,在竖直方向不能移动,在水平方向因水平荷载较小及摩擦力对梁的限制作用,梁端只能产生微小的水平移动,并且因墙的厚度小,梁端在墙内能转动,因此常将这类梁的支座简化为一端为固定铰支座、一端为可动铰支座。

6. 固定端支座(固定支座)

悬臂阳台梁,因其端部压入墙内长度足够,且由于其上部墙体等的重力作用,挑梁的端部既不能移动也不能转动,故可简化为固定端支座,如图 2-9(a)所示。固定端支座在计算

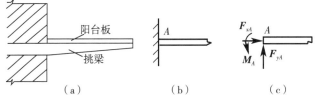

图 2-9　固定端支座示意图

简图中表示方法如图 2-9(b)所示。在固定支座约束下,梁不能产生任何运动(无论是移动,还是转动)。固定端支座约束反力的表示方法如图 2-9(c)所示(图中 F_{xA}、F_{yA} 的指向和 M_A 的转向都是假设的)。

引例 3　杯口基础的构造与约束

在建筑工程中,构造做法与其约束性质直接相关,如图 2-10 中杯口基础对预制混凝土杆的约束。

当柱周边采用沥青麻刀填筑,由于沥青麻刀这种材料允许柱有一定的转动,因此可简化为固定铰支座;

当柱周边采用细石混凝土填筑,由于细石混凝土的密实性,不允许柱产生转动位移,因此可简化为固定端支座。

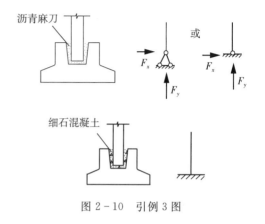

图 2-10　引例 3 图

2.3　结构的计算简图

2.3.1　结构计算简图的概念

实际结构是很复杂的,完全按照结构的实际情况进行力学分析往往非常困难。因此,在对实际结构进行力学计算之前,必须将实际结构作些简化,略去一些次要因素的影响,反映其主要特征,用一个简化了的图形来代替实际结构,这种图形叫作结构的计算简图或称计算模型。

2.3.2　平面杆件结构的简化

一般结构实际上都是空间结构,各部分相互联结成一个空间整体,以承受各个方面可能出现的荷载。但在多数情况下,常可以忽略一些次要的空间约束而将实际结构简化为平面结构。平面杆件结构是指结构各杆的轴线与作用荷载均位于同一平面内,或简称为平面结构。

平面杆件结构的简化主要包括杆件、结点和支座的简化:

1. 杆件的简化

杆件结构中的杆件,由于其截面尺寸通常远比杆件的长度小得多,截面上的应力可根据截面的内力来确定。所以,在计算简图中杆件可用其轴线来表示,杆件的长度则按轴线交点间的距离计取。杆件的自重或作用于杆件上的荷载,一般可近似地按作用在杆件的轴线上去处理。轴线为直线的梁、柱等构件可用直线表示;曲杆、拱等构件的轴线为曲线的则可用相应的曲线表示。

2. 结点的简化

对于由杆件相互联结而成的结构,杆件之间及杆件与基础的连接区,通常称为结点。根

据它们的受力变形特点,在计算简图中常归纳为以下三种:

（1）铰结点

铰结点的特征是被联结的杆件在联结处不能相对移动,但可绕结点中心相对转动;即可以传递力,但不能传递力矩。在计算简图中,铰结点用一个小圆圈表示。如图 2-11 中的 E 点。

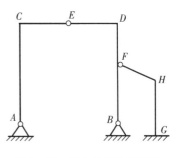

图 2-11　结构的简化示意图

（2）刚结点

刚结点的特征是被联结的杆件在联结处既不能相对移动,又不能相对转动;既可以传递力,也可以传递力矩。如图 2-11 中 C、D、H 点。

（3）组合结点

若干杆件交汇于同一结点,当其中某些杆件联结视为刚结点,而另一些杆件联结视为铰结点时,便形成组合结点。如图 2-11 中的 F 结点即为组合结点。

3. 支座的简化

结构计算简图中支座的简化一般根据结构的构造及前述各种支座约束的特点进行。

4. 荷载的简化

将实际荷载简化为分布荷载和集中荷载。

2.4　受力图的绘制

在研究力系的简化和物体平衡的过程中,必须首先选定要研究的物体,即确定研究对象。分析研究对象受到了哪些力作用,哪些是已知的,哪些是未知的,这个分析过程称为对物体的受力分析。

工程中所遇到的物体一般不是独立的,而是几个物体或几个构件联系在一起的。因此,为了研究方便,需将研究对象从与它有联系的周围系统中脱离出来,被脱离出来的研究对象称为脱离体。在脱离体上画出它所受的全部主动力和约束反力,得到的图形称为物体的受力图。

2.4.1　单个物体的受力图

画单个物体的受力图分为以下三个步骤:

（1）确定研究对象,取出脱离体,去掉全部约束,画出其简图;

（2）画出它所受的已知力;

（3）根据去掉的约束类型,在去掉约束的相应处所和方位画出对应的约束反力。

微课:
单跨梁受力图绘制

下面通过几个例题来说明如何对物体进行受力分析和绘制受力图。

【**例 2-1**】　物体受力如图 2-12(a)所示,圆球靠在墙角上,求作球的受力图。

【**解**】　第一步取脱离体。根据受力分析的要求是要画球的受力图,所以应该取球 O 作为脱离体,如图 2-12(b)所示。

第二步加已知力。对照计算简图[图 2-12(a)]和脱离体图[图 2-12(b)],可看出该研究对象仅受重力作用,在脱离体中的 O 点上将已知的重力 W 抄上,得图 2-12(c)。

第三步加相应的约束反力。对照计算简图[图 2-12(a)]和脱离体图[图 2-12(b)],在 A、B 两处均有光滑面约束,分别在这两处加上光滑约束反力 F_{NA}、F_{NB},如图 2-12(d)所示。

球 O 点受力图作图完毕。

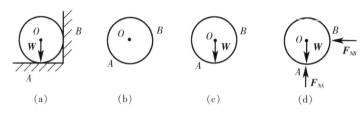

图 2-12 例 2-1 图

注意:在画受力图的过程中,根据物体接触了就可能有力存在的概念,B 端必须加上约束反力,而不能仅凭经验就判断 B 点无力的作用,而导致在受力图上遗漏约束反力 F_{NB}。

【例 2-2】 对图 2-13(a)所示梁进行受力分析,作出梁的受力图。

【解】 图 2-13(a)所示的梁承受楼面的均布荷载,梁支承于墙上。利用静力学计算理论是无法直接求解该结构的。

第一步要根据原结构主要受力特点,将原结构[图 2-13(a)]简化为计算简图[图 2-13(b)],也就是把实际结构等效为理想模型。

第二步取脱离体。脱离体是指力学分析和结构计算的对象。本例中力学分析和结构计算的目的是求图 2-13(a)所示梁 A、B 端支座反力。一般通过解除约束的方式取整根杆件作为脱离体,也就是把 AB 杆整体作为研究对象,把与 AB 杆相连的 A 端固定铰支座、B 端可动铰支座通通解除,相当于将 AB 杆从原结构[图 2-13(a)]中拿出来,得到 AB 杆脱离体,如图 2-13(c)所示。

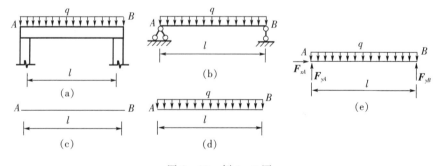

图 2-13 例 2-2 图

第三步加已知力。对照如图 2-13(b)所示的计算简图与已取得的脱离体[图 2-13(c)],将计算简图中的已知力原封不动地抄在脱离体的相应处,如图 2-13(d)所示。

第四步加相应的约束反力。对照如图 2-13(b)所示的计算简图与已画上已知力的脱离体图[图 2-13(d)],在脱离体图中解除约束处加上相应的约束反力,解除什么样的约束就加相应的约束反力。在图 2-13(c)中的 A 端是解除了固定铰支座,因此在图 2-13(e)中的 A 端加上固定铰支座对应的约束反力形式 $\boldsymbol{F}_{xA}$、$\boldsymbol{F}_{yA}$;在图 2-13(c)图中的 B 端是解除了可动铰支座,因此,在图 2-13(e)中 B 端加上了可动铰支座对应的约束反力形式 $\boldsymbol{F}_{yB}$。

当这几个步骤完成后,对研究对象(脱离体)的力学分析和画受力图也就完成了。

在画受力图时,需要特别强调如下两点:

(1)在画受力图时必须标识约束反力的名字。约束反力的名字一般用英文字母 $\boldsymbol{F}$ 加下标表示,通常习惯是 $\boldsymbol{F}_x$ 表示水平方向力,$\boldsymbol{F}_y$ 表示竖直方向力,$\boldsymbol{F}$ 表示任意方向力,同时用下标 A、B、… 表示力的作用点或作用面。

(2)在画受力图时必须标识约束反力的方向。虽然受力图中约束反力通常均为未知力,但在受力图中必须标识它们的方向,即必须标识未知力的作用线方位和未知力的指向,其中未知力的作用线方位可根据约束特点和杆件基本变形形式来确定,也就是说未知力的作用线方位是已知的。但未知力的指向(即未知力的箭头)是假设的,受力图中约束反力的真实指向由计算确定。

2.4.2 物体系统的受力图

实际工程结构经常是由很多杆件组合而成的。当一个结构为多个物体或多根杆件组成时,我们称该结构为物体系统或杆件系统。

物体系统的受力图画法,与画单个物体的受力图画法没有区别,仍然是"**取脱离体**"、"**加已知力**"以及"**加相应的约束反力**"三个步骤。但是在画物体系统受力图时应该注意三点:

(1)连接杆件的约束没解除,则该约束应保持不变,在受力图中不需要表示该约束的约束反力。因为约束反力在约束之中以作用力与反作用力的形式存在,对外无力的作用,故不需表示约束反力。如取图 2-14(a)所示整体结构 ABC 为脱离体进行受力分析时,由于 B 铰链属于脱离体 ABC 的一部分,故在受力图中将 B 铰保持不变,且在受力图中不表示其约束反力。

(2)在画杆件系统某一部分的约束反力时,应注意被拆开的相应联系处,有相应的约束反力,且约束反力是相互间的作用,要遵循作用力与反作用力的关系。如图 2-14(c)中的

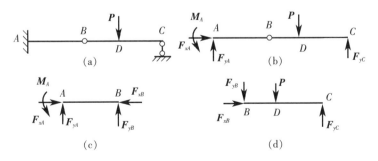

图 2-14 组合梁结构受力分析示意图

AB 杆的 B 端和图 2－14(d)中的 BC 杆的 B 端的约束反力是作用力与反作用力的关系。因此，BC 杆 B 端的约束反力与 AB 杆 B 端的约束反力名称、作用线相同，但约束反力指向相反。

（3）在画系统某一部分的受力图和画整体受力图时，同一处约束反力的名称、方位及指向应保持一致。如图 2－14(b)中整体受力图和图 2－14(c)中的单杆受力图，尽管这两个受力图中的脱离体不同，但两受力图中相同点 A 处约束反力的名称、方位及指向应保持一致。

【例 2－3】 物体系受力如图 2－15(a)所示，作 AB 杆、DE 绳和整体的受力图。

【解】 （1）画 AB 杆受力图。取脱离体 AB 杆；F 点加已知力 P，A 点加光滑面约束反力 F_{NA}，D 点加柔体约束反力 T_D，B 点加铰链约束反力 F_{xB}、F_{yB}，可得 AB 杆受力图，如图 2－15(b)所示。

（2）画 DE 绳索受力图。取脱离体 DE 绳，因计算简图中 DE 绳索没有已知力，故绳索 DE 脱离体上无需加已知力；因 D、E 端均解除了柔体约束，故均加上柔体约束反力 T_D、T_E，DE 绳索受力图如图 2－15(c)所示。

注意在 AB 杆和 DE 绳索受力图中 D 点处的约束反力是作用力与反作用力关系，因此，图 2－15(c)中 T_D 与图 2－15(b)中 T_D 的名称和作用线保持不变，但力的指向相反。

（3）画整体受力图。取整体作为脱离体，注意此时 B 铰及 DE 绳索均保持不变（因为 B 铰和 DE 绳索均为系统整体的一部分，不是外部约束。若将其解除，就无法形成系统整体）。在 F 点加已知力 P，在解除约束的 A、C 端加上相应的光滑面约束反力 F_{NA}、F_{NC}。整体受力图如图 2－15(d)所示。

注意此时因 B 铰和 DE 绳索均未解除，所以在整体受力图中就不需要表示 B 铰的约束反力和 DE 绳索的约束反力了，且 A 点约束反力与图 2－15(b)一致。

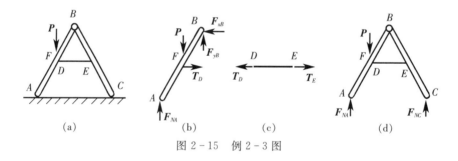

图 2－15 例 2－3 图

2.5 约束反力的计算

一般情况下，约束反力的计算主要包括两个方面的内容。一是画受力图；二是根据受力图，按平衡条件列出平衡方程，从而求出约束反力。

约束反力的计算可按以下步骤进行：

1. 画受力图

画好受力图是解题的第一步。如前所述，受力图上宜保留与基础直接相连的支座。这样比较直观，且可直接利用题目的原图，只需在原图上加画支座反力。

必须熟悉各种约束及其约束反力。不能预知指向的支座反力可以任意预设,为有利于图面清晰,力矢的箭头可以移到支座的基础面处。受力图上,任何一个力都必须完全表达清楚它的三要素。

2. 建立坐标系

一般应采用以水平坐标轴为 x 轴,以竖直坐标轴为 y 轴的直角坐标系。当采用这种坐标系时,习惯上形成了可以不画出的约定,思想上必须明确。若采用其他方位的坐标系,则应画出。

3. 明确问题性质

对于单个构件的结构,根据其受力特点分析是不是静定问题,如为静定问题,即可着手列方程求解。对于多个构件组成的结构,须把结构各部分分离开求解。

4. 列方程,解出未知力

只需列出独立的平衡方程,而不需列非独立的平衡方程,应尽可能使一个方程中只含一个未知力,以避免联解方程组。

未知力的计算结果若带负号,则负号表明实际指向与所预设的指向相反。这时,当然不必且不可改动原图。

5. 校核计算结果

可利用其余的非独立的平衡方程进行校核。

拓展:
鲁班锁的奥秘

【例 2-4】 试求如图 2-16 所示简支梁的支座反力。

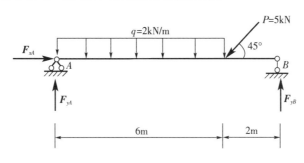

图 2-16 例 2-4 图

【解】 (1)画出支座反力 F_{xA}、F_{yA}、F_{yB},如图 2-16 所示,完成了受力图。

(2)以水平坐标轴为 x 轴、竖直坐标轴为 y 轴(图中未画出)建立坐标系。

(3)力系是平面力系,未知力是 3 个,以下就可着手列方程求解。

(4)平面力系的平衡方程的基本式。

由 $\sum X=0$,$F_{xA}-5\cos45°=0$,得

$$F_{xA}=5\times0.707=3.54(\text{kN})$$

由 $\sum M_A=0$,$8F_{yB}-2\times6\times3-5\sin45°\times6=0$,得

$$F_{yB}=\frac{2\times6\times3+5\times0.707\times6}{8}=7.15(\text{kN})$$

由 $\sum Y=0$, $F_{yA}+F_{yB}-2\times6-5\sin45°=0$,得

$$F_{yA}=2\times6+5\times0.707-7.15=8.38(\text{kN})$$

解题中,投影正负方向及力矩正负转向可任意确定,但必须统一。

(5)校核。这时应满足 $\sum M_B=0$,列出并代入己有数据,即

$$8F_{yA}-2\times6\times5-5\sin45°\times2=0$$

$$8\times8.38-2\times6\times5\times0.707\times2=0$$

得 $0=0$。

或者将 $\sum M_B=0$ 作为独立的方程求解,所得结果应与前面的解相同。

由 $\sum M_B=0$, $8F_{yA}-2\times6\times5-5\sin45°\times2=0$,得

$$F_{yA}=\frac{2\times6\times5+5\times0.707\times2}{8}=8.38(\text{kN})$$

【例 2-5】 试求如图 2-17 所示简支梁的支座反力。

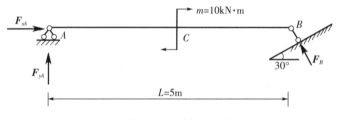

图 2-17 例 2-5图

【解】 画出支座反力 $\boldsymbol{F}_{xA}$、$\boldsymbol{F}_{yA}$、$\boldsymbol{F}_B$,如图 2-17 所示。

应注意三个方程的先后次序,应先列只含一个未知力的方程。

由 $\sum M_A=0$, $F_B\cos30°\times5-10=0$,得

$$F_B=\frac{10}{\cos30°\times5}=2.31(\text{kN})$$

由 $\sum X=0$, $F_{xA}-F_B\sin30°=0$,得

$$F_{xA}=2.31\times0.5=1.16(\text{kN})$$

由 $\sum Y=0$, $F_{yA}+F_B\cos30°=0$,得

$$F_{yA}=-2.31\times0.866=-2(\text{kN})$$

投影 F_{yA} 所带的负号表明分力 $\boldsymbol{F}_{yA}$ 的实际指向与所预设的指向相反,即实际指向是向下。因为受力图中力矢的箭头指向及计算结果所带的负号两者已经清楚地表明了这个问

题,所以解题中不一定要附加说明力的实际指向。

【例 2-6】 试求如图 2-18 所示外伸梁的支座反力。

【解】 由图 2-18 可见,支座 A 的水平反力 $F_{xA}=0$,等于 0 的 F_{xA} 省略不画(下面类似的都这样处理),仅画出支座反力 F_{yA}、F_{yB}。

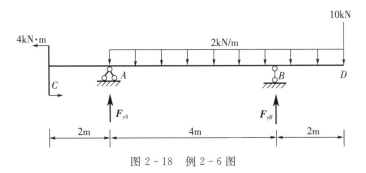

图 2-18 例 2-6 图

由 $\sum M_A=0$,$4F_{yB}+4-2\times6\times3-10\times6=0$,得

$$F_{yB}=\frac{-4+2\times6\times3+10\times6}{4}=23(\text{kN})$$

由 $\sum Y=0$,$F_{yA}+F_{yB}-2\times6-10=0$,得

$$F_{yA}=2\times6+10-23=-1(\text{kN})$$

【例 2-7】 试求如图 2-19 所示悬臂梁的支座反力。

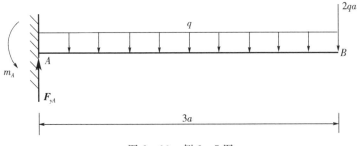

图 2-19 例 2-7 图

【解】 画出支座反力 F_{yA}、m_A,如图。

由 $\sum Y=0$,$F_{yA}-q\times3a-2qa=0$,得

$$F_{yA}=3qa+2qa=5qa$$

由 $\sum M_A=0$,$m_A-q\times3a\times1.5a-2qa\times3a=0$,得

$$m_A=q\times3a\times1.5a+2qa\times3a=10.5qa^2$$

【例 2-8】 试求如图 2-20 所示斜梁的支座反力。

【解】 如图 2-20 所示均布荷载的画法,表示其集度 q 是按沿水平方向的分布长度 l 计算的。

支座 A 的水平分反力 F_{xA} 显然为 0,不必画出。画出反力 F_{yA}、F_{yB},如图2-20所示。

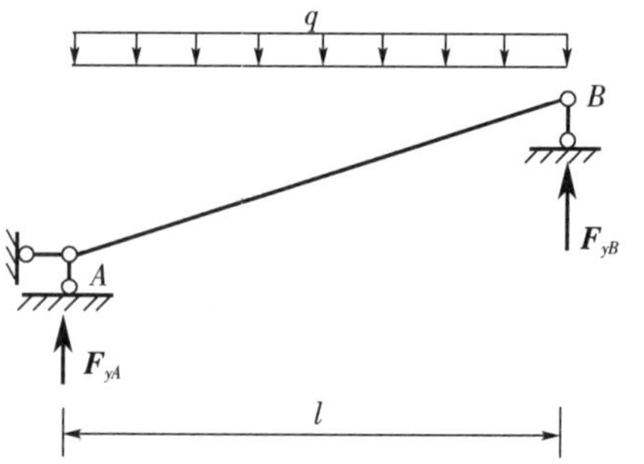

由 $\sum M_A = 0$,得

$$F_{yB} = \frac{ql \cdot \frac{l}{2}}{l} = \frac{ql}{2}$$

由 $\sum M_B = 0$,得

$$F_{yA} = ql - \frac{ql}{2} = \frac{ql}{2}$$

图 2-20 例 2-8 图

【例 2-9】 试求如图 2-21 所示三铰刚架的支座反力。

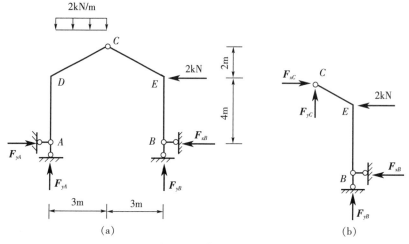

图 2-21 例 2-9 图

【解】 画出支座反力 F_{xA}、F_{yA}、F_{xB}、F_{yB},如图 2-21(a)所示。这是平面任意力系,有 4 个未知力,因此必须将结构拆开,利用分部的方程,才能求得图2-21(a)上的 4 个未知力。

如图 2-21(b)所示,将原结构从顶铰处分离开,画出右半刚架,图 2-21(b)上的 F_{xC}、F_{yC} 可任意预设指向,而 F_{xB}、F_{yB} 应从图 2-21(a)照抄。这时又显示出左右两半刚架之间的作用力与反作用力 F_{xC}、F_{yC},共 6 个未知力。整体的平衡是左、右两部分平衡的必然结果,整体、左半刚架及右半刚架各有 3 个平衡方程,但这 9 个方程中只有 6 个是独立的,解得这 6 个未知力。

(1) 以图 2-21(a)整体为研究对象,由 $\sum M_A = 0$,即

$$6F_{yB} - 2 \times 3 \times 1.5 + 2 \times 4 = 0$$

得 $F_{yB} = \dfrac{2 \times 3 \times 1.5 - 2 \times 4}{6} = 0.167(\text{kN})$。

（2）以图 2 - 21(b) 右半刚架为研究对象，由 $\sum M_C = 0$，即

$$6F_{xB} - 3F_{yB} + 2 \times 2 = 0$$

得 $F_{xB} = \dfrac{2 \times 0.167 - 2 \times 2}{6} = -0.583(\text{kN})$。

（3）以图 2 - 21(a) 整体为研究对象，由 $\sum Y = 0$，即

$$F_{yA} + F_{yB} - 2 \times 3 = 0$$

得 $F_{yA} = -0.167 + 6 = 5.833(\text{kN})$。

（4）以图 2 - 21(a) 整体为研究对象，由 $\sum X = 0$，即

$$F_{xA} - F_{xB} - 2 = 0$$

得 $F_{xA} = -0.583 + 2 = 1.417(\text{kN})$。

因为整体的 $\sum X = 0$ 中含 F_{xA}、F_{xB} 两个未知量，所以应先通过右半刚架的 $\sum M_C = 0$ 求出 F_{xB}。

上述解题中，右半刚架尚有两个独立的方程未用，必要时，可由它们求出 F_{xC}、F_{yC}。

【例 2 - 10】 试求如图 2 - 22 所示两跨刚架的支座反力。

【解】 首先画出支座反力 F_{xA}、F_{yA}、F_{yB}、F_{yC} 如图 2 - 22(a) 所示，再画出部分隔离体约束反力如图 2 - 22(b) 和 2 - 22(c) 所示，并从图 2 - 22(a) 上照抄支座反力。图 2 - 22(c) 上的 F_{xD}、F_{yD} 指向是任意预设的，图 2 - 22(b) 上的 F_{xD}、F_{yD} 与图 2 - 22(c) 上的 F_{xD}、F_{yD} 是作用力与反作用力关系。

只有图 2 - 22(c) 上的未知力数目等于独立的平衡方程数目，因此，求解必须先从这附属部分开始。

对图 2 - 22(c) 中的 DC 部分：

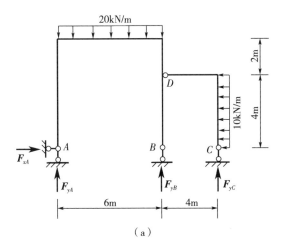

（a）

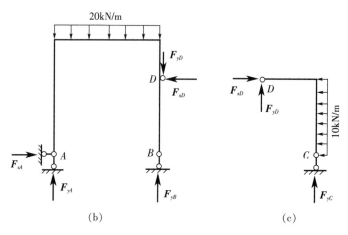

（b）

（c）

图 2-22 例 2-10 图

由 $\sum M_D = 0$，得

$$F_{yC} = \frac{10 \times 4 \times 2}{4} = 20(\text{kN})$$

由 $\sum X = 0$，得

$$F_{xD} = 10 \times 4 = 40(\text{kN})$$

由 $\sum Y = 0$，得

$$F_{yD} = -F_{yC} = -20\text{kN}$$

对图 2-22(b) 中的 AB 部分：

由 $\sum M_A = 0$，得

$$F_{yB} = \frac{20 \times 6 \times 3 + (-20) \times 6 - 40 \times 4}{6} = 13.33(\text{kN})$$

由 $\sum Y = 0$，得

$$F_{yA} = 20 \times 6 + (-20) - 13.33 = 86.67(\text{kN})$$

由 $\sum X = 0$，得

$$F_{xA} = F_{xD} = 40\text{kN}$$

本题也可不求出 F_{xD}、F_{yD}，在求出 F_{yC} 后直接由图 2-22(a) 求 F_{xA}、F_{yA}、F_{yB}。

思考与实训

1. 试画出图 2-23 所示圆形物体的受力图（假定接触面都是光滑的，不计摩擦）。

2. 试画出图 2-24 所示的杆 AC 的受力图。

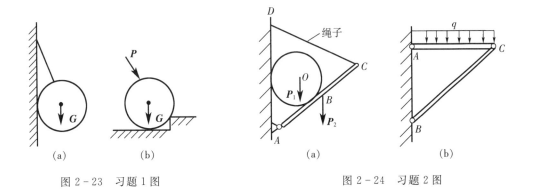

图 2-23 习题 1 图   图 2-24 习题 2 图

3. 试画出图 2-25 所示单跨梁的受力图。

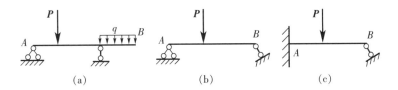

图 2-25 习题 3 图

4. 试画出图 2-26 结构的整体及各部分的受力图。

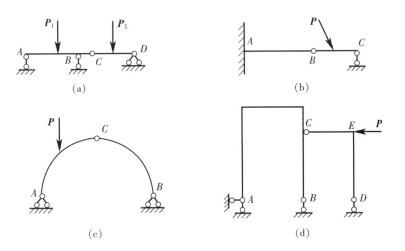

图 2-26 习题 4 图

5. 试求如图 2-27 所示单跨刚架的支座反力。

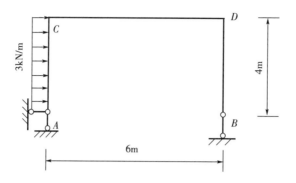

图 2-27 习题 5 图

6. 试求如图 2-28 所示多跨静定梁的支座反力。

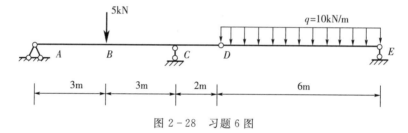

图 2-28 习题 6 图

7. 试求如图 2-29 所示刚架的支座反力。

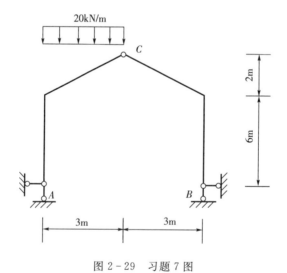

图 2-29 习题 7 图

模块三　杆件的内力计算

 教学目标 ▸▸▸ ▸▸

　　理解轴向拉压杆件、扭转轴及平面弯曲梁的受力特点,了解内力的概念,掌握杆件内力计算的一般方法,熟练绘制杆件的内力图。

 教学要求

能力目标	相关知识
理解轴向拉压杆件、扭转轴及平面弯曲梁的受力特点	轴向拉压杆、扭转轴及平面弯曲梁的概念
能正确进行杆件的内力计算	(1)截面法 (2)轴力、扭矩、剪力和弯矩的正负号规定
能熟练进行杆件内力图的绘制	轴力图、扭矩图、剪力图和弯矩图的绘制原则,绘制轴力图、扭矩图、剪力图和弯矩图的一般方法,静定梁在简单荷载作用下的剪力图和弯矩图简捷法绘制,区段叠加法绘制梁内力图

模块三课件

模拟试卷(3)

3.1 轴向拉压杆的内力计算

3.1.1 轴向拉压杆的受力特点

在工程实际中,产生轴向拉伸或压缩的杆件很多。如图3-1所示的三脚架中的*BC*杆是轴向拉伸的实例;图3-2所示的三脚架中的*AB*杆是轴向压缩的实例。

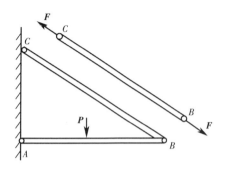

图3-1 轴向拉伸杆件

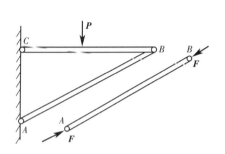

图3-2 轴向压缩杆件

由以上实例可见,当杆件受到与轴线重合的拉力(或压力)作用时,杆件将产生沿轴线方向的伸长(或缩短),这种变形称为轴向拉伸或压缩。

实际拉(压)杆的端部可以有多种连接方式。如果不考虑其端部的具体连接情况,则其计算简图如图3-3所示,这是拉(压)杆中最简单的例子。该计算简图从几何上讲是等直杆,就其受力情况而言,是在杆的两端各受一集中力的作用,两个力大小相等,指向相反,且作用线与杆轴线重合,此两力如果是一对离开端截面的力[图3-3(a)],则将使杆发生纵向伸长,这样的力称为轴向拉力;如果是一对指向端截面的力[图3-3(b)],就会使杆发生纵向缩短,这样的力则称为轴向压力。

（a）　　　　　　　　　　　　　　　　（b）

图3-3 轴向拉伸和压缩杆件的变形

引例4 模板支撑立杆的轴心受压

模板支撑系统(图3-4)广泛应用于混凝土建筑工程施工,用来现浇混凝土的梁、板模板支撑。模板支撑立杆常采用钢管,立杆布置的间距主要由其受力大小决定。

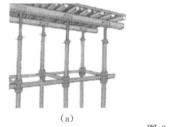

（a）

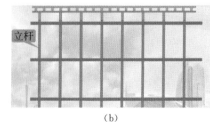

（b）

图3-4 引例4图

注:立杆是一典型的轴心受力构件。

3.1.2 轴向拉压杆的内力

图 3-5(a)所示的杆件,受一对轴向拉力 $\boldsymbol{P}$ 的作用。为了求出横截面 m—m 上的内力,可运用截面法。将杆件沿 m—m 横截面截开,取左端为研究对象,弃去的右端对左端的作用以内力代替[图 3-5(b)]。由于外力与轴线重合,所以内力也必在轴线上,这种与杆件轴线重合的内力称为轴力,用 $\boldsymbol{N}$ 来表示。

由左端的平衡方程 $\sum X = 0$,得:

$$N - P = 0$$

$$N = P$$

若取杆件的右端为研究对象,如图 3-5(c)所示,用上述方法同样可以求得横截面 m-m 上的轴力 $N = P$。根据作用力与反作用力的关系,分别以杆件的左端和右端求出的轴力 $\boldsymbol{N}$,大小相等方向相反。为了使同一截面按左端求得的轴力与按右端求得的轴力不仅大小相等,而且还具有相同的正负号,对轴力的正负号作如下规定:当轴力的方向与截面的外法线 n 方向一致时,杆件受拉伸,规定轴力为正;当轴力的方向与截面的外法线 n 方向相反时,杆件受压缩,规定轴力为负。

微课:
轴向拉压杆的内力计算

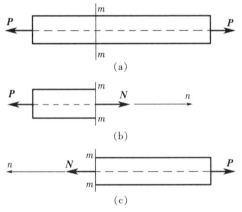

图 3-5　截面法求解示意图

运用截面法求轴力时,轴力的方向一般按正方向假设,由此计算结果的正负可与轴力的正负号规定保持一致,即计算结果为正表示正值轴力,计算结果为负表示负值轴力。

【例 3-1】　杆件受力如图 3-6(a)所示,试分别求出 1—1、2—2、3—3 截面上的轴力。

【解】　(1)计算 1—1 截面的轴力。假想将杆沿 1—1 截面截开,取左端为研究对象,截面上的轴力 $\boldsymbol{N}_1$ 按正方向假设,受力图如图 3-6(b)所示。由平衡方程 $\sum X = 0$,得:

$$N_1 - P = 0$$

$$N_1 = P \quad (拉力)$$

(2)计算2—2截面的轴力。假想将杆沿2—2截面截开,取左端为研究对象,截面上的轴力 N_2 按正方向假设,受力如图3-6(c)所示。

由平衡方程 $\sum X=0$,得:

$$N_2+2P-P=0$$

$$N_2=P-2P=-P \quad (压力)$$

(3)计算3—3截面的轴力。假想将杆沿3—3截面截开,取左端为研究对象,截面上的轴力 N_3 按正方向假设,受力如图3-6(d)所示。

由平衡方程 $\sum X=0$,得

$$N_3-2P+2P-P=0$$

$$N_3=2P-2P+P=P \quad (拉力)$$

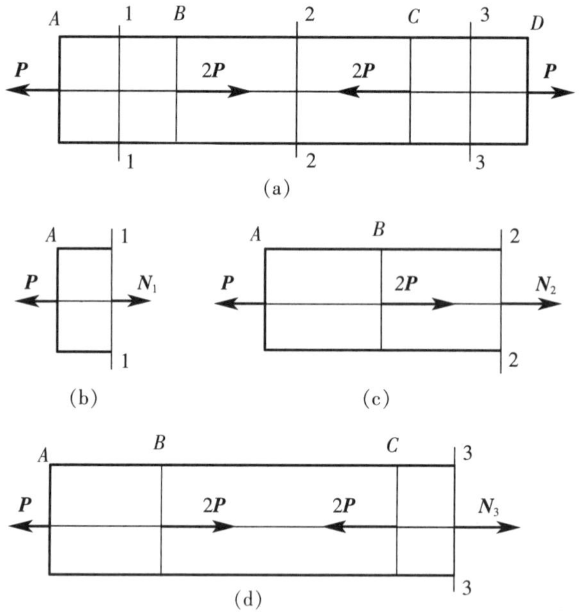

图 3-6 例 3-1 图

根据以上求解过程,可总结出计算轴力的以下规律:

(1)某一截面的轴力等于该截面左侧(或右侧)所有外力的代数和;

(2)与截面外法线方向相反的外力产生正值轴力,反之产生负值轴力;

(3)代数和的正负,就是轴力的正负。

3.1.3 轴向拉压杆的内力图

当杆件受到多个轴向外力作用时,杆件不同部分的截面轴力不尽相同,但对杆件进行强度计算时,需要找出杆件上危险截面的轴力数值作为计算依据。为了形象而清晰地表示轴力沿轴线变化的情况,可绘制反映杆件上所有截面轴力大小沿杆长度方向分布的图线,即为轴力图。

轴力图可按下列步骤完成:

(1)用截面法确定各杆段的轴力数值,一般以轴向荷载作用面来划定计算轴力的杆段;

(2)选取坐标,取与杆轴平行的方向为 x 轴,与杆轴垂直的坐标轴为 N 轴;

(3)按选定的比例,用 x 轴表示杆横截面的位置,用 N 坐标表示横截面上的轴力,根据各横截面上轴力的大小和正负画出轴力图,并在轴力图上注明正负号。

通常两个坐标轴可省略不画,将正值轴力画在 x 轴的上方,负值轴力画在 x 轴的下方。

【例 3-2】 杆件受力如图 3-7(a)所示,试作其轴力图。

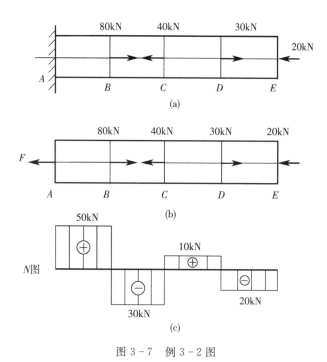

图 3-7 例 3-2 图

【解】 (1)计算约束反力。取 AE 杆为研究对象,其受力图如图 3-7(b) 所示。由平衡方程 $\sum X = 0$,得:

$$80 + 30 - 20 - 40 - F = 0$$
$$F = 50 \text{kN}$$

(2)计算各段的轴力。

AB 段:考虑 AB 段内任一截面的左侧,由计算轴力的规律可得:

$$N_{AB} = F = 50 \text{kN}$$

BC 段:同理,考虑左侧

$$N_{BC} = F - 80 = 50 - 80 = -30 (\text{kN})$$

CD 段:考虑右侧

$$N_{CD} = 30 - 20 = 10 (\text{kN})$$

DE 段:考虑右侧

$$N_{DE} = -20 \text{kN}$$

(3)画轴力图。

由各段轴力的计算结果,按一定比例可作出其轴力图如图 3-7(c)所示。从图上可看出最大轴力在 *AB* 段,其值 $N_{\max} = 50 \text{kN}$。

3.2　扭转杆的内力计算

3.2.1　扭转的概念及实例

在日常生活和工程实践中是经常遇到,等直圆杆的扭转变形。例如汽车的传动轴(图 3-8)、船舶推进器(图 3-9)、丝攻(图 3-10)。这些实例的共同特点是:杆件受到外力偶的作用,且力偶的作用平面垂直于杆件的轴线,使杆件的任意横截面都绕轴线发生相对转动。杆件的这种由于转动而产生的变形称为扭转变形。工程中将扭转变形为主的杆件称为扭转轴。

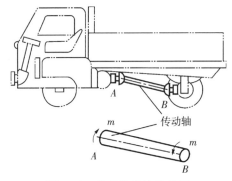

图 3-8　汽车传动轴示意图

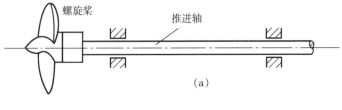

(a)

(b)

图 3-9　推进器示意图

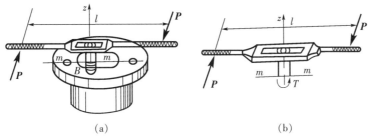

(a)   (b)

图 3－10　丝攻示意图

3.2.2　扭转杆的内力

1. 外力偶矩的计算

作用在圆轴上外力偶的力偶矩往往不是直接给出的,而是根据所给定的轴传递的功率和轴的转速计算出的。外力偶矩、功率和转速之间的关系为

$$m = 9\ 550\ \frac{P}{n} \tag{3-1}$$

式中,m 为作用在轴上的外力偶矩,单位 N·m;P 为轴传递的功率,单位 kW;n 为轴的转速,单位 r/min。

2. 扭矩

圆轴在外力偶矩的作用下,横截面上将产生内力,可用截面法求出这些内力。如图 3－11(a)所示的圆轴,在两端外力偶矩 m 作用下平衡,假想的用 I－I 截面将圆轴截开,取左端为研究对象[图 3－11(b)],由平衡条件可知,截面上的内力必然为一力偶,此力偶矩称为扭矩,用符号 T 表示,由平衡方程

$$\sum m_x = 0, T - m = 0$$

得:

$$T = m$$

若取圆轴的右端为研究对象[图 3－11(c)],同样可求得 $m－m$ 横截面上的扭矩 $T=m$。

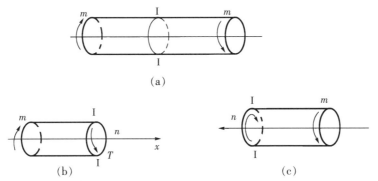

(a)

(b)   (c)

图 3－11　扭矩截面法计算示意图

与轴向拉伸和压缩变形相似,为了使同一截面按左端求得的扭矩与按右端求得的扭矩,不仅大小相等,而且具有相同的正负号,可用右手螺旋法则来判定扭矩的正负号:以右手的四指表示扭矩的转向,若大拇指指向与截面外法线方向 n 指向一致,扭矩为正;反之为负。按此规定,图 3-11 所示的 $m-m$ 截面上的扭矩为正。

【例 3-3】 图 3-12(a)所示的传动轴,已知轴的转速 $n=200\text{r/min}$,主动轮 A 的输入功率 $N_A=40\text{kW}$,从动轮 B 和 C 的输出功率分别为 $P_B=25\text{kW}$,$P_C=15\text{kW}$。试求轴上 1—1 和 2—2 截面处的扭矩。

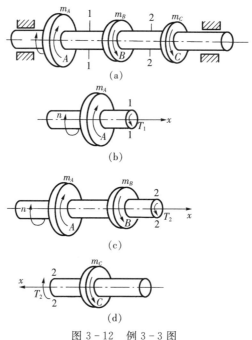

图 3-12 例 3-3 图

【解】 (1)计算外力偶矩。

$$m_A=9\ 550\ \frac{P_A}{n}=9\ 550\times\frac{40}{200}=1\ 910(\text{N}\cdot\text{m})$$

$$m_B=9\ 550\ \frac{P_B}{n}=9\ 550\times\frac{25}{200}=1\ 194(\text{N}\cdot\text{m})$$

$$m_C=9\ 550\ \frac{P_C}{n}=9\ 550\times\frac{15}{200}=716(\text{N}\cdot\text{m})$$

(2)计算 1—1 截面的扭矩。

假想将轴沿 1—1 截面截开,取左端为研究对象,截面上的扭矩 T_1 按正方向假设,受力图如图 3-12(b)所示。由平衡方程可得

$$\sum m_x=0,\ T_1-m_A=0$$

$$T_1=m_A=1\ 910\text{N}\cdot\text{m}$$

(3)计算 2—2 截面的扭矩。

假想将轴沿 2—2 截面截开,取左端为研究对象,截面上的扭矩 T_2 按正方向假设,受力图如图 3－12(c)所示。由平衡方程

$$\sum m_x = 0, \ T_2 + m_B - m_A = 0$$

$$T_2 = m_A - m_B = 716\text{N} \cdot \text{m}$$

若取 2—2 截面的右端为研究对象,受力图如图 3－12(d)所示。由平衡方程

$$\sum m_x = 0, \ T_2 - m_C = 0$$

$$T_2 = m_C = 716\text{N} \cdot \text{m}$$

根据以上求解过程,可总结出计算扭矩的以下规律:

(1)某一截面的扭矩等于该截面左侧(或右侧)所有外力偶矩的代数和;

(2)以右手拇指顺着截面外法线方向,与其他四指的转向相反的外力偶矩产生正值扭矩,反之产生负值扭矩;

(3)代数和的正负,就是扭矩的正负。

3.2.3　扭转杆的内力图

为了清楚地表示扭矩沿轴线变化的规律,以便于确定危险截面,常用与轴线平行的 x 坐标表示横截面的位置,以与之垂直的坐标表示相应横截面的扭矩,把计算结果按比例绘在图上,正值扭矩画在 x 轴上方,负值扭矩画在 x 轴下方。这种图形称为扭矩图。

【例 3－4】　图 3－13(a)所示的传动轴,已知轴的转速 $n=200\text{r/min}$,主动轮 A 的输入功率 $P_A=36.77\text{kW}$,从动轮 B 和 C 的输出功率分别为 $P_B=22.06\text{kW}$,$P_C=14.71\text{kW}$。试作:

(1)该轴的扭矩图;

(2)若将轮 A 和轮 B 的位置对调[图 3－13(b)],画出其扭矩图。

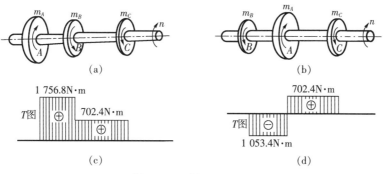

图 3－13　例 3－4 图

【解】　(1)计算外力偶矩。

$$m_A = 9\,550\,\frac{P}{n} = 9\,550 \times \frac{36.77}{200} = 1\,756.8(\text{N} \cdot \text{m})$$

$$m_B = 9\,550\,\frac{P}{n} = 9\,550 \times \frac{22.06}{200} = 1\,053.4(\text{N} \cdot \text{m})$$

$$m_C = 9\,550\,\frac{P}{n} = 9\,550 \times \frac{14.71}{200} = 702.4(\text{N} \cdot \text{m})$$

(2)计算各段的扭矩。

AB 段:考虑 AB 段内任一截面的左侧,由计算扭矩的规律有

$$T_{AB} = m_A = 1\,756.8\text{N} \cdot \text{m}$$

BC 段:考虑右侧,有

$$T_{BC} = m_C = 702.4\text{N} \cdot \text{m}$$

(3)画扭矩图。

根据以上计算结果,按比例作扭矩图[图 3-13(b)]。由扭矩图可见,轴 AB 段各截面的扭矩最大,其值为

$$T_{\max} = T_{AB} = 1\,756.8\text{N} \cdot \text{m}$$

(4)若将轮 A 和轮 B 的位置对调[图 3-13(c)],则

$$T_{BA} = -m_B = -1\,053.4\text{N} \cdot \text{m}$$

$$T_{AC} = m_C = 702.4\text{N} \cdot \text{m}$$

扭矩图如图 3-13(d)所示,轴 BA 段各截面的扭矩最大,其值为

$$T_{\max} = |T_{BA}| = 1\,053.4\text{N} \cdot \text{m}$$

由此可见,将主动轮放置在从动轮的中间,可降低轴内的最大扭矩值。

3.3　平面弯曲梁的内力计算

3.3.1　平面弯曲梁的受力变形特点

直杆受到垂直于杆件轴线的平衡外力或受到位于杆轴线平面内的外力偶作用,杆轴线由直线变为曲线,这种变形称为弯曲。

梁是主要承受弯曲变形的杆件。

弯曲变形是杆件的基本变形之一,也是工程中最常见的一种变形形式。在建筑结构中,绝大部分杆件的横截面都是采用对称形状,如矩形、工字形和圆形等,这些横截面都有一根竖向对称轴,直杆的轴线与横截面的竖向对称轴组成一纵向对称平面。若梁上的荷载与支座反力都作用在纵向对称面内时,则梁弯曲后的轴线将仍在纵向对称面内,并弯成一条曲线,这类弯曲称为平面弯曲,如图3-14所示。平面弯曲是弯曲问题中最基本的变形之一,也

是最简单的情形。

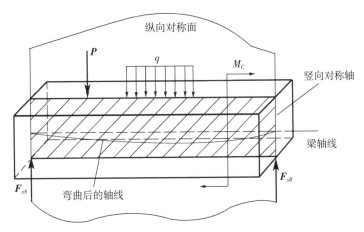

图 3 - 14　平面弯曲梁

3.3.2　静定梁的三种基本形式

工程中常见的简单梁,根据其支座形式和支座的位置,可将其分为以下三种类型:

1. 简支梁

一端为固定铰支座,一端为可动铰支座,见图 3 - 15(a)。

2. 外伸梁

简支梁的一端或两端伸出支座之外,见图 3 - 15(b)。

3. 悬臂梁

一端为固定端支座,一端自由,见图 3 - 15(c)。

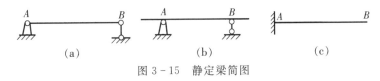

图 3 - 15　静定梁简图

以上这三类梁的约束反力都可以通过列静力平衡方程求解,因此这三类梁都称为静定梁。

3.3.3　平面弯曲梁的内力

平面弯曲梁在荷载作用下产生的内力,可以用截面法求解。如图 3 - 16(a)所示的简支梁,用截面法求其任意横截面上内力的步骤如下。

(1)用假想的截面将梁沿截面 m—m 截开,将梁分为两段。

(2)任取一段如左段为研究对象进行分析,舍弃的右段对保留的左段的作用则用截面上的内力来代替,并且左段在外力和 m—m 截面内力的作用下平衡。为了平衡左段外力使左段上下移动和绕截面形心转动的作用,则截面上应有与之相平衡的两种内力:横截面 m—m 上有一个沿截面方向的内力 Q,单位为 N 或 kN,Q 称为剪力;因剪力 Q 与支座反力 F_{yA} 组成一力偶,故在横截面 m—m 上必然还存在一个内力偶矩与之平衡,此内力偶矩称为弯矩 M,

单位为 N·m 或 kN·m,见图 3-16(b)。

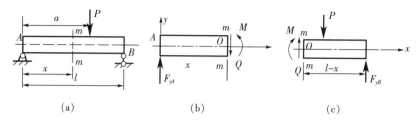

图 3-16　截面法求解内力图

(3)由梁段的平衡条件,列平衡方程,求解剪力 Q 和弯矩 M。

由 $\sum Y = 0$,$F_{yA} - Q = 0$,得 $Q = F_{yA}$。

由 $\sum M_O = 0$,$M - F_{yA}x = 0$,得 $M = F_{yA}x$。

如果取右段梁为研究对象,则同样可求得横截面 $m—m$ 上的剪力 Q 和弯矩 M 如图 3-16(c)所示,且数值与上述结果相等,只是方向相反。这是因为它们是一对作用力与反作用力。

无论取左段梁还是取右段梁,为了使得到的同一横截面上的 Q 和 M 不仅大小相等,而且正负号一致,对梁的内力方向作如下规定:

(1)剪力 Q 的方向。梁截面上的剪力对所取梁段内任一点的矩为顺时针方向转动时为正,反之为负,如图 3-17(a)所示。

(2)弯矩 M 的方向。习惯上把梁截面上的弯矩使梁段产生上部受压、下部受拉时为正,反之为负,如图 3-17(b)所示。

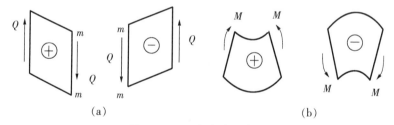

(a) (b)

图 3-17　正负内力示意图

画受力分析图时,内力一般先按正方向假定画出。

【例 3-5】　一简支梁,受有集中荷载作用,如图 3-18(a)所示。用截面法求横截面 1—1、2—2、3—3 上的剪力和弯矩。

【解】　(1)求支座反力。由梁的平衡方程求得支座 A、B 处的反力为

$$F_{yA} = F_{yB} = 10kN$$

(2)求横截面 1—1 上的剪力和弯矩。假想沿截面 1—1 把梁截开成两段,因左段梁受力较简单,故取它为研究对象,并设截面上的剪力为 Q_1,弯矩为 M_1,并都假设为正方向,如图

3-18(b)所示。对该段列出平衡方程:

$$\sum Y = 0, F_{yA} - Q_1 = 0$$

$$Q_1 = F_{yA} = 10\text{kN}$$

$$\sum M_1 = 0, M_1 - F_{yA} \times 1 = 0$$

$$M_1 = F_{yA} \times 1 = 10 \times 1 = 10(\text{kN} \cdot \text{m})$$

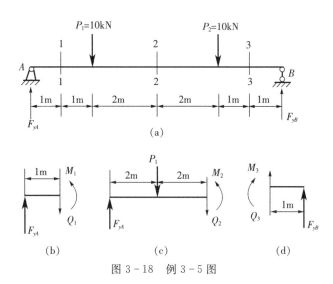

图 3-18　例 3-5 图

计算结果 Q_1 与 M_1 为正,表明两者的实际方向与假设相同,即 Q_1 对脱离体为顺时针方向,M_1 使下侧受拉。

(3)求横截面 2—2 上的剪力和弯矩。假想沿截面 2—2 把梁截开,仍取左段梁为研究对象,设截面上的内力为剪力 Q_2 和弯矩 M_2,均设为正方向,如图3-18(c)所示。由平衡方程

$$\sum Y = 0, F_{yA} - P_1 - Q_2 = 0$$

得　　　　　　　　$$Q_2 = F_{yA} - P_1 = 10 - 10 = 0$$

$$\sum M_2 = 0, M_2 - F_{yA} \times 4 + P_1 \times 2 = 0$$

得　　　　$$M_2 = F_{yA} \times 4 - P_1 \times 2 = 10 \times 4 - 10 \times 2 = 20(\text{kN} \cdot \text{m})$$

由计算结果知,M_2 为正弯矩,下侧受拉。

(4)求横截面 3—3 上的剪力和弯矩。假想沿截面 3—3 把梁截开,取右段梁为研究对象,设截面上的剪力 Q_3 和弯矩 M_3 均为正,如图3-18(d)所示。由平衡方程

$$\sum Y = 0, F_{yB} + Q_3 = 0$$

得　　　　　　　　$$Q_3 = -F_{yB} = -10\text{kN}$$

$$\sum M_3 = 0, F_{yB} \times 1 - M_3 = 0$$

得 $$M_3 = F_{yB} \times 1 = 10 \times 1 = 10(\text{kN} \cdot \text{m})$$

计算结果 Q_3 为负,表明 Q_3 的实际方向与假设相反,即 Q_3 为负剪力。M_3 为正弯矩,下侧受拉。

通过以上例题的计算,可以得出内力计算具有如下规律。

(1)构件任一横截面上的剪力,在数值上等于该截面任一侧(左侧或右侧)所有外力在垂直于轴线方向投影的代数和;并且对截面产生顺时针转动趋势的外力在截面上产生的剪力为正值,反之为负值。即

$$Q = \sum P_i \qquad\qquad (3-2)$$

(2)构件任一横截面上的弯矩,在数值上等于该截面任一侧(左侧或右侧)所有外力对该截面形心力矩的代数和;并且使梁段产生上部纤维受压、下部纤维受拉(即构件上凹下凸)变形的外力在截面上产生的弯矩为正值,反之为负值。即

$$M = \sum M_O(P_i) \qquad\qquad (3-3)$$

利用上述规律,可以直接根据横截面左边或右边梁上的外力来求该截面上的剪力和弯矩,而不必列出平衡方程。

3.3.4 用写方程法作梁的内力图

在一般情况下,不同横截面上的剪力和弯矩是随横截面位置而变化的。在进行梁的强度计算时,除要会计算指定截面的内力外,还需要知道各横截面上剪力和弯矩的最大值以及它们所在截面的位置。

若横截面沿梁轴线的位置用坐标表示,则梁的各个横截面上的剪力和弯矩可以表示为坐标的函数,即

$$Q = Q(x)$$

$$M = M(x)$$

以上两个函数表达了剪力和弯矩沿梁轴线的变化规律,分别称为梁的剪力方程和弯矩方程。在建立这些方程时,通常取梁的最左端为坐标原点,有时为了便于计算,也可以取梁的最右端或梁内某点为坐标原点。

为了形象地表示沿梁轴线各截面上剪力和弯矩的变化情况,可以根据剪力方程和弯矩方程分别绘出剪力图和弯矩图,以沿梁轴的横坐标表示梁横截面的位置,以纵坐标表示相应截面的剪力和弯矩。作图时,一般将正的剪力画在轴的上方,负的剪力画在轴的下方,并以正、负号区别;弯矩画在梁的受拉一侧,不标明正、负号。

下面以图 3-19 说明作剪力图和弯矩图的方法:以 A 点为坐标原点建立坐标系,以平行于梁轴线的横坐标 x 表示各横截面的位置,如图 3-19(a)所示,以垂直于梁轴线的纵坐标表示相应横截面上的剪力 Q 或弯矩 M,分别写出梁的剪力方程和弯矩方程,$Q(x) = P(0 \leqslant x \leqslant l)$;$M(x) = -Px(0 \leqslant x \leqslant l)$。以适当的比例,绘出 $M(x)$ 和 $Q(x)$ 的图形,如图 3-19(b)和图 3-19(c)。

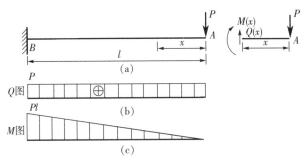

图 3-19　列方程法作内力图

若梁上作用有多个荷载,则需要以集中力和集中力偶作用处、分布荷载的起止处、梁的支承处以及梁的端面为界点,将梁进行分段,分段列出各段的剪力方程和弯矩方程,再绘出内力图。

微课:
内力方程法应用

这种绘制梁的内力图的方法是首先列梁的内力方程,再根据内力方程作图,所以这种作剪力图和弯矩图的方法称为方程法。

【例3-6】　一简支梁 AB 受一集度为 q 的均布荷载作用,如图3-20(a)所示,用列方程法作出此梁的剪力图和弯矩图。

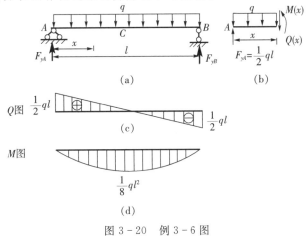

图 3-20　例 3-6 图

【解】　(1)求支座反力:

$$F_{yA} = F_{yB} = \frac{1}{2}ql$$

(2)建立内力方程。取距左端为 x 的任一横截面,以左段梁为研究对象(分离体)如图3-20(b)所示,列出剪力方程和弯矩方程分别为

$$Q(x) = F_{yA} - qx = \frac{1}{2}ql - qx \quad (0 \leqslant x \leqslant l)$$

$$M(x) = F_{yA}x - qx \times \frac{x}{2} = \frac{1}{2}qlx - \frac{1}{2}qx^2 \quad (0 \leqslant x \leqslant l)$$

(3)绘制内力图。上面两式对任何截面都适应,其定义域为 $0 \leqslant x \leqslant l$。剪力方程表达式是 x 的一次函数,因此剪力图为一条斜直线。

当 $x = 0$ 时,$Q(0) = \dfrac{1}{2}ql$;

当 $x = l$ 时,$Q(l) = -\dfrac{1}{2}ql$。

据此可画出剪力图,如图 3-20(c)。

弯矩方程表达式是 x 的二次函数,弯矩图为一条抛物线。因此至少确定三个控制截面的弯矩值,才可描绘其图形的大致形状。

$x = 0$ 时,$M_A = 0$;

$x = \dfrac{1}{2}$ 时,$M_C = \dfrac{ql^2}{8}$;

$x = l$ 时,$M_B = 0$。

弯矩图如图 3-20(d)所示。

从所作的内力图可知,最大剪力发生在梁端,其值为 $|Q_{\max}| = \dfrac{ql}{2}$,最大弯矩发生在剪力为零的跨中截面,其值为 $|M_{\max}| = \dfrac{ql^2}{8}$。

通过本例题,可以得出这样的结论:当梁上某段作用有均布荷载 q 时,(1)$Q(x)$ 为 x 的线性函数,此梁段剪力图为一条斜直线;(2)$M(x)$ 为 x 的二次函数,所以弯矩图为二次抛物线,且当均布荷载向下作用时,弯矩图曲线向下凹。

【例 3-7】 简支梁受集中力 P 作用如图 3-21(a)所示。试画出梁的剪力图和弯矩图。

【解】 (1)求支座反力:

$$F_{yA} = \frac{Pb}{l}, \quad F_{yB} = \frac{Pa}{l}$$

(2)列剪力方程和弯矩方程:

梁在 C 截面处有集中力 P 作用,AC 段和 CB 段所受的外力不同,其剪力方程和弯矩方程也不相同,需分段列出。取梁左端 A 为坐标原点,则

AC 段:

$$\sum Y = 0, Q(x) = F_{yA} = \frac{Pb}{l} \quad (0 < x < a) \tag{a}$$

$$\sum M_x(F) = 0, M(x) = F_{yA}x = \frac{Pb}{l}x \quad (0 < x < a) \tag{b}$$

CB 段:

$$\sum Y = 0, Q(x) = F_{yA} - P = -\frac{Pa}{l} \quad (a < x < l) \tag{c}$$

$$\sum M_x(F) = 0, M(x) = F_{yA}x - P(x-a) = Pa - \frac{Pa}{l}x \quad (a \leqslant x < l) \qquad \text{(d)}$$

（3）画剪力图。

从式（a）可知，AC 段的剪力为常数 $\frac{Pb}{l}$，剪力图是一条在 x 轴线上侧与 x 平行的直线。

从式（c）可知，CB 段的剪力为常数 $-\frac{Pa}{l}$，剪力图是一条在 x 轴线下侧与 x 轴平行的直线。

画出剪力图如图 3-21(b)所示。

（4）画弯矩图。

①从式（b）可知，AC 段的弯矩是 x 的一次函数，弯矩图是一条斜直线，只需确定该段始末两个控制截面的弯矩值，就能画出该段的弯矩图。由式（b）可求得：

$$x = 0 \text{ 时}, M_A = 0$$

$$x = a \text{ 时}, M_C = \frac{Pab}{l}$$

②从式（d）可知，CB 段的弯矩是 x 的一次函数，弯矩图也是一条斜直线，由式（d）可求得：

$$x = a \text{ 时}, M_C = Pab/l$$

$$x = l \text{ 时}, M_B = 0$$

画出梁的弯矩图如图 3-21(c)所示。

（5）从所作的内力图知，最大弯矩发生在集中力 P 作用的截面上，其值 $|M_{\max}| = \frac{Pab}{l}$，如果集中力 P 作用在梁的跨中，即 $a = b = \frac{l}{2}$，则

$$|Q_{\max}| = \frac{P}{2}, |M_{\max}| = \frac{Pl}{4}$$

通过本例题，可以得出这样的结论：在集中荷载作用处左右，（1）剪力图发生突变，突变值等于该集中荷载值，且从左往右看，剪力突变的方向与集中力的指向一致；（2）弯矩不变，但弯矩图出现尖角，尖角的方向与集中力的方向一致。

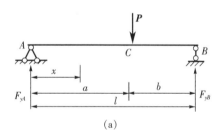

(a)

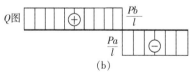

(b)

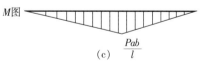

(c)

图 3-21 例 3-7 图

【例 3-8】 简支梁受集中力偶作用如图 3-22(a)所示。试画出梁的剪力图和弯矩图。

【解】 （1）求支座反力：

$$F_{yA} = \frac{m}{l}, F_{yB} = -\frac{m}{l}$$

（2）列剪力方程和弯矩方程。

梁在 C 截面处有集中力偶作用，需分为 AC 段和 CB 段。取梁左端 A 为坐标原点。

AC 段：

$$\sum Y = 0, Q(x) = F_{yA} = \frac{m}{l} \quad (0 < x \leqslant a) \tag{a}$$

$$\sum M_x(F) = 0, M(x) = F_{yA}x = \frac{m}{l}x \quad (0 < x < a) \tag{b}$$

CB 段：

$$\sum Y = 0, Q(x) = F_{yA} = \frac{m}{l} \quad (a \leqslant x < l) \tag{c}$$

$$\sum M_x(F) = 0, M(x) = F_{yA}x - m = \frac{m}{l}x - m \quad (a < x < l) \tag{d}$$

（3）画剪力图。

从式（a）和（c）可知，AC 段和 CB 段的剪力为常数 $\frac{m}{l}$，剪力图是一条在 x 轴线上侧与 x 轴平行的直线，剪力图如图 3 - 22(b)所示。

（4）画弯矩图。

① 从式（b）可知，AC 段的弯矩是 x 的一次函数，弯矩图是一条斜直线，由式（b）可求得：

$x = 0$ 时，$M_A = 0$

$x = a$ 时，$M_C^{左} = ma/l$

② 从式（d）可知，CB 段的弯矩也是的 x 一次函数，弯矩图也是一条斜直线，由式（d）可求得：

$x = a$ 时，$M_C^{右} = -mb/l$

$x = l$ 时，$M_B = 0$

弯矩图如图 3 - 22(c)所示。

（5）从内力图中可见，全梁所有截面的剪力都相等，处处为最大剪力，其值 $|Q_{max}| = \frac{m}{l}$。

通过本例题，可以得出这样的结论：在集中力偶作用处，①弯矩图发生突变，突变值等于该集中力偶的力偶矩，且从左到右顺突变方向为逆上（即集中力偶逆时针转时弯矩图向上突变），顺下（即集中力偶顺时针转时弯矩图向下突变）；②剪力图不变化。

表 3 - 1 列出静定梁在简单荷载作用下的剪力图和弯矩图。

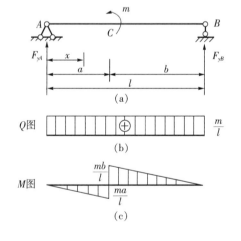

图 3 - 22　例 3 - 8 图

表 3-1 　静定梁在简单荷载作用下的 Q、M 图

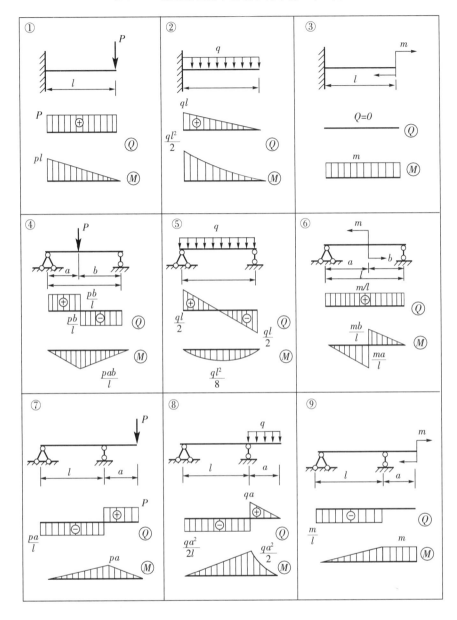

3.3.5　分布荷载集度、剪力和弯矩三者之间的微分关系

　　梁在荷载的作用下,横截面上将产生弯矩和剪力。若作用于梁上的荷载是一沿梁长变化的分布荷载 $q(x)$,则弯矩、剪力和分布荷载的集度都是 x 的函数,它们之间存在着某种关系,这种关系将有助于内力的计算和内力图的绘制,下面来推导弯矩、剪力和荷载集度这三者之间的关系式。

　　设梁上作用有任意分布的荷载 $q(x)$,如图 3-23(a)所示,规定 q

微课:
荷载与内力之间关系

（x）向上为正，向下为负。坐标原点取在梁的左端，在距梁左端为 x 处，截取长度 $\mathrm{d}(x)$ 为微段梁来研究其平衡，如图 3-23(b)所示。

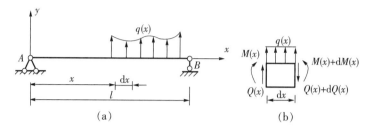

图 3-23　荷载集度与内力之间微分关系图

微段梁上作用有分布荷载 $q(x)$。因为 $\mathrm{d}x$ 很微小，在 $\mathrm{d}x$ 微段上可以将分布荷载看成是均匀分布的。微段左侧横截面上的剪力和弯矩分别为 $Q(x)$ 和 $M(x)$；微段右侧截面上的剪力和弯矩分别为 $Q(x)+\mathrm{d}Q(x)$ 和 $M(x)+\mathrm{d}M(x)$，该微段在这些力的作用下处于平衡状态，如图 3-23(b)。

由微段平衡方程 $\sum Y = 0$ 得

$$Q(x)+q(x)\mathrm{d}x-[Q(x)+\mathrm{d}Q(x)]=0 \qquad (3-4)$$

整理得到：

$$\frac{\mathrm{d}Q(x)}{\mathrm{d}x}=q(x) \qquad (3-5)$$

由微段平衡方程 $\sum M_x = 0$（矩心取在右侧截面的形心），得

$$[M(x)+\mathrm{d}M(x)]-M(x)-Q(x)\mathrm{d}x-q(x)\mathrm{d}x \cdot \mathrm{d}x/2=0$$

略去二阶微量，整理得

$$\frac{\mathrm{d}M(x)}{\mathrm{d}x}=Q(x) \qquad (3-6)$$

$\dfrac{\mathrm{d}Q(x)}{\mathrm{d}x}$、$\dfrac{\mathrm{d}M(x)}{\mathrm{d}x}$ 的几何意义是剪力图和弯矩图上某点切线的斜率。

$\dfrac{\mathrm{d}Q(x)}{\mathrm{d}x}=q(x)$ 的几何意义是剪力图曲线上某点处切线的斜率等于对应于该截面的分布荷载集度。

$\dfrac{\mathrm{d}M(x)}{\mathrm{d}x}=Q(x)$ 的几何意义是弯矩图上某点处切线的斜率等于对应于该截面的剪力值。

根据弯矩、剪力、荷载集度之间的关系式以及其几何意义，可得出作内力图的一些规律如下。

（1）$q(x)=0$ 时，说明梁上某段没有分布荷载作用，可知 $\dfrac{\mathrm{d}Q(x)}{\mathrm{d}x}=q(x)=0$，即 $Q(x)$ 是常量，此梁段的剪力图为水平直线；由 $\dfrac{\mathrm{d}M(x)}{\mathrm{d}x}=Q(x)$ 是常量，可知 $M(x)$ 为 x 的线性函数，此梁

段的弯矩图为一条斜直线。

（2）$q(x)$是常量时，由$\dfrac{\mathrm{d}Q(x)}{\mathrm{d}x}=q(x)$是常量，可知$Q(x)$为$x$的线性函数，此梁段剪力图为一条斜直线，弯矩图为二次抛物线。当均布荷载向下时，弯矩图曲线向下凹；当均布荷载向上时，弯矩图曲线向上凸。

掌握了内力图和荷载之间关系的规律后，可根据梁上作用的荷载先求出梁各个控制截面的内力值，再根据内力图和荷载之间关系的规律画出各梁段的内力图，进而组成梁的内力图。这种作内力图的方法称为简捷法。

利用简捷法绘制梁内力图的步骤如下：

（1）求支座反力。

（2）将梁分段。梁的端截面、集中力、集中力偶的作用截面、分布荷载的起止截面都是梁分段时的界线截面。

（3）确定梁的控制截面。一般选梁的界线截面、剪力等于零的截面、跨中截面为控制截面。

（4）求各控制截面的内力值。

（5）根据各梁段内力图的特征逐段画出内力图。

微课：
简捷法作梁内力图

【**例 3 - 9**】　用简捷法绘制图 3 - 24(a)所示简支梁的剪力图和弯矩图。

【**解**】　（1）计算支座反力：

$$F_{yA}=16\mathrm{kN},\ F_{yB}=24\mathrm{kN}$$

（2）绘制剪力图。剪力图按照规律自左向右直接绘制。

① F_{yA}为向上集中力，因此剪力图由A点向上突变F_{yA}值。

② AC段有向下均布荷载段，剪力图为向下斜直线，其起止点剪力变化值为均布荷载合力$10\times2=20(\mathrm{kN})$，因此，$C$点的剪力值为$16-20=-4(\mathrm{kN})$。

③ 集中力偶对剪力图没有影响，因此CDE段可看成无荷载段，所以CDE间剪力图为水平线。

④ E点有向下集中力$20\mathrm{kN}$，因此剪力图向下突变，即$-4-20=-24(\mathrm{kN})$。

⑤ EB为无荷载段，为水平线。

⑥ B点有向上集中力，所以剪力图向上突变$F_{yB}=24\mathrm{kN},24-24=0$。剪力图起点由零开始终点回归到零，说明图绘制正确，否则错误。梁的剪力图如图 3 - 24(b)所示。

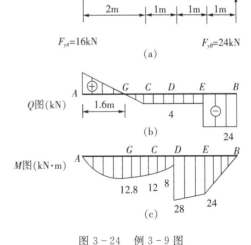

图 3 - 24　例 3 - 9 图

（3）绘制弯矩图。首先确定控制截面：控制截面为梁的起止点，集中力作用点，均布荷载的起止点，集中力偶作用处的左右两点，均布荷载段剪力为零点（极值点）。由此可知，本题

中控制截面为 A、C、$D_{左}$、$D_{右}$、E、B、G 点。分别求出控制截面的弯矩值。

截面 A、B 为铰,所以 A、B 两点的弯矩为

$$M_A = 0, M_B = 0$$

截面 C 上的弯矩为

$$M_C = F_{yA} \times 2 - \frac{1}{2} \times 10 \times 2 \times 2 = 12 \text{kN} \cdot \text{m}$$

D 点左侧截面上的弯矩为

$$M_D^{左} = F_{yA} \times 3 - 10 \times 2 \times 2 = 8 \text{kN} \cdot \text{m}$$

截面 D 上受顺时针转向集中力偶的作用,弯矩图向下突变,突变值等于集中力偶矩的大小 $20 \text{kN} \cdot \text{m}$。故 D 点右侧截面上的弯矩为 $8 + 20 = 28(\text{kN} \cdot \text{m})$。

截面 E 上有向下集中力 20kN,弯矩图发生转折,尖角的尖向向下,弯矩为

$$M_E = F_{yB} \times 1 \text{m} = 24 \text{kN} \cdot \text{m}$$

确定 G 点的位置:由剪力图中的相似三角形可得 $\frac{4}{16} = \frac{GC}{AG} = \frac{2-AG}{AG}$,$AG = 16 \times 2/20 = 1.6(\text{m})$。

截面 G 上弯矩为

$$M_G = F_{yA} \times 1.6 \text{m} - \frac{1}{2} \times 10 \text{kN/m} \times 1.6 \text{m} \times 1.6 \text{m} = 12.8 \text{kN} \cdot \text{m}$$

在图上画出控制点,根据荷载与弯矩图的规律,按顺序连接控制点,得到梁的弯矩图如图 3-24(c)。(AC 段二次抛物线开口向上或凸向下;$D_{左}$、$D_{右}$ E、EB 为斜直线)根据荷载、剪力、弯矩的规律,检查弯矩图是否正确。

梁的最大剪力发生在 EB 段各截面上,其值为 $|Q|_{max} = 24 \text{kN}$。最大弯矩发生在 D 点右侧截面上,其值为 $M_{max} = 28 \text{kN} \cdot \text{m}$。

3.3.6 用区段叠加法作梁的内力图

1. 叠加原理

在弹性范围、小变形条件下,梁在多种荷载作用下的内力和变形等于每种荷载单独作用下产生的内力和变形的代数和,这种关系称为叠加原理。例如图 3-25 所示的悬臂梁上作用有均布荷载 q 和集中力 P,现在来分析每种情况下的剪力方程和弯矩方程。

(1)在 P、q 共同作用时:

$$Q(x) = P + qx$$

$$M(x) = -Px - \frac{1}{2}qx^2$$

(2)在 P 单独作用时:

$$Q_P(x) = P$$

$$M_P(x) = -Px$$

（3）在 q 单独作用时：

$$Q_q(x) = qx$$

$$M_q(x) = -\frac{1}{2}qx^2$$

由（1）、（2）、（3）种情况的分析可知：

$$Q(x) = Q_P(x) + Q_q(x)$$

$$M(x) = M_P(x) + M_q(x)$$

即在 P、q 共同作用时所产生的内力 Q（或 M）等于 P 与 q 单独作用时所产生的内力 Q_P、Q_q（或 M_p，M_q）的代数和。

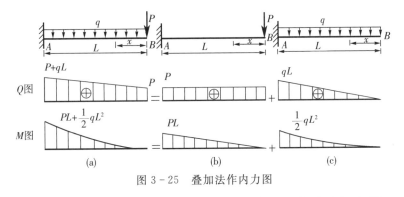

图 3-25　叠加法作内力图

将集中力 P 和均布荷载 q 单独作用下的剪力图和弯矩图分别画出，如图3-25（b）、（c），然后再叠加，就得两种荷载共同作用下的剪力图和弯矩图，如图3-25（a）。

2. 叠加法作内力图

根据叠加原理来绘制内力图的方法称为叠加法。

用叠加法画内力图的步骤如下：

（1）先把作用在梁上的复杂荷载分成几组简单的荷载；

（2）分别作出各简单荷载单独作用下的内力图；

（3）将它们相应的纵坐标叠加（代数相加），就得到梁在复杂荷载作用下的内力图。

需要特别强调的是：任一截面的内力等于各分组荷载单独作用下内力的代数和，反映在内力图上，是各简单荷载作用下内力图在对应点处的纵坐标代数相加，而不是内力图的简单拼合。用叠加法画弯矩图时，一般先画直线形的弯矩图，再叠画上曲线形的弯矩图。

3. 区段叠加法作内力图

实际应用时，常将梁进行分段，在每一区段上利用叠加法作弯矩图，这种方法称为区段叠加法。其方法是：将任意区段梁看成简支梁，先确定梁段两端截面的弯矩值，将两端截面的弯矩连线作为基线，在此基线上叠加简支梁作用杆间荷载时的弯矩图，即为该梁段的弯矩图。

用区段叠加法作静定梁的弯矩图，应先将梁分段。分段的原则是：分界截面的弯矩值易求,所分梁段对应简支梁的弯矩图易画(可查表 3-1)。

对复杂荷载作用下的梁、刚架及超静定结构利用区段叠加法来绘制弯矩图都是十分方便的。

【例 3-10】 用区段叠加法作如图 3-26(a)所示的外伸梁的弯矩图。

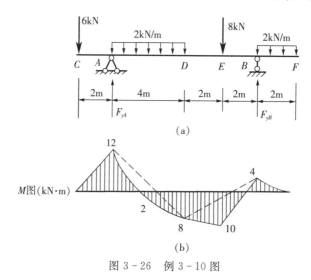

(a)

(b)

图 3-26 例 3-10图

【解】 (1)求支座反力:

$$F_{yA} = 15\text{kN}, F_{yB} = 11\text{kN}$$

(2)将梁分段,并确定各控制截面弯矩值,该梁分为 CA、AD、DB、BF 四段;

$$M_C = 0$$

$$M_A = -12\text{kN·m}$$

$$M_D = -6 \times 6 + 15 \times 4 - 2 \times 4 \times 2 = 8(\text{kN·m})$$

$$M_B = -2 \times 2 \times 1 = -4(\text{kN·m})$$

$$M_F = 0$$

(3)绘制各梁段的弯矩图。

先按照一定的比例绘出各控制截面的纵坐标,再根据各梁段荷载分别作弯矩图,如图 3-26(b)所示。CA 梁段没有荷载,由弯矩图的特征直接连线作图;AD、DB 有荷载作用,则把该段两端弯矩纵坐标用虚线相连作为基线,在此基线上叠加对应简支梁的弯矩图。其中,AD、DB 中点的弯矩值分别为

拓展:

法国河上建纸桥

$$M_{AD\text{中}} = \frac{-12+8}{2} + \frac{2 \times 4^2}{8} = 2(\text{kN·m})$$

$$M_{DB\text{中}} = \frac{8-4}{2} + \frac{8 \times 4}{4} = 10(\text{kN·m})$$

思考与实训

1. 求图 3-27 中各杆 1—1 和 2—2 截面上的轴力,并作轴力图。

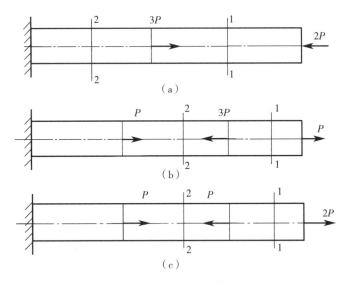

图 3-27　习题 1 图

2. 求图 3-28 中示等截面直杆上 1—1、2—2、3—3 截面的轴力,作轴力图。

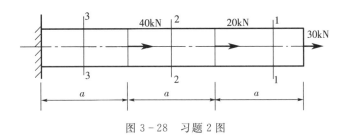

图 3-28　习题 2 图

3. 图 3-29 所示直杆的横截面面积分别为 A 和 A_1,且 $A=2A_1$,长度为 l,弹性模量为 E,荷载为 P。试绘制轴力图。

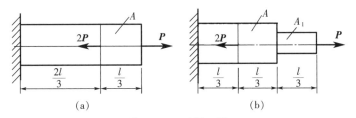

图 3-29　习题 3 图

4. 如图 3-30 所示的圆轴上作用四个外力偶,其矩分别为 $m_1=1000$ N·m,$m_2=600$ N·m,$m_3=200$ N·m,$m_4=200$N·m,(1)试作轴的扭矩图;(2)若 m_1 与 m_2 对调,扭矩图

有何变化?

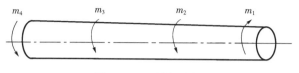

图 3-30 习题 4 图

5. 一传动轴的转速为 $n=200\text{r}/\text{min}$,轴上装有五个轮子,如图 3-31 所示。主动轮 2 的输入功率为 60kW,从动轮 1、3、4、5 输出功率依次为 18kW、12kW、22kW、8kW,试作该轴的扭矩图。

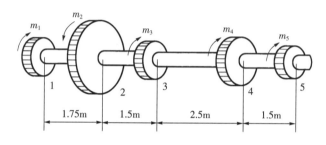

图 3-31 习题 5 图

6. 用截面法求图示各梁指定截面上的剪力和弯矩。

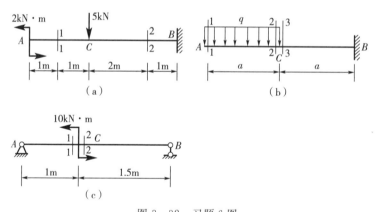

图 3-32 习题 6 图

7. 用列内力方程的方法,作出图 3-33 中梁的剪力图和弯矩图。

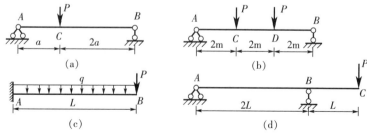

图 3-33 习题 7 图

8. 一简支外伸梁如图 3-34 所示,已知 $q=5\text{kN/m}$,$P=15\text{kN}$,用简捷法作出该梁的内力图。

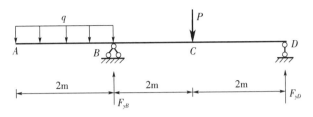

图 3-34 习题 8 图

9. 用简捷法作下列梁结构的剪力图和弯矩图。

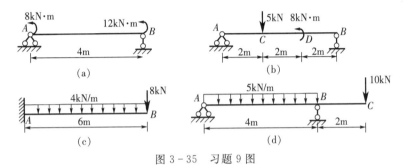

图 3-35 习题 9 图

10. 用叠加法作图 3-36 中各梁的弯矩图。

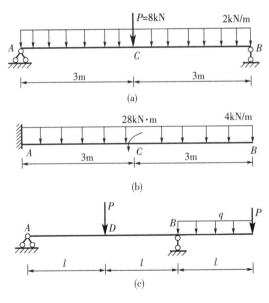

图 3-36 习题 10 图

模块四　杆件的应力和强度计算

教学目标 >>>——————————————————————————>>>

　　了解应力的概念；了解材料在拉伸与压缩时的力学性能；掌握轴向拉压杆横截面上的应力和强度计算；掌握扭转轴横截面上的应力和强度计算；熟悉工程上常见梁的弯曲正应力、弯曲切应力的概念，掌握常见梁的弯曲正应力、弯曲切应力的计算及强度计算。

教学要求

能力目标	相关知识
了解应力的概念，了解材料在拉伸与压缩时的力学性能	应力的概念，材料的力学性能
能正确进行轴向拉压杆横截面上的应力和强度计算	抗拉(压)刚度，横截面上的应力，斜截面上的应力，轴向拉压杆横截面上的应力和强度计算
能正确进行扭转轴横截面上的应力和强度计算	抗扭截面系数，扭转轴横截面上的应力和强度计算，矩形截面杆的扭转
熟悉工程上常见梁的弯曲正应力、弯曲切应力的概念，能正确进行常见梁的弯曲正应力、弯曲切应力的计算及强度计算	抗弯刚度，抗弯截面系数，平面梁的弯曲正应力、弯曲切应力的概念，平面梁的弯曲正应力、弯曲切应力的计算及强度计算

模块四课件

模拟试卷(4)

4.1　应力的概念

构件的破坏不仅与内力的大小有关,还与内力在构件截面上的密集程度(简称集度)有关。通常将内力在截面上的集度称为应力。

为了说明截面 m-m 上某一点 K 处的应力,围绕 K 点取一微小面积 ΔA,作用在微小面积 ΔA 上的内力为 ΔP[图 4-1(a)],将比值

$$p_m = \frac{\Delta P}{\Delta A}$$

称为作用在微小面积 ΔA 上的平均应力。当内力分布不均匀时,平均应力 p_m 的值将随 ΔA 的大小而变化,它不能准确反映 K 点处的内力集度。只有当 ΔA 无限趋近于零时,平均应力 p_m 的极限值 p 才能代表 K 点的内力集度,用公式表示为

$$p = \lim_{\Delta A \to 0} \frac{\Delta P}{\Delta A}$$

p 称为 K 点处的应力,应力 p 又称为全应力,它是一个矢量,其方向与 ΔP 的方向相同。通常将全应力 p 分解为沿截面法线方向的分量 σ 和与截面相切的分量 τ[图 4-1(b)],σ 称为正应力,τ 称为剪应力。

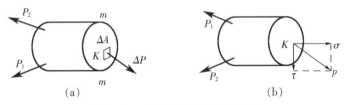

图 4-1　全应力及其分量示意图

在国际单位制中,应力的单位是帕斯卡,简称帕,记为 Pa。

$$1\text{Pa} = 1\text{N/m}^2$$

工程实际中应力的数值往往较大,常用兆帕(MPa)或吉帕(GPa)作单位。

$$1\text{MPa} = 10^6\text{Pa} = 10^6\text{N/m}^2$$

$$1\text{GPa} = 10^9\text{Pa} = 10^9\text{N/m}^2$$

4.2　材料的力学性质

材料在拉伸和压缩时的力学性质,又称机械性能,是指材料在受力过程中在强度和变形方面表现出的特性,是解决强度、刚度和稳定性问题不可缺少的依据。

材料在拉伸和压缩时的力学性质,是通过试验得出的。拉伸与压缩试验通常在万能材料试验机上进行,把由不同材料按标准制成的试件装夹到试验机上,试验机对试件施加荷载,使试件产生变形甚至破坏。

拉伸试验时采用标准试件(图 4-2),规定圆截面标准试件的工作长度 l(也称标距)与其截面直径 d 的比例为:

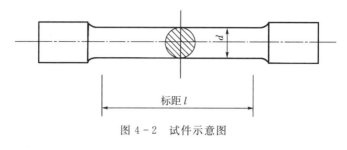

图 4-2 试件示意图

长试件:
$$l=10d$$

短试件:
$$l=5d$$

对于矩形截面标准试件的工作长度 l 与其截面面积 A 的比例为

$$l=11.3\sqrt{A} \text{ 或 } l=5.65\sqrt{A}$$

金属材料的压缩试件是圆柱体,高是直径的 1.5～3 倍,非金属材料的压缩试件是立方体。

4.2.1 低碳钢的单向拉伸试验

由于低碳钢在工程上广泛使用,其力学性质又具有典型性,因此可用它来作为塑性材料的代表,阐明塑性材料的特性。

现以 A_3 钢为例,来讨论低碳钢的力学性质。将 A_3 钢做成的标准试件装夹在万能试验机的两个夹头上,缓慢地加载,直到使试件拉断为止。在拉伸的过程中,自动绘图器将每瞬间荷载与试件绝对伸长量的关系绘成 $P\text{-}\Delta l$ 曲线图,如图 4-3 所示。

动画:
钢材的拉伸试验

试件的拉伸图与试件的几何尺寸有关。为了消除试件几何尺寸的影响,将拉伸图的纵坐标除以试件的横截面面积 A,横坐标除以标距 l,则得到应力-应变曲线,称为应力-应变图或 $\sigma\text{-}\varepsilon$ 图,如图 4-4 所示。

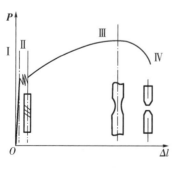

图 4-3 $P\text{-}\Delta l$ 曲线图

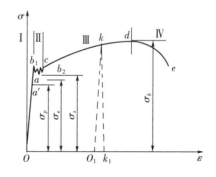

图 4-4 应力-应变图

1. 低碳钢拉伸时的力学性能

根据应力-应变图的特点,可将拉伸整个过程分为四个阶段:

(1)弹性阶段(图中 Oa 段)

在 Oa 阶段内,如果卸去外力,相应的应变也随之消失。材料受外力后变形,卸去外力后变形全部消失的这种性质称为弹性。因此 Oa 段称为弹性阶段。与 a 点对应的应力称为弹性极限,用 σ_e 表示。

在弹性阶段内,Oa' 段是直线,说明在该范围内应力与应变成正比,即 $\sigma=E\varepsilon$。通常把该段最高点 a' 对应的应力,即应力与应变成正比的最高限,称为材料的比例极限,以 σ_p 表示。A_3 钢的比例极限约为 200MPa。由图中几何关系可知:

$$\tan\alpha=\frac{\sigma}{\varepsilon}=E \quad (常数)$$

其中,E 称为材料的弹性模量。实验表明,材料的弹性极限与比例极限数值上非常接近,故工程上对它们往往不加区分。

(2)屈服阶段(图中 ac 段)

当应力超过弹性极限后,应力-应变图中出现了一段接近水平的锯齿形线段 ac,在此阶段应力基本不变而应变却在急剧地增长,材料暂时失去了抵抗变形的能力,这种现象称为"流动"或"屈服",此阶段称为屈服阶段。屈服阶段内最低应力点 b_2 对应的应力值为材料的屈服极限,以 σ_s 表示。屈服极限是衡量材料强度的一个重要指标。A_3 钢的屈服极限约为 240MPa。

在这一阶段,如果卸载将出现不能消失的变形,称为塑性变形或残余变形。如果试件是经过抛光的,这时可以看到试件表面出现许多与试件轴线成 45°角的条纹,称为滑移线。

(3)强化阶段(图中 cd 段)

图中 cd 段曲线缓慢地上升,表示材料抵抗变形的能力又逐渐增加,这一阶段称为强化阶段。曲线最高点 d 所对应的应力称为强度极限,以 σ_b 表示。A_3 钢的强度极限约为 $\sigma_b=$ 400MPa。强度极限是衡量材料强度的另一个重要指标。

(4)颈缩阶段(图中 de 段)

在强度极限前,试件的变形是均匀的。在强度极限后,即曲线的 de 段,变形集中在试件某一局部,纵向变形显著增加,横截面面积显著减小,形成颈缩现象,如图 4-5 所示。在试件继续伸长的过程中,由于颈缩部分的横截面面积急剧缩小,因此荷载读数反而降低,一直到试件被拉断。

图 4-5　颈缩示意图

2. 冷作硬化

将试件预加载到强化阶段内的 k 点,然后缓慢卸载,$\sigma-\varepsilon$ 曲线将沿着与 Oa' 近似平行的直线回到 O_1 点(图 4-4)。O_1k_1 是弹性应变,而 OO_1 是残留下来的塑性应变。若卸载后重新加载,应力-应变曲线将沿着 O_1kde 变化。比较 O_1kde 和 $Oa'b_1cde$ 可知,重新加载时,材料的比例极限和屈服极限得到提高,而塑性变形降低,这种现象称为冷作硬化。工程上常常利用材料的这个性质来提高钢筋等在弹性范围内所能承受的最大荷载。

3. 材料的塑性

试件拉断后,弹性变形消失了,只剩下残余变形。残余变形是材料塑性的标志。材料的塑性可用试件被拉断后的残余相对伸长百分率 δ 来表示,即

$$\delta=\frac{l_1-l}{l}\times100\% \tag{4-1}$$

式中 l_1 为拉断后的标距长度,l 是原标距长度,δ 称为延伸率。延伸率 δ 是衡量材料塑性的一个重要指标,一般将 $\delta>5\%$ 的材料称为塑性材料,将 $\delta<5\%$ 的材料称为脆性材料。

材料的塑性,还可以用试件拉断后的横截面相对收缩百分率 ψ 来表示,即

$$\psi=\frac{A-A_1}{A}\times100\% \tag{4-2}$$

式中 A_1 为试件断口处的最小横截面面积,A 为原横截面面积,ψ 称为截面收缩率。

4.2.2　低碳钢的单向压缩试验

以低碳钢作为塑性材料的代表,其压缩时的 σ-ε 图如图 4-6 中的实线所示。为了便于比较材料在拉伸和压缩时的力学性质,在图中还以虚线绘出了低碳钢在拉伸时的 σ-ε 图。比较图中低碳钢在拉伸和压缩时的 σ-ε 曲线可知,屈服阶段以前,两曲线基本上重合,进入强化阶段以后,试件在压缩时的名义应力增长率随着 ε 的增加而越来越大。之所以会出现这种现象,是因为到了强化阶段,试件在被压缩的同时,横截面面积在逐渐增大,而在计算名义应力时仍采用试件的原来面积。此外,由于试件的横截面面积越压越大,其单位面积上所受的力到后期就很难继续增长,这就使得低碳钢试件的压缩强度极限无法测定。

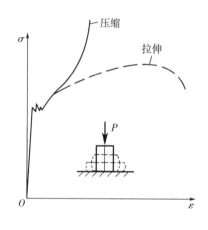

图 4-6　低碳钢压缩图

4.2.3　铸铁的单向拉、压试验

1. 铸铁的单向拉伸试验

铸铁可作为脆性材料的代表,其 σ-ε 图如图 4-7 所示。

从铸铁的 σ-ε 图可以看出,铸铁没有明显的直线部分,且直到拉断时其变形都很小。因此,一般规定试件在产生 0.1% 的应变时所对应的应力范围为弹性变形,并认为这个范围内服从胡克定律。铸铁拉伸时无屈服现象和颈缩现象,断裂时突然出现的断口与轴线垂直,塑

性变形很小。衡量铸铁强度的唯一指标是强度极限 σ_b。

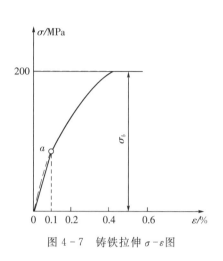

图 4-7 铸铁拉伸 σ-ε 图

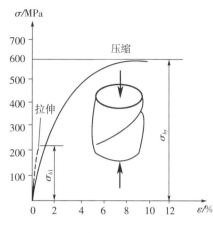

图 4-8 铸铁压缩 σ-ε 图

2. 铸铁的单向压缩试验

铸铁压缩试验采用圆柱形短试件,其压缩时的 σ-ε 图如图 4-8 中的实线所示,它与拉伸时的 σ-ε 图(虚线)相似。值得注意的是,压缩时没有屈服阶段,其强度极限比拉伸时高 3~4 倍,最后试件沿与轴线成 45°~50°角的斜面破坏。

4.2.4　材料在单向拉、压时的力学性能比较

从以上介绍材料的实验结果中可以看出,塑性材料和脆性材料在常温和静荷载下的力学性质有很大差别,现扼要比较如下。

1. 塑性材料破坏时有显著的塑性变形,断裂前有的出现明显的屈服现象;而脆性材料在变形很小时突然断裂,无屈服现象。

2. 塑性材料拉伸时的比例极限、屈服极限和弹性模量与压缩时相同,说明拉伸和压缩时,具有相同的强度和刚度。而脆性材料则不同,其压缩时的强度和刚度都大于拉伸时的强度和刚度,且抗压强度远远高于抗拉强度。

3. 当构件中存在应力集中时,塑性材料对应力集中的敏感性较小。

必须指出,材料的塑性与脆性,实际上与工作温度、变形速度、受力状态等因素有关。例如低碳钢在常温下表现为塑性,而在低温下表现为脆性;石材通常认为是脆性材料,但在各向受压的情况下,却表现出很好的塑性。

工程中常用材料的力学性质参看表 4-1。

表 4-1　工程中常用材料拉伸与压缩时的力学性质

材料名称	屈服极限/MPa	抗拉强度极限/MPa	抗压强度极限/MPa	延伸率/%
Q_{235} 钢	216~235	380~470	380~470	24~27
45 号钢	350	530	530	16

材料名称	屈服极限/MPa	抗拉强度极限/MPa	抗压强度极限/MPa	延伸率/%
16 锰钢	270～340	470～510	470～510	16～21
灰口铸铁		150～370	600～1300	0.5～0.6
球墨铸铁	290～420	390～600	≥1568	1.5～10
普通混凝土		0.3～1	2.5～80	
有机玻璃		755	>130	
红松（顺纹）		98	≈33	

4.3 轴向拉压杆的应力与强度计算

4.3.1 轴向拉压杆横截面上的应力

要确定横截面上的应力，必须了解内力在横截面上的分布规律。由于应力的分布与变形有关，因此首先要研究杆件的变形。

取一等截面直杆，在其表面画两条垂直于杆轴的横线 ab 和 cd，并在两条横线间画两条平行于杆轴的纵向线，然后在杆两端加上一对轴向拉力，使杆件产生拉伸变形（图4-9）。在杆件表面可观察到：ab 和 cd 直线分别平移至 a_1b_1 和 c_1d_1 位置，仍为直线且和杆轴垂直；两条纵向线伸长，且伸长量相等，并仍然与杆轴平行。

根据观察到的表面现象，可作出平面假设：变形前为平面的横截面，变形后仍为平面，但沿轴线发生了平移；任意两横截面间各纵向线的伸长（或缩短）均相同。由材料的均匀连续性假设可知，横截面上的内力是均匀分布的，即各点的应力相等（图4-10）。设杆件横截面的面积为 A，横截面上的轴力为 N，则该横截面上的正应力为

$$\sigma = \frac{N}{A} \tag{4-3}$$

式中，N 为杆横截面上的轴力，单位为 N 或 kN；A 为所求应力截面的横截面积，单位为 m^2。σ 的正负号与轴力相同，当 N 为正时，σ 也为正，称为拉应力；当 N 为负时，σ 也为负，称为压应力。

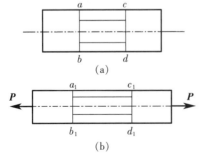

图4-9 轴向拉伸示意图

图4-10 正应力分布图

【例 4-1】 一阶梯形直杆受力如图 4-11(a)所示。已知横截面面积为 $A_1 = 400\text{mm}^2$，$A_2 = 300\text{mm}^2$，$A_3 = 200\text{mm}^2$，试求各横截面上的应力。

【解】 (1)计算轴力，画轴力图。

由例 3-2 知 $N_1 = 50\text{kN}$，$N_2 = -30\text{kN}$，$N_3 = 10\text{kN}$，$N_4 = -20\text{kN}$。

轴力图如图 4-11(b)所示。

(2)计算各段的正应力：

AB 段：$\sigma_{AB} = \dfrac{50 \times 10^3}{400} = 125(\text{MPa})$（拉应力）

BC 段：$\sigma_{BC} = \dfrac{-30 \times 10^3}{300} = -100(\text{MPa})$（压应力）

CD 段：$\sigma_{CD} = \dfrac{10 \times 10^3}{300} = 33.3(\text{MPa})$（拉应力）

DE 段：$\sigma_{DE} = \dfrac{-20 \times 10^3}{200} = -100(\text{MPa})$（压应力）

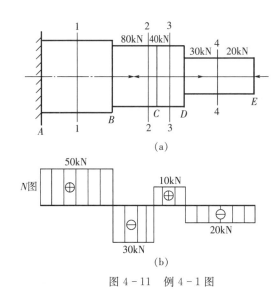

图 4-11 例 4-1 图

4.3.2 轴向拉压杆斜截面上的应力

图 4-12(a)表示一直杆受轴向拉力 P 的作用，其横截面积为 A，则横截面上的正应力为

$$\sigma = \frac{N}{A}$$

设与横截面成 α 角的 $m—m$ 斜截面的面积为 A_α，由几何关系有：

$$A_\alpha = \frac{A}{\cos\alpha}$$

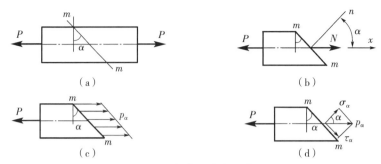

图 4 - 12　斜截面应力示意图

由截面法[图 4 - 12(b)]可求得 $m-m$ 斜截面上的轴力为 $N_\alpha=N=P$。由于各纵向线变形相同,故斜截面上各点处应力 p_α 也相同[图 4 - 12(c)],则斜截面 $m-m$ 上的应力为

$$p_\alpha=\frac{N_\alpha}{A_\alpha}=\frac{N}{A}\cos\alpha=\sigma\cos\alpha$$

p_α 的方向与轴力方向一致,将 p_α 分解为垂直于斜截面的正应力 σ_α 和相切于斜截面的切应力 τ_α[图 4 - 12(d)]。

$$\sigma_\alpha=p_\alpha\cos\alpha=\sigma\cos^2\alpha \tag{4-4}$$

$$\tau_\alpha=p_\alpha\sin\alpha=\frac{\sigma}{2}\sin2\alpha \tag{4-5}$$

4.3.3　轴向拉压杆的强度条件

1. 许用应力与安全系数

通过对材料进行拉伸和压缩实验可知,材料的应力达到某个极限应力时,构件就会产生很大的变形或发生破坏,从而使构件不能正常工作,这类情况在工程上是不允许出现的。将材料丧失工作能力时的应力称为极限应力,以 σ_0 表示,对于塑性材料,$\sigma_0=\sigma_s$;对于脆性材料,$\sigma_0=\sigma_b$。

在设计构件时,从经济性考虑,工作应力应尽可能接近极限应力。但由于不少因素难以准确估计,为了确保构件工作时安全可靠,应有一定的强度储备,构件的工作应力应小于极限应力。构件在工作时允许产生的最大应力称为许用应力,用[σ]表示。许用应力等于极限应力除以一个大于 1 的系数,此系数称为安全系数,用 n 表示,即

$$[\sigma]=\frac{\sigma_0}{n} \tag{4-6}$$

对于塑性材料:
$$[\sigma]=\frac{\sigma_s}{n_s}$$

对于脆性材料:
$$[\sigma]=\frac{\sigma_b}{n_b}$$

安全系数的选取是一个很重要,也是很复杂的问题。如果安全系数偏大,则许用应力偏小,构件安全但不经济;反之,如果安全系数偏小,则许用应力偏大,用材料少但又不能保证

安全。因此,安全系数的确定是合理解决安全与经济矛盾的关键问题。

安全系数的确定,通常要考虑以下因素:

(1)荷载取值的准确性;

(2)材料的均匀性;

(3)计算方法的准确程度;

(4)构件的工作条件及重要性;

(5)构件的自重与机动性。

一般取 $n_s = 1.4 \sim 1.8$,$n_b = 2.0 \sim 3.5$。

当材料在受拉或受压破坏的极限应力不同时,常用$[\sigma_t]$、$[\sigma_c]$分别表示材料的许用拉应力和许用压应力,定义方法同上。

2. 强度条件及其应用

要使构件在外力作用下能够安全可靠地工作,必须使构件截面上的最大工作应力 σ_{max} 不超过材料的许用应力,即

$$\sigma_{max} = \frac{N}{A} \leqslant [\sigma] \qquad (4-7)$$

微课:
轴向拉(压)杆强度计算

式(4-7)称为构件在轴向拉伸或压缩时的强度条件。

产生最大正应力的截面称为危险截面。对于等截面直杆,轴力最大的截面即为危险截面;对于变截面直杆,危险截面要结合 N 和 A 共同考虑来确定。

利用强度条件,可以解决强度计算的三类问题:

(1)强度校核

在已知构件的材料、尺寸及所受荷载的情况下,检查构件的强度是否足够。具体做法是:根据荷载和构件尺寸确定出最大工作应力 σ_{max},然后和构件材料的许用应力$[\sigma]$相比较,如果满足式(4-7)的条件,则构件有足够的强度,反之,则构件的强度不够。

(2)设计截面尺寸

在构件的材料及所受荷载已确定的条件下,$[\sigma]$和 N 为已知,把强度条件公式变换为

$$A \geqslant \frac{N}{[\sigma]}$$

计算出截面面积,然后根据构件截面形状设计截面的具体尺寸。

(3)确定许可荷载

在构件的材料和形状及尺寸已确定的条件下,$[\sigma]$和 A 为已知,把强度条件公式变换为

$$N \leqslant A[\sigma]$$

计算出构件所能承受的最大轴力,再根据静力平衡方程,确定构件所能承受的最大许可荷载。

【例4-2】 图4-13(a)所示的木构架,悬挂的重物为 $W=60kN$。AB 的横截面为正方形,横截面边长为 200mm,许用应力$[\sigma]=10MPa$。试校核 AB 支撑的强度。

【解】 (1)计算 AB 支撑的轴力。取 CD 杆为研究对象,受力图如图4-13(b)所示,由平衡方程可得:

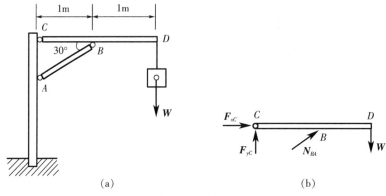

图 4-13 例 4-2 图

$$\sum M_C(F)=0, N_{BA}sin30°\times1-W\times2=0$$

$$N_{BA}=\frac{2W}{sin30°\times1}=\frac{2\times60}{sin30°\times1}=240(kN)$$

AB 支柱的轴力 $N_{BA}=240kN$。

（2）校核 AB 支撑的强度。

AB 支撑的横截面面积：

$$A=200\times200mm^2=4\times10^4mm^2$$

AB 支撑的工作应力：

$$\sigma=\frac{N_{BA}}{A}=\frac{240\times10^3}{4\times10^4}=6(MPa)<[\sigma]=10MPa$$

故 AB 支撑的强度足够。

【例 4-3】 三脚架由 AB 和 BC 两根材料相同的圆截面杆构成［图 4-14(a)］。材料的许用应力 $[\sigma]=100MPa$，荷载 $P=10kN$。试设计两杆的直径。

【解】 （1）计算两杆的轴力。用截面法截取结点 B 为研究对象，受力图为图 4-14(b)。由平衡方程可得：

$$\sum Y=0, N_{BC}sin30°-P=0$$

$$N_{BC}=\frac{P}{sin30°}=\frac{10}{sin30°}=20(kN)$$

$$\sum X=0, N_{BC}cos30°-N_{AB}=0$$

$$N_{AB}=N_{BC}cos30°=20\times cos30°=17.32(kN)$$

（2）确定两杆直径。由强度条件有：

$$A=\frac{\pi d^2}{4}\geqslant\frac{N}{[\sigma]}$$

则
$$d \geqslant \sqrt{\frac{4N}{\pi[\sigma]}}$$

AB 杆： $d_{AB} \geqslant \sqrt{\frac{4N_{AB}}{\pi[\sigma]}} = \sqrt{\frac{4 \times 17.32 \times 10^3}{\pi \times 100}} = 14.85 (\text{mm})$

取 AB 杆的直径 $d_{AB} = 16\text{mm}$。

BC 杆： $d_{BC} \geqslant \sqrt{\frac{4N}{\pi[\sigma]}} = \sqrt{\frac{4 \times 20 \times 10^3}{\pi \times 100}} = 15.95 (\text{mm})$

取 BC 杆的直径 $d_{BC} = 16\text{mm}$。

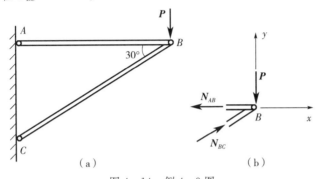

图 4 – 14　例 4 – 3 图

【**例 4 – 4**】　图 4 – 15(a)所示的支架，AB 杆的许用应力$[\sigma_1] = 100\text{MPa}$，$BC$ 杆的许用应力$[\sigma_2] = 160\text{MPa}$，两杆横截面面积均为 $A = 150\text{mm}^2$。试求此结构的许可荷载 P。

【**解**】　(1)计算杆的轴力与荷载的关系。用截面法截取结点 B 为研究对象，受力图如图 4 – 15(b)。由平衡方程可得：

$$\sum X = 0, N_{BC}\sin30° - N_{AB}\sin45° = 0$$

$$\sum Y = 0, N_{BC}\cos30° + N_{AB}\cos45° - P = 0$$

联立求解得：

$$P = 1.93N_{AB} \tag{1}$$

$$P = 1.37N_{BC} \tag{2}$$

(2)计算杆的许可轴力。由强度条件有：

$$[N_{AB}] = [\sigma_1] \cdot A = 100 \times 150 = 15 (\text{kN}) \tag{3}$$

$$[N_{BC}] = [\sigma_2] \cdot A = 160 \times 150 = 24 (\text{kN}) \tag{4}$$

(3)计算杆的许可荷载。将式(3)、(4)分别代入式(1)、(2)有：

$$[P_{AB}] = 1.93[N_{AB}] = 1.93 \times 15 = 28.95 (\text{kN})$$

$$[P_{BC}] = 1.37[N_{BC}] = 1.37 \times 24 = 32.88 (\text{kN})$$

(4)确定结构的许可荷载。根据上述计算结果，结构的许可荷载取各杆的较小者，则：

$$[P]=28.95\text{kN}$$

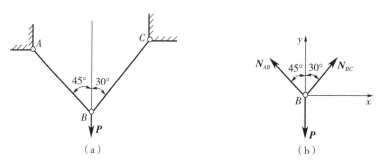

图 4-15 例 4-4 图

4.3.4 应力集中现象

等直杆轴向拉伸或压缩时,横截面上的正应力是均匀分布的。但由于实际需要,有些零件经常有切口、切槽、油孔、螺纹、带有过渡圆角的轴肩等,从而导致在这些部位上截面尺寸发生突然变化。实验证明,在这些尺寸突然改变的横截面上,应力并不是均匀分布。如开有圆孔的拉杆(图 4-16),当其在静荷载作用下受轴向拉伸时,在圆孔附近的局部区域内,应力的数值急剧增加,而在较远处又逐渐趋于均匀。这种因杆件截面形状突然变化而产生的应力局部增大现象,称为应力集中。

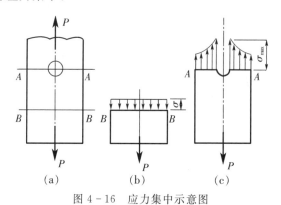

图 4-16 应力集中示意图

应力集中处的最大应力 σ_{max} 与杆横截面上的平均应力 σ 之比,称为理论应力集中系数,以 α 表示,即

$$\alpha=\frac{\sigma_{max}}{\sigma}$$

它反映了杆件在静荷载作用下应力集中的程度,是一个大于 1 的系数。如果截面尺寸变化越急剧、孔越小、角越尖,应力集中就越严重,最大应力 σ_{max} 就越大。因此,杆件上应尽可能避免带尖角的孔和槽,在阶梯轴和凸肩处要用圆弧过渡,并且要尽量使圆弧半径大一些。

在静荷载作用下,应力集中对于塑性材料的强度没有什么影响。这是因为当应力集中处最大应力 σ_{max} 达到屈服极限时,材料将发生塑性变形,应力不再增加。当外力继续增加时,处在弹性变形的其他部分的应力继续增大,直至整个截面上的应力都达到屈服极限时,杆件才达到极限状态(图4-17)。由于材料的塑性具有缓和应力集中的作用,应力集中对塑性材料的强度影响就很小。而脆性材料由于没有屈服阶段,应力集中处的最大应力 σ_{max} 随荷载的增加而一直上升。当 σ_{max} 达到 σ_b 时,杆件就会在应力集中处产生裂纹,随后在该处裂开而破坏。

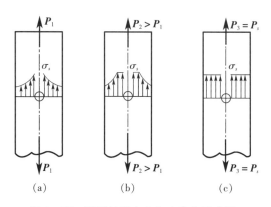

图4-17 不同材料应力集中分布示意图

对于在冲击荷载或周期性变化的交变应力作用下的构件,不管是塑性材料还是脆性材料,应力集中对其强度都有很大的影响。

引例5 应力集中的危害

2006年10月,青藏线发生钢轨折断事故。从钢轨断口面情况观察:断口处晶粒结构均匀,没有任何裂纹。

经分析是由于轨底脚外侧机械击伤并发展成裂纹,这一缺陷导致钢轨在该处发生应力集中,直接导致钢轨突发性折断。

4.4 扭转杆的应力和强度计算

4.4.1 圆截面扭转杆横截面上的应力

1. 现象与假设

取一等直圆轴,在圆轴表面画两条圆周线和两条与轴线平行的纵向线,然后在圆轴两端施加外力偶矩 m,使圆轴产生扭转变形(图4-18)。这时从圆轴表面可以观察到如下情况:①两条圆周线绕轴线旋转了一个小角度,但圆周线的长度、形状和两条圆周线间的距离没有发生变化。②两条纵向线倾斜了同一微小的角度 γ,原来纵向线和圆周线形成的矩形变成了平行四边形,但纵向线仍近似为直线。③轴的长度和直径都没有发生变化。

根据观察到的这些现象,可作如下假设:圆轴在扭转变形时,各个横截面在扭转变形后仍为相互平行的平面,且形状和大小不变,只是相对地转过了一个角度,此假设称为圆轴扭转时的刚性平面假设。按照刚性平面假设,圆轴任意两横截面之间相对转动的角度,称为扭转角,用 φ 来表示。

根据刚性平面假设,可以得出以下结论:

(1)横截面上无正应力。由于扭转变形时,相邻两横截面间的距离保持不变,即线应变 $\varepsilon = 0$,所以横截面上无正应力。

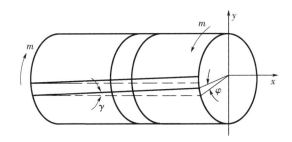

图 4-18　扭转变形示意图

(2)横截面上有切应力,且其方向与半径垂直。由于扭转变形时,相邻两横截面相对地转过一个角度,即发生了旋转式的相对滑动,由此产生了剪切变形,横截面上各点有切应变,相应的有切应力存在。又因半径长度不变,说明剪应变沿垂直于半径方向发生,故切应力方向与半径垂直。

2. 横截面上的切应力

为了求出圆轴扭转时横截面上的切应力,可从变形几何关系、物理关系和静力学关系三方面进行分析。设有直径为 D 的圆轴,受扭矩 T 作用,可得到圆轴扭转时横截面上距圆心为 ρ 处的切应力

$$\tau_\rho = \frac{T}{I_\rho} \rho \tag{4-8}$$

式中 T 和 I_ρ 对确定的截面是常量。圆轴横截面切应力分布图如图 4-19 所示。在圆截面的边缘上,$\rho = \dfrac{D}{2}$,$\tau_\rho = \tau_{\max}$,则

$$\tau_{\max} = \frac{T}{I_\rho} \cdot \frac{D}{2}$$

令 $W_T = \dfrac{I_\rho}{D/2}$,$W_T$ 称为抗扭截面系数。则上式可写为

$$\tau_{\max} = \frac{T}{W_T}$$

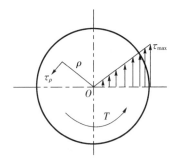

图 4-19　圆轴横截面切应力分布图

需要注意的是:刚性平面假设只对圆截面直杆才成立,并且在推导切应力公式时,应用了剪切胡克定律,所以只有在 $\tau_{\max}$ 不超过材料的剪切比例极限,并且杆件为圆截面直杆的情况下,切应力计算公式才适用。

【例 4-5】 图 4-20(a)所示的传动轴,在外力偶矩 m_A、m_B、m_C 作用下处于平衡,试求:
(1)轴 AB 的 I—I 截面上离圆心距离 20mm 各点的切应力;

（2）Ⅰ—Ⅰ截面的最大切应力；

（3）轴 AB 的最大切应力。

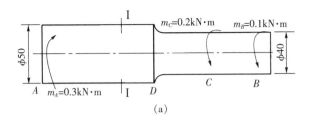

(a)

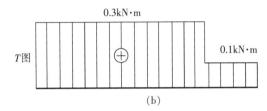

(b)

图 4 - 20　例 4 - 5 图

【解】　（1）画轴 AB 的扭矩图。

AC 段：$T_{AC}=m_A=0.3\text{kN}\cdot\text{m}$；

CB 段：$T_{CB}=m_B=0.1\text{kN}\cdot\text{m}$。

轴 AB 的扭矩图如图 4 - 20(b)所示。

（2）计算极惯性矩和抗扭截面系数。

AD 段：

$$I_{\rho 1}\approx 0.1D_1^4=0.1\times 50^4\text{mm}^4=625\,000\text{mm}^4$$
$$W_{T1}\approx 0.2D_1^3=0.2\times 50^3\text{mm}^3=25\,000\text{mm}^3$$

DB 段：

$$I_{\rho 2}\approx 0.1D_2^4=0.1\times 40^4\text{mm}^4=256\,000\text{mm}^4$$
$$W_{T2}\approx 0.2D_2^3=0.2\times 40^3\text{mm}^3=12\,800\text{mm}^3$$

（3）计算应力。

Ⅰ-Ⅰ截面上离圆心 20mm 处的切应力为

$$\tau=\frac{T_{AC}}{I_{\rho 1}}\cdot\rho=\frac{0.3\times 10^6}{625\,000}\times 20=9.6(\text{MPa})$$

Ⅰ—Ⅰ截面上的最大切应力为

$$\tau_{\max}=\frac{T_{AC}}{W_{T1}}=\frac{0.3\times 10^6}{25\,000}=12(\text{MPa})$$

DC 段扭矩与 AD 段相同，但抗扭截面系数比 AD 段小，故轴 AB 的最大切应力发生在 DC 段横截面圆周边缘上，即

$$\tau_{\max}=\frac{T_{AC}}{W_{T2}}=\frac{0.3\times 10^6}{12\,800}=23.4(\text{MPa})$$

4.4.2 圆截面扭转杆强度计算

要使受到扭转的圆轴能正常工作,就应使圆轴具有足够的强度,使轴工作时产生的最大切应力不超过材料的许用切应力,故强度条件为

$$\tau_{\max}=\frac{T}{W_T}\leqslant[\tau] \tag{4-9}$$

式中,$[\tau]$为许用切应力,由扭转实验测定,设计时可以查阅有关手册。在静载条件下,它与许用拉应力有如下关系:

$$[\tau]=(0.5\sim0.6)[\sigma_t] \quad (塑性材料)$$

$$[\tau]=(0.8\sim1.0)[\sigma_t] \quad (脆性材料)$$

利用强度条件公式,可以解决强度校核、设计截面尺寸和确定许可荷载三个方面问题。

【例4-6】 汽车传动轴AB(图4-21),由45号无缝钢管制成,外径$D=90\text{mm}$,内径$d=85\text{mm}$,材料的许用切应力$[\tau]=60\text{MPa}$,传递最大力偶矩$m=1.5\text{kN}\cdot\text{m}$。试校核其强度。

【解】

$$T=m=1.5\text{kN}\cdot\text{m}$$

$$W_T\approx0.2D^3(1-\alpha^4)=0.2\times90^3\times\left[1-\left(\frac{85}{90}\right)^4\right]\text{mm}^3=29\ 799\text{mm}^3$$

$$=2.98\times10^{-5}\text{m}^3$$

$$\tau_{\max}=\frac{T}{W_T}=\frac{1.5\times10^6}{2.98\times10^4}=50.3(\text{MPa})<[\tau]=60\text{MPa}$$

所以传动轴满足强度要求。

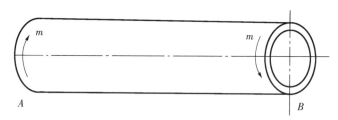

图4-21 例4-6图

【例4-7】 某减速箱的实心传动轴,直径$D=60\text{mm}$,材料的许用切应力$[\tau]=50\text{MPa}$,转速$n=1\ 900\text{r/mim}$,试求轴能传递多少功率。

【解】 (1)确定许用扭矩。

$$[T]=W_T[\tau]\approx0.2D^3[\tau]=0.2\times60^3\times50=2\ 160\ 000(\text{N}\cdot\text{mm})=2\ 160\text{N}\cdot\text{m}$$

$$m=[T]=2\ 160\text{N}\cdot\text{m}$$

(2)确定轴能传递的功率。

由公式 $m=9\,550\dfrac{P}{n}$，得

$$P=\frac{m\cdot n}{9\,550}=\frac{2\,160\times1\,900}{9\,550}=429.7(\text{kW})\approx430\text{kW}$$

所以轴能传递的功率为 430kW。

4.4.3　矩形截面杆的扭转

前面所述为圆截面杆的扭转问题。但是在工程中,特别是土木工程中,经常遇到矩形截面杆的扭转问题。

取一横截面为矩形的杆,在其侧面画上纵向线和代表横截面的横向周线,发现扭转变形后横截面已不再保持为平面,而会产生翘曲现象(图 4-22),这是非圆截面直杆扭转时的一个重要特征。由于截面的翘曲,所以根据刚性平面假设而建立的圆轴扭转公式已不能应用于矩形截面杆。

试验表明:矩形截面杆扭转后,表面棱边处小方格无剪切变形(图 4-22);距棱边越远,切应变越大;在侧面的中线处,切应变最大。这些现象说明了切应力沿周边变化的大致规律。

根据弹性力学的推导结果,矩形截面杆扭转时,横截面上切应力的分布规律如图 4-23 所示。图中画出了沿截面周边、对称轴和对角线上的切应力分布,截面周边上各点处的切应力方向与周边相切,角点处的切应力为零,整个截面上的最大切应力 $\tau_{\max}$ 发生在长边中点处,其计算公式为

$$\tau_{\max}=\frac{T}{\alpha hb^2}=\frac{T}{W_T} \tag{4-10}$$

在短边上,中点处 B 的切应力可按下列公式计算:

$$\tau_1=\gamma\tau_{\max} \tag{4-11}$$

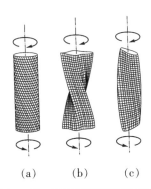

图 4-22　不同截面扭转示意图

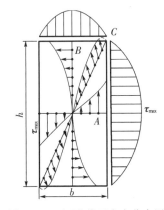

图 4-23　矩形截面应力分布图

在上列各式中,h 和 b 分别代表矩形截面长边和短边的长度,系数 α、β 和 γ 与比值 h/b 有关。各有关系数见表 4-1。

表 4-1　矩形截面杆在纯扭转时的系数 α、β、γ

h/b	1.000	1.500	2.000	3.000	4.000	6.000	8.000	10.000	∞
α	0.208	0.231	0.246	0.267	0.282	0.299	0.307	0.313	0.333
β	0.141	0.196	0.229	0.263	0.281	0.299	0.307	0.313	0.333
γ	1.000	0.859	0.795	0.753	0.745	0.743	0.742	0.742	0.742

在非圆截面杆中，I_n 并非横截面的极惯性矩，W_T 与 I_n 之间也没有像圆截面那样简单的几何关系。从表中可以看出，当 $\dfrac{h}{b} > 10$ 时，α、β 都接近于 $\dfrac{1}{3}$，因此，狭长矩形截面的 I_n 和 W_T 可按下式计算：

$$I_n = \frac{1}{3}hb^3$$

$$W_T = \frac{1}{3}hb^2$$

引例 6　工程中的扭矩

建筑工程中，构件受扭矩作用的情形也非常多。

图（a）中，悬挑板端部受弯，将其弯矩传递到雨蓬梁，受雨蓬梁受扭矩作用。

图（b）中，吊车梁上运行的吊车产生的水平力作用于吊车梁上轨道上，将其平移至吊车梁形心处，得到扭矩。

图（c）中，箱形空心板如受到偏心力作用，将其平移至形心处，得到扭矩。

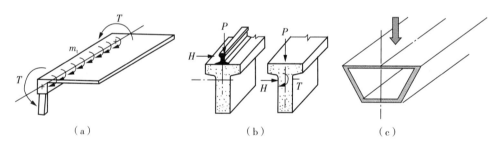

（a）　　　　　　　　（b）　　　　　　　　（c）

【例 4-8】　一矩形截面杆，截面高度 $h=90\text{mm}$，宽度为 $b=60\text{mm}$，承受扭矩 $T=2.50 \times 10^3\text{N}\cdot\text{m}$。试计算其最大切应力，如改用截面面积相等的圆截面杆，试比较二者的 $\tau_{\max}$。

【解】　（1）计算矩形截面杆的最大切应力。

根据 $\dfrac{h}{b} = \dfrac{90}{60} = 1.5$，由表 4-1 查得 $\alpha = 0.231$，故矩形截面杆的最大切应力为

$$\tau_{\max} = \frac{T}{ahb^2} = \frac{2.5 \times 10^3 \times 10^3}{0.231 \times 90 \times 60^2} = 33.4(\text{MPa})$$

（2）比较截面面积相等的矩形截面杆与圆形截面杆的最大切应力。

矩形截面面积：$A = 60 \times 90 = 5.4 \times 10^3(\text{mm}^2)$

圆形截面面积：$A = \pi R^2$

使 $\pi R^2 = 5.4 \times 10^3$，得 $R = 41.5$mm，圆杆的直径 $D = 83.0$mm。

圆截面的 $W_T = 0.2D^3 = 1.14 \times 10^5$mm^3。

因此，圆截面的最大切应力为

$$\tau_{max} = \frac{T}{W_T} = \frac{2.5 \times 10^3 \times 10^3}{1.14 \times 10^5} = 22(\text{MPa})$$

可见，在同样截面情况下，矩形截面的 τ_{max} 大；并且，矩形截面愈是狭长，其结果愈为悬殊。

4.5 平面弯曲梁的应力和强度计算

4.5.1 纯弯曲梁横截面上的正应力

图 4-24(a)所示的简支梁，荷载与支座反力都作用在梁的纵向对称平面内，其剪力图和弯矩图如图 4-24(b)、(c)所示。由图可知，在梁的 AC、DB 两段内，各横截面上既有剪力又有弯矩，这种弯曲称为剪切弯曲(或横力弯曲)。在梁的 CD 段内，各横截面上只有弯矩而无剪力，这种弯曲称为纯弯曲。下面先分析纯弯曲时横截面上的正应力。

1. 试验现象与假设

取一矩形截面等直梁，在其表面画两条与轴线垂直的横线Ⅰ—Ⅰ和Ⅱ—Ⅱ，以及两条与轴线平行的纵线 ab 和 cd[图 4-24(a)]。然后在梁的两端各施加一个力偶矩作为外力偶，使梁发生纯弯曲变形如图 4-25(b)。可以观察到如下两个现象：梁变形后，横线Ⅰ-Ⅰ和Ⅱ-Ⅱ仍为直线，并与变形后梁的轴线垂直，但倾斜了一个角度；纵向线变成了曲线，靠近顶面的线 ab 缩短了，靠近底面的线 cd 伸长了。

根据上述的变形现象可以推断出梁内部的变形，作出如下的两点假设。

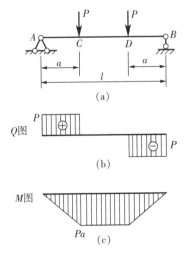

(a)

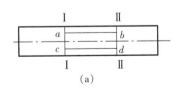

(b)

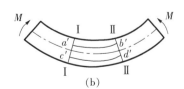

(c)

图 4-24 纯弯曲梁横截面的内力图   图 4-25 纯弯曲梁的变形图

（1）平面假设

假设梁的横截面变形后仍保持为平面，只是绕横截面内某轴转了一个角度，偏转后仍垂直于变形后的梁的轴线。

（2）单向受力假设

将梁看成是由无数纵向纤维组成，假设所有纵向纤维只受到轴向拉伸或压缩，互相之间无挤压。

由平面假设可知，由于横截面与轴线始终保持垂直，说明横截面间无相对错位，即无剪切变形，因此横截面上无剪力，又由于横截面相对转了一个角度，使纵向纤维产生了伸长与缩短变形，因而在横截面上相应的有拉伸与压缩正应力。

2. 平面弯曲的正应力

根据上述的假设和推断，可以通过变形的几何关系、物理关系和静力平衡关系，推导梁在纯弯曲时的正应力计算公式。

（1）正应力的大小

$$\sigma = \frac{M}{I_z} y \qquad\qquad (4-12)$$

式中，σ 为横截面上某点处的正应力；M 为横截面上的弯矩；y 为横截面上该点到中性轴的距离；I_z 为横截面对中性轴 Z 的惯性矩。在使用式(4-12)计算正应力 σ 大小时，M、y 以绝对值代入。

（2）正应力的正负号

正应力的正负号根据弯曲变形判断。中性轴通过截面形心，将截面分为受压和受拉两个区域，梁凸出边的应力为拉应力，凹入边的应力为压应力。受拉区域点的正应力为正，受压区域点的正应力为负。

（3）正应力的分布规律

在同一横截面上，弯矩 M 和惯性矩 I_z 为定值，因此，由式(4-12)可以看出，梁横截面上某点处的正应力 σ 与该点到中性轴的距离 y 成正比，因而正应力的大小沿截面高度呈线性变化，如图 4-26 所示。当 $y=0$ 时，$\sigma=0$，中性轴上各点处的正应力为零；中性轴两侧，一侧受拉，另一侧受压。离中性轴最远的上、下边缘 $y=y_{max}$ 处正应力最大，一边为最大拉应力 σ_{tmax}，另一边则为最大压应力 σ_{cmax}。

微课：
纯弯曲梁正应力计算

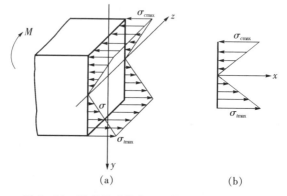

图 4-26 纯弯曲时横截面上的正应力分布图

4.5.2　横力弯曲梁横截面上的正应力

实际工程中的梁大多处于横力弯曲状态,梁的横截面上既有正应力又有剪应力,由于剪应力的作用,梁弯曲后的横截面不再保持为平面,而是发生翘曲,纯弯曲时的平面假设和单向应力假设都不能成立了。但由试验结果和弹性力学的理论分析表明,对于发生横力弯曲的梁,若其跨度 l 与截面高度之比 $\dfrac{l}{h} > 5$,用公式(4-12)计算正应力时误差甚微,因而适用于大多数工程问题。对于少数 $\dfrac{l}{h} < 5$ 的梁,则须用弹性力学有关理论和方法进行计算。

【例4-9】　简支梁受均布荷载 $q = 3.5\text{kN/m}$ 作用,如图4-27所示。梁截面为矩形 $b = 120\text{mm}$,$h = 180\text{mm}$。求 C 截面上 a、b、c 三点处正应力以及梁的最大正应力 σ_{max} 及其位置。

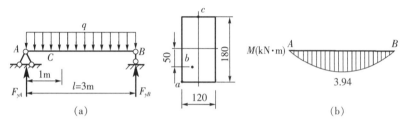

图4-27　例4-9图

【解】　(1)计算 C 截面的弯矩。因对称,支座反力及弯矩分别为

$$F_{yA} = \frac{ql}{2} = \frac{3.5 \times 3}{2} = 5.25(\text{kN})$$

$$M_C = F_{yA} \times 1 - \frac{q \times 1^2}{2} = 5.25 \times 1 - \frac{3.5 \times 1^2}{2} = 3.5(\text{kN·m})$$

(2)计算截面对中性轴 z 的惯性矩。

$$I_z = \frac{bh^3}{12} = \frac{1}{12} \times 120 \times 180^3 = 5.83 \times 10^7(\text{mm}^4)$$

(3)计算各点的正应力。

$$\sigma_a = \frac{M_C \cdot y_a}{I_z} = \frac{3.5 \times 10^6 \times 90}{5.83 \times 10^7} = 5.4(\text{MPa}) \qquad (\text{拉应力})$$

$$\sigma_b = \frac{M_C \cdot y_b}{I_z} = \frac{3.5 \times 10^6 \times 50}{5.83 \times 10^7} = 3(\text{MPa}) \qquad (\text{拉应力})$$

$$\sigma_c = \frac{M_C \cdot y_c}{I_z} = \frac{3.5 \times 10^6 \times 90}{5.83 \times 10^7} = 5.4(\text{MPa}) \qquad (\text{压应力})$$

(4)求梁最大正应力及其位置。由弯矩图可知,最大弯矩在跨中截面,其值为

$$M_{max} = \frac{ql^2}{8} = \frac{1}{8} \times 3.5 \times 3^2 = 3.94 (kN \cdot m)$$

对等截面梁来说,梁的最大正应力应发生在 M_{max} 截面的上下边缘处。由梁的变形情况可以判定,最大拉应力发生在跨中截面的下边缘处;最大压应力发生在跨中截面上边缘处。最大正应力的值为

$$\sigma_{max} = \frac{M_{max} \cdot y_{max}}{I_z} = \frac{3.94 \times 10^6 \times 90}{58.3 \times 10^6} = 6.1 (MPa)$$

4.5.3 横力弯曲梁横截面上的切应力

梁在横力弯曲时,横截面上既有正应力 σ,又有切应力 τ。在实际工程中,横截面上的正应力 σ 常常是控制梁强度的主要因素,但在有些情况下,切应力 τ 也起着控制的作用。下面对几种常用截面梁的切应力作简要介绍。

1. 矩形截面梁横截面上的切应力

图 4-28(a)所示矩形截面的高度为 h,宽度为 b,截面上的剪力为 Q,沿截面的对称轴 y,对横截面上切应力 τ 的分布作如下两个假设:

(1)横截面上各点处的切应力方向都平行于横截面的侧边,且与剪力 Q 方向平行;

(2)横截面上距中性轴等距离的各点处切应力大小相等。

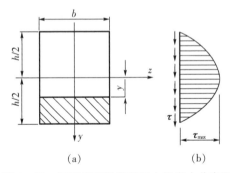

图 4-28 矩形截面梁横截面上切应力分布图

根据以上假设,可以推导出横截面上切应力的计算公式为

$$\tau = \frac{QS_z^*}{bI_z} \tag{4-13}$$

式中,Q 为横截面上的剪力;S_z^* 为横截面上所求剪应力点所在横线以上或以下部分面积对中性轴 z 的面积矩;I_z 为横截面对中性轴的惯性矩;b 为横截面的宽度。在使用式(4-13)计算切应力时,Q、S_z^* 均用绝对值代入,求得的数值为 τ 的大小,而 τ 的指向则与剪力 Q 的指向相同。

下面研究横截面上切应力 τ 沿截面高度的变化规律。为计算截面上距中性轴距离为 y 的横线处切应力 τ,取图 4-28(a)中阴影部分面积 A^*,其对中性轴的静矩为

$$S_z^* = \int_{A*} y\,dA = \int_y^{\frac{h}{2}} by\,dy = \frac{b}{2}\left(\frac{h^2}{4} - y^2\right) \tag{4-14}$$

代入式(4-13),得

$$\tau = \frac{3}{2}\frac{Q}{bh}\left(1 - \frac{4y^2}{h^2}\right) \tag{4-15}$$

上式表明,切应力沿截面高度按二次抛物线规律变化,如图4-28(b)。当$y = \pm h/2$时,$\tau = 0$,即截面上下边缘处的切应力为零;当$y = 0$时,$\tau = \tau_{max}$,即中性轴上切应力最大,其值为

$$\tau_{max} = \frac{6Q}{bh^3}\cdot\frac{h^2}{4} = 1.5\frac{Q}{A} \tag{4-16}$$

式中,$A = bh$为矩形截面的面积,即矩形截面梁横截面上的最大切应力值等于截面上平均切应力值的1.5倍。

2. 工字形截面梁横截面上的切应力

工字形截面由腹板和上下翼缘板组成,如图4-29(a)所示,横截面上剪力Q的绝大部分为腹板所承担。在上下翼缘板上,也有平行于Q的切应力分量,但分布情况比较复杂,且数值较小,通常并不进行计算。

腹板为一狭长的矩形,关于矩形截面上切应力分布规律的两个假设仍然适用,所以腹板上的切应力可用公式(4-13)计算,即

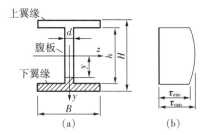

图4-29 工字形截面梁
截面上的剪应力

$$\tau = \frac{QS_z^*}{I_z d} \tag{4-17}$$

式中,d为腹板的宽度;Q为截面上的剪力;I_z为工字形截面对中性轴的惯性矩;S_z^*为横截面上所求切应力点所在横线以上或以下部分面积A对中性轴z的面积矩。

切应力沿腹板高度的分布规律如图4-29(b)所示,仍是按抛物线规律分布,最大切应力仍发生在截面的中性轴上且腹板上的最大切应力与最小切应力相差不大。特别是当腹板的厚度比较小时,二者相差就更小。因此,当腹板的厚度很小时,常将横截面上的剪力Q除以腹板面积,近似地作为工字形截面梁的最大切应力,即

$$\tau_{max} = (1.02 \sim 1.08)\frac{Q}{dh} \approx \frac{Q}{dh} \tag{4-18}$$

工程中还会遇到T形截面。如图4-30所示,T形截面是由两个矩形组成。下面的窄长矩形仍可用矩形截面的剪力公式计算,最大切应力仍发生在截面的中性轴上。

3. 圆形和圆环形截面梁横截面上的切应力

对于圆形截面和圆环形截面,弯曲时最大切应力仍发生在中性轴上(如图4-31所示),并可认为沿中性轴均匀分布,其值为

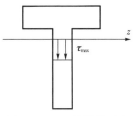

图4-30 T形梁截面上
最大切应力位置

$$\tau_{max} = \frac{4}{3} \cdot \frac{Q}{A} \quad \text{（圆形截面）} \qquad (4-19)$$

$$\tau_{max} = 2 \cdot \frac{Q}{A} \quad \text{（圆环形截面）} \qquad (4-20)$$

式中，Q 为截面上的剪力；A 为圆形或圆环形截面的面积。

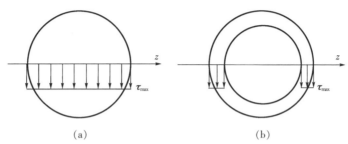

图 4-31　圆形截面梁横截面上最大剪应力分布图

4.5.4　平面弯曲梁的强度计算

在进行梁的强度计算时，必须首先算出梁的最大应力。最大应力所在截面称为危险截面，危险截面上最大应力所在的点，称为危险点。

微课：
梁的正应力强度计算

1. 最大应力

(1)最大正应力

对于等直梁，弯矩绝对值最大的截面就是危险截面，危险截面上最大正应力所在的点为危险点，它在距中性轴最远的上、下边缘处。

对于中性轴是截面对称轴的梁，最大正应力 σ_{max} 值为

$$\sigma_{max} = \frac{M_{max} \cdot y_{max}}{I_z} \qquad (4-21)$$

令 $W_z = \dfrac{I_z}{y_{max}}$，则

$$\sigma_{max} = \frac{M_{max}}{W_z} \qquad (4-22)$$

式中，W_z 称为抗弯截面系数。常见的矩形和圆形截面的抗弯截面系数分别为

$$W_z = \frac{I_z}{y_{max}} = \frac{\dfrac{bh^3}{12}}{\dfrac{h}{2}} = \frac{1}{6}bh^2 \quad \text{（矩形截面）}$$

$$W_z = \frac{I_z}{y_{max}} = \frac{\dfrac{\pi d^4}{64}}{\dfrac{d}{2}} = \frac{1}{32}\pi d^3 \quad \text{（圆形截面）}$$

对于工字钢、槽钢等型钢截面，W_z 值可在型钢表中查得。

对于中性轴不是截面对称轴的梁，则其截面上的最大拉应力和最大压应力并不相等。例如图 4-32 所示的 T 形截面梁，在正

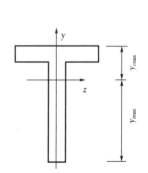

图 4-32　T 形截面图

弯矩作用下，截面下边缘各点处产生最大拉应力，上边缘各点处产生最大压应力，其值分别为

$$\left.\begin{array}{l}\sigma_{t\max}=\dfrac{My_{t\max}}{I_z}\\[3mm]\sigma_{c\max}=\dfrac{My_{c\max}}{I_z}\end{array}\right\}\tag{4-23}$$

式中，$y_{t\max}$ 为最大拉应力所在点距中性轴的距离，$y_{c\max}$ 为最大压应力所在点距中性轴的距离。

（2）最大切应力

从切应力角度来说，对于等截面直梁，剪力绝对值最大的截面也是危险截面，最大切应力就发生在剪力绝对值最大截面的中性轴上，所以危险截面中性轴上的所有点均为危险点。对于不同形状的截面，$\tau_{\max}$ 的计算公式为

$$\tau_{\max}=\dfrac{Q_{\max}S_{z\max}^{*}}{I_z b}\tag{4-24}$$

式中，$S_{z\max}^{*}$ 为中性轴一侧截面对中性轴的静矩；b 为横截面在中性轴处的宽度。

【例 4-10】 如图 4-33 所示截面为 I56a 号工字钢的简支梁，受有均布荷载 q 的作用。求简支梁的最大正应力值和最大切应力值以及所在的位置，并求最大剪力截面上腹板与翼缘分界的 b 点处的切应力值。

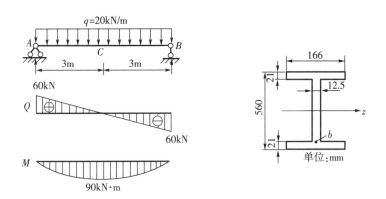

图 4-33 例 4-10 图

【解】 （1）确定最大正应力和最大切应力的位置。

作梁的弯矩、剪力图。由剪力图可知梁端处横截面上剪力最大，$Q_{\max}=60\text{kN}$，故最大切应力发生在最大剪力所在截面的中性轴上；最大正应力发生在跨中横截面（最大弯矩所在的截面）的上、下边缘处。

（2）计算最大正应力 $\sigma_{\max}$。

查型钢表得

$$S_{z\max}=1\ 374\text{cm}^3=1.374\times10^6\text{mm}^3$$

$$y_{max} = \frac{h}{2} = \frac{560}{2} = 280(\text{mm})$$

$$I_z = 65\ 585.6\text{cm}^4 = 6.5586 \times 10^8\text{mm}^4, d = 12.5\text{mm}。$$

$$\sigma_{max} = \frac{M_{max}y_{max}}{I_z} = \frac{90 \times 10^6 \times 280}{6.5586 \times 10^8} = 38.42(\text{MPa})$$

(3)计算最大切应力值 τ_{max}。

$$\tau_{max} = \frac{Q_{max}S_{zmax}^*}{I_z d} = \frac{60 \times 10^3 \times 1.374 \times 10^6}{6.5586 \times 10^8 \times 12.5} = 10.06(\text{MPa})$$

若用近似公式(4-18)计算,可得

$$\tau_{max} \approx \frac{Q_{max}}{dh} = \frac{60 \times 10^3}{12.5 \times (560 - 2 \times 21)} = 9.27(\text{MPa})$$

由以上结果看出,两种计算的值非常接近,所以在工程中往往可以用腹板上的"平均剪应力"来代替工字形截面上的最大切应力。

(4)计算 b 点处的切应力 τ_b。

$$\tau_b = \frac{Q_{max}S_{zb}^*}{I_z d}$$

式中,S_{zb}^* 为过 b 点的横线与外缘轮廓线所围的面积(即翼缘面积)对 z 轴的静矩,见图 4-33,计算如下:

$$S_{zb}^* = 166 \times 21\left(\frac{560}{2} - \frac{21}{2}\right) = 939\ 477(\text{mm}^3)$$

$$\tau_b = \frac{60 \times 10^3 \times 939\ 477}{6.5586 \times 10^8 \times 12.5} = 6.88(\text{MPa})$$

2. 梁的强度计算

(1)正应力强度计算

为了保证梁能安全工作,必须使梁的最大工作正应力不超过其材料的许用应力 $[\sigma]$,这就是梁的正应力强度条件,即正应力强度条件为

$$\sigma_{max} = \frac{M_{max}}{W_z} \leqslant [\sigma] \tag{4-25}$$

如果梁的材料是脆性材料,其抗压和抗拉的许用应力不同。为了充分利用材料,通常将梁的横截面做成对中性轴不对称的形状。其强度条件为

$$\left.\begin{array}{l}\sigma_{tmax} = \dfrac{M_1 y_{tmax}}{I_z} \leqslant [\sigma_t] \\[3mm] \sigma_{cmax} = \dfrac{M_2 y_{cmax}}{I_z} \leqslant [\sigma_c]\end{array}\right\} \tag{4-26}$$

式中,σ_{tmax}、σ_{cmax} 为最大拉应力和最大压应力;M_1、M_2 为产生最大拉应力和最大压应力截面上的弯矩;$[\sigma_t]$、$[\sigma_c]$ 为材料的许用拉应力和许用压应力;y_{tmax}、y_{cmax} 为截面上产生最大拉应力

和最大压应力的应力点到中性轴的距离。

运用正应力强度条件,可解决梁的三类强度计算问题。

(1)强度校核。在已知梁的材料和横截面的形状、尺寸(即已知$[\sigma]$、W_z)以及所受荷载(即已知M_{max})的情况下,检查梁是否满足正应力强度条件,校核梁是否安全可靠。

(2)设计截面。当已知荷载和所用材料时(即已知M_{max}、$[\sigma]$),可以根据强度条件计算所需的抗弯截面模量$W_z \geqslant M_{max}/[\sigma]$,然后根据梁的截面形状进一步确定截面的具体尺寸。

(3)确定许可荷载。如果已知梁的材料和截面尺寸(即已知$[\sigma]$、W_z),则先由强度条件计算梁所能承受的最大弯矩,即$M_{max} \leqslant [\sigma]W_z$,然后由弯矩与荷载的关系计算许可荷载。

(2)切应力强度计算

为了保证梁能安全正常工作,梁在荷载作用下产生的最大切应力也不能超过材料的许用切应力$[\tau]$,即切应力强度条件为

$$\tau_{max} = \frac{Q_{max}S^*_{zmax}}{I_z \cdot b} \leqslant [\tau] \tag{4-27}$$

对梁进行强度计算时,必须同时满足正应力和切应力强度条件。一般情况下,先按正应力强度条件选择截面,或确定许可荷载,然后再按切应力强度条件进行校核。但在某些情况下切应力强度也可能成为控制因素,例如跨度较小的梁或者梁在支座附近有较大的集中力作用,这时梁的弯矩往往较小,而剪力却较大;又如有些材料如木材的顺纹抗剪强度比较低,可能沿顺纹方向发生剪切破坏;还有一些组合截面(工字形等),当腹板的高度较大而厚度较小时,则切应力也可能很大。所以在这样一些情况下,切应力有可能成为引起破坏的主要因素,此时梁的承载能力将由切应力强度条件来确定。

引例7 混凝土简支梁的强度

任何材料都必须在其允许的强度条件下工作。混凝土抗压强度高,但抗拉强度低;钢筋抗拉强度高。

如图4-34的钢筋混凝土简支梁受竖向荷载作用,在跨中有最大弯矩,且下侧受拉。由于混凝土的抗拉强度低,梁下侧容易开裂。为此需在下侧配置纵向受拉钢筋以抵抗拉力。

【例4-11】 T形截面外伸梁的受力如图4-35(a)所示。已知材料的许用拉应力$[\sigma_t]=32MPa$,许用压应力$[\sigma_c]=70MPa$。试按正应力强度条件校核梁的强度。

【解】 (1)作M图如图4-35(b)所示,由M图可知,B截面有最大的负值弯矩,C

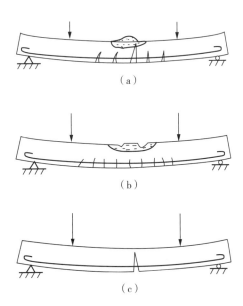

图4-34 引例7图

模块四 杆件的应力和强度计算

· 95 ·

截面有最大的正值弯矩。

(2)计算截面形心的位置及截面对中性轴的惯性矩。

取下边界为参考轴 z_0 ,确定截面形心 C 的位置[图 4-35(c)]。

$$y_C = \frac{\sum y_i A_i}{\sum A_i} = \frac{30 \times 170 \times 85 + 200 \times 30 \times 185}{30 \times 170 + 200 \times 30} = 139(\text{mm})$$

计算截面对中性轴的惯性矩:

$$I_z = \left(\frac{30 \times 170^3}{12} + 30 \times 170 \times 54^2 + \frac{200 \times 30^3}{12} + 200 \times 30 \times 46^2 \right)$$

$$= 4.03 \times 10^7 (\text{mm}^4)$$

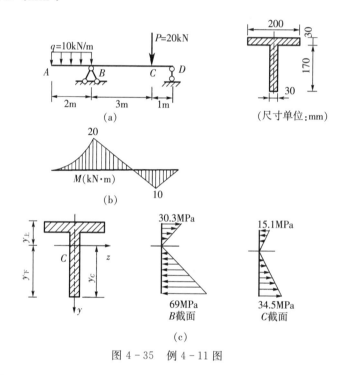

图 4-35 例 4-11 图

(3)校核强度。

由于梁的抗拉强度与抗压强度不同,且截面中性轴不是截面的对称轴,所以梁的最大负弯矩和最大正弯矩截面都需校核。

①校核 B 截面的强度

B 截面为最大负弯矩截面,其上边缘产生最大拉应力,下边缘产生最大压应力。

$$\sigma_{t\max} = \frac{M_B}{I_z} y_{\pm} = \frac{20 \times 10^6}{4.03 \times 10^7} \times (200 - 139)$$

$$= 30.3(\text{MPa}) < [\sigma_t]$$

$$\sigma_{c\max} = \frac{M_B}{I_z} y_{\mp} = \frac{20 \times 10^6}{4.03 \times 10^7} \times 139$$

$$=69(\text{MPa})<[\sigma_c]$$

故 B 截面的强度满足。

②校核 C 截面强度

C 截面为最大正弯矩截面,其上边缘产生最大压应力,下边缘产生最大拉应力。

$$\sigma_{c\max}=\frac{M_C}{I_z}y_{\pm}=\frac{10\times10^6}{4.03\times10^7}\times(200-139)$$

$$=15.1(\text{MPa})<[\sigma_c]$$

$$\sigma_{t\max}=\frac{M_C}{I_z}y_{\mp}=\frac{10\times10^6}{4.03\times10^7}\times139$$

$$=34.5(\text{MPa})>[\sigma_t]$$

故 C 截面的强度不满足。

【例 4-12】 矩形截面的木搁栅两端搁在墙上,承受由地板传来的荷载如图 4-36(a)所示。若地板的均布面荷载 $p=3\text{kN/m}^2$(含板面活荷载),木搁栅的间距 $a=1.2\text{m}$,跨度 $l=5\text{m}$,木材的许用应力 $[\sigma]=12\text{MPa}$。求:(1)当截面的高宽比 $h/b=1.5$,试设计木梁的截面尺寸 b、h;(2)当此木搁栅采用 $b=150\text{mm}$、$h=200\text{mm}$ 的矩形截面时,试计算地板的许可面荷载。(不计木搁栅自重)

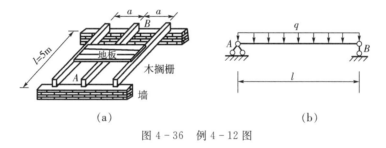

图 4-36 例 4-12 图

【解】 (1)设计木搁栅的截面尺寸。

木搁栅支承在墙上,可简化为简支梁,计算简图如图 4-36(b)所示,木搁栅 AB 的受荷宽度 $a=1.2\text{m}$,所以其承受的均布线荷载为

$$q=pa=3\times1.2=3.6(\text{kN/m})$$

最大弯矩发生在跨中截面:$M_{\max}=\dfrac{ql^2}{8}=\dfrac{3.6\times5^2}{8}=11.25(\text{kN}\cdot\text{m})$,由强度条件可得所需的抗弯截面系数为

$$W_z\geqslant\frac{M_{\max}}{[\sigma]}=\frac{11.25\times10^6}{12}=9.375\times10^5(\text{mm}^3)$$

由于 $h=1.5b$,有

$$W_z=\frac{bh^2}{6}=\frac{b(1.5b)^2}{6}=\frac{2.25b^3}{6}\geqslant9.375\times10^5$$

得 $b \geqslant 136\text{mm}$，取 $b=140\text{mm}$，则 $h=1.5b=210\text{mm}$，取 $h=210\text{mm}$。

(2)求地板的许可面荷载 $[p]$。

当木搁栅的截面尺寸为 $b=150\text{mm}$、$h=200\text{mm}$ 时，抗弯截面系数为

$$W_z = \frac{bh^2}{6} = \frac{150 \times 200^2}{6} = 1.0 \times 10^6 \, (\text{mm}^3)$$

由强度条件，木搁栅能承受的最大弯矩为

$$M_{\max} \leqslant W_z[\sigma] = 1.0 \times 10^6 \times 12 = 1.2 \times 10^7 \, (\text{N} \cdot \text{mm}) = 12\text{kN} \cdot \text{m}$$

又因 $M_{\max} = \dfrac{ql^2}{8} = \dfrac{pal^2}{8}$，所以 $\dfrac{pal^2}{8} \leqslant 12\text{kN} \cdot \text{m}$，得

$$p \leqslant \frac{12 \times 8}{1.2 \times 5^2} \text{kN/m}^2 = 3.2\text{kN/m}^2$$

即地板的许可面荷载 $[p]=3.2\text{kN/m}^2$。

【例4-13】 一工字形截面简支梁 AB 如图4-37(a)所示。已知，$l=2\text{m}$；$a=0.2\text{m}$，梁上的荷载 $q=20\text{kN/m}$，$P=190\text{kN}$；材料的许用应力 $[\sigma]=160\text{MPa}$，$[\tau]=100\text{MPa}$。试选择工字钢的型号。

【解】 (1)画梁的 Q 图和 M 图，如图4-37(b)、(c)所示。

(2)根据正应力强度条件选择工字钢型号。

由 M 图可见，最大弯矩为：$M_{\max}=48\text{kN} \cdot \text{m}$；

由正应力强度条件：$W_z \geqslant \dfrac{M_{\max}}{[\sigma]} = \dfrac{48 \times 10^6}{160} = 300 \times 10^3 \, (\text{mm}^3) = 300\text{cm}^3$。

查型钢表，选用22a号工字钢，其 $W_z=309\text{cm}^3=309 \times 10^3 \text{mm}^3$。

(3)切应力强度校核。

由型钢表中查出22a号工字钢 $\dfrac{I_z}{S_{z\max}} =$

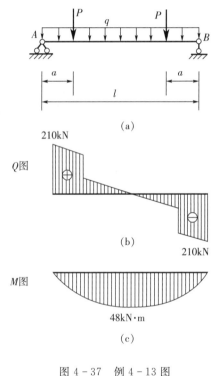

(a)

(b)

(c)

图4-37 例4-13图

18.9cm，$d=0.75\text{cm}$；由 Q 图可知，$Q_{\max}=210\text{kN}$，由切应力计算公式(4-24)可计算得

$$\tau_{\max} = \frac{Q_{\max}}{\dfrac{I_z}{S_{z\max}} \times d} = \frac{210 \times 10^3}{18.9 \times 10 \times 0.75 \times 10} = 148(\text{MPa}) > [\tau]$$

因 τ_{max} 远大于[τ]，应重新选择更大的截面。现以 25b 号工字钢进行试算，由型钢表查得

$$\frac{I_z}{S_{z\max}}=21.27\text{cm}, d=1\text{cm}$$

拓展：
吊车梁改造

再次进行切应力强度校核：

$$\tau_{\max}=\frac{Q_{\max}}{\dfrac{I_z}{S_{z\max}}\times d}=\frac{210\times10^3}{21.27\times10\times1\times10}=98.7(\text{MPa})<[\tau]$$

最后确定选用 25b 号工字钢。

思考与实训

1. 一根直径为 $d=10\text{mm}$ 的圆截面杆，在轴向拉力作用下，直径缩减了 0.0025mm，如果材料的 $E=210\text{GPa}$，泊松比 $\mu=0.3$，试求轴向拉力大小。

2. 图 4-38 中，重量 $Q=50\text{kN}$ 的物体挂在支架的 B 点，若 AB 和 BC 杆都是铸铁的，其许用应力$[\sigma_t]=30\text{MPa}$，$[\sigma_c]=90\text{MPa}$，试求 AB 和 BC 杆横截面面积。

3. 图 4-39 所示的悬臂吊车的斜杆 BC 由两根角钢组成，荷载 $Q=25\text{kN}$，材料的许用应力$[\sigma]=140\text{MPa}$，试选择角钢的型号。

4. 图 4-40 所示的厂房柱子受到屋顶作用的荷载 $P_1=120\text{kN}$，当柱的两侧吊车同时经过立柱时，加给柱的荷载 $P_2=100\text{kN}$。设柱子材料的弹性模量 $E=18\text{GPa}$，$l_1=3\text{m}$，$l_2=7\text{m}$，$A_1=400\text{cm}^2$，$A_2=600\text{cm}^2$。(1)绘制柱子的轴力图；(2)求各段横截面上的应力；(3)最大正应力。

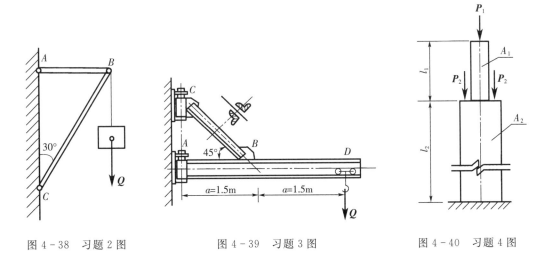

图 4-38　习题 2 图　　　　图 4-39　习题 3 图　　　　图 4-40　习题 4 图

5. 直径 $D=50\text{mm}$ 的圆轴，受到扭矩 $T=2150\text{N}\cdot\text{m}$ 的作用，试求距圆心 10mm 处的切应力及截面上最大切应力。

6. 图 4-41 所示一圆轴，$D=100\text{mm}$，$l=500\text{mm}$，$m_1=7000\text{N}\cdot\text{m}$，$m_2=5000\text{N}\cdot\text{m}$。

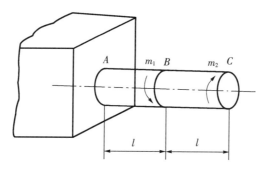

图 4-41 习题 6 图

(1)作轴的扭矩图;

(2)求轴的最大切应力,指出位置;

7. 如图 4-42 所示的传动轴,直径 $D=75\text{mm}$,作用力偶有 $m_1=1\ 000\text{N·m}$,$m_2=600\text{N·m}$,$m_3=m_4=200\text{N·m}$。

(1)作轴的扭矩图;

(2)求出每段轴的最大切应力。

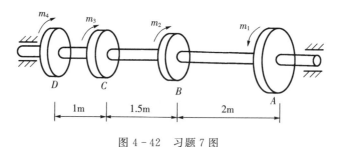

图 4-42 习题 7 图

8. 矩形截面简支梁如图 4-43 所示,试求 C 截面上 a、b、c、d 四点处的正应力,并画出该截面上的正应力分布图。

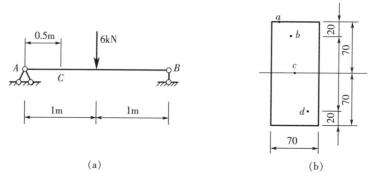

(a)   (b)

图 4-43 习题 8 图

9. 如图 4-44 所示,一悬臂梁长 $l=1.5\text{m}$,自由端受集中力 $P=32\text{kN}$ 作用,梁由 22a 工字钢制成,自重按 $q=0.33\text{kN/m}$ 计算,材料的许用应力 $[\sigma]=160\text{MPa}$,试校核梁的正应力。

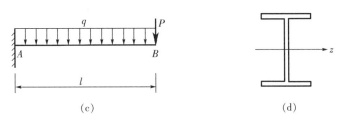

(c)   (d)

图 4-44 习题 9 图

10. 一矩形截面简支木梁,梁上作用均布荷载如图 4-45 所示。已知 $l=4\text{m}$, $b=140\text{mm}$, $h=210\text{mm}$, $q=2\text{kN/m}$;弯曲时木材的容许应力 $[\sigma]=11\text{MPa}$,试校核梁的强度,并求梁能承受的最大荷载。

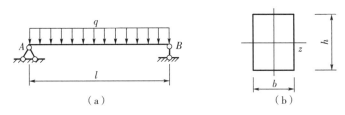

(a)   (b)

图 4-45 习题 10 图

11. 一简支梁的受载及截面尺寸如图 4-46 所示,试求此梁的最大切应力和同一截面上腹板与翼缘交界处 C 的切应力。

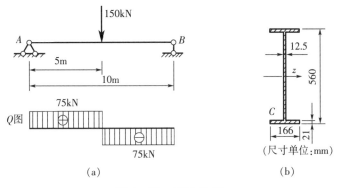

(a)   (b)

图 4-46 习题 11 图

12. 截面为 20a 号工字钢的梁如图 4-47 所示,若材料的许用应力 $[\sigma]=160\text{MPa}$,试求许可荷载 P。

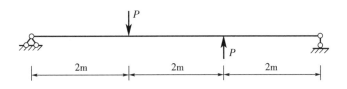

图 4-47 习题 12 图

13. 外伸梁受力作用及其截面尺寸如图 4-48 所示。已知材料的许用拉应力 $[\sigma_t]=$ 32MPa，许用压应力 $[\sigma_c]=$ 70MPa，试校核梁的正应力强度。

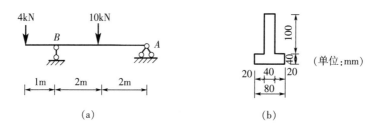

(a)   (b)

图 4-48　习题 13 图

14. 有一矩形截面的木梁，其截面尺寸（单位：mm）及荷载如图 4-49 所示。已知 $q=$ 1.5kN/m，许用正应力 $[\sigma]=$ 10MPa，许用切应力 $[\tau]=$ 2MPa，试校核梁的正应力强度和切应力强度。

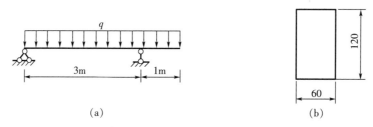

(a)   (b)

图 4-49　习题 14 图

　　　　　　　　　　　　　　　　　　　　　　　　建筑力学（第 2 版）

模块五　组合变形计算

教学目标 >>>

　　了解组合变形的概念,会将组合变形问题分解为基本变形的叠加;掌握斜弯曲、偏心压缩(拉伸)等组合变形杆件的内力、应力和强度计算;了解截面核心的概念及其在工程中的意义。

教学要求

能力目标	相关知识
了解组合变形的概念, 掌握斜弯曲概念及相关计算	斜弯曲,斜弯曲的应力和强度计算
能正确运用叠加法解决弯曲和 拉伸(压缩)的组合变形问题	拉伸(压缩)与弯曲时的应力和强度计算
能正确运用叠加法解决偏心 拉伸(压缩)的问题	单向偏心,双向偏心,偏心压缩杆件的应力和强度计算
了解截面核心的概念	矩形截面的截面核心,圆形截面的截面核心

模块五课件

模拟试卷(5)

5.1　组合变形的认知

前面讨论了杆件在荷载作用下产生的四种基本变形：轴向拉（压）、剪切、扭转和平面弯曲。但在实际工程中，很多杆件受力后产生的变形不是单一的基本变形，而是同时产生两种或两种以上的基本变形，这类变形称为组合变形。例如图 5-1(a)所示的烟囱除因自重引起的轴向压缩外，还受水平风压力而弯曲；图 5-1(b)所示的屋架上檩条的变形，是由檩条在 y、z 两个方向平面弯曲的组合；图 5-1(c)所示的支柱，在偏心力作用下，除产生轴向压缩外，还产生弯曲。

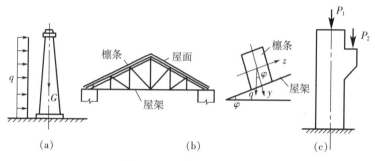

图 5-1　组合变形实例

在小变形和胡克定律适用的前提下，可以应用叠加原理来处理杆件的组合变形问题。组合变形杆件的强度计算，通常按下述步骤进行：
(1)将作用于组合变形杆件上的外力分解或简化为基本变形的受力方式；
(2)应用以前各章的知识对这些基本变形进行应力计算；
(3)将各个基本变形在同一点处的应力进行叠加，以确定组合变形时各点的应力；
(4)分析确定危险点的应力，建立强度条件。

5.2　斜　弯　曲

在研究梁平面弯曲时应力和变形的过程中，梁上的外力是横向力或力偶，并且作用在梁的同一个纵向对称平面内。如果梁上的外力虽然通过截面形心，但没有作用在纵向对称平面内，则梁变形后的挠曲线就不会在外力作用的平面内，即不再是平面弯曲，这种弯曲称为斜弯曲。

1. 正应力计算

如图 5-2 所示的矩形截面悬臂梁，在自由端截面形心处，作用有集中力 P。设截面形心主轴为 y、z 轴，集中力 P 位于第一象限内，与梁轴垂直，与截面铅垂轴 y 夹角为 φ。下面我们来讨论此悬臂梁的应力。

(1)分解外力

如图 5-2 所示，将力 P 沿 y 轴和 z 轴方向分解，得到力 P 在这两个方向的分力。

$$P_y = P\cos\varphi \tag{a}$$

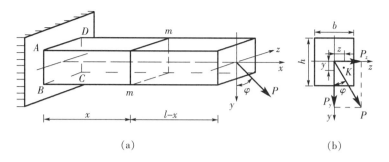

图 5 - 2 矩形截面悬臂梁的斜弯曲

$$P_z = P\sin\varphi \tag{b}$$

将力 P 用与之等效的 P_y 和 P_z 代替后，P_y 只引起梁在 xy 平面内的平面弯曲，P_z 只引起梁在 xz 平面内的平面弯曲。

（2）内力计算

在 P_y、P_z 作用下，在距固定端为 x 的横截面上

$$
\left.
\begin{array}{l}
M_z = P_y(l-x) = P\cos\varphi(l-x) = M\cos\varphi \\
M_y = P_z(l-x) = P\sin\varphi(l-x) = M\sin\varphi
\end{array}
\right\} \tag{5-1}
$$

式中，$M = P(l-x)$，为力 P 引起 x 的截面的总弯矩，$M = \sqrt{M_y^2 + M_z^2}$。

（3）应力分析

应用叠加原理可求得 $m-m$ 截面上任意点 $K(y,z)$ 处的应力[图 5-2(b)]。现分别计算两个弯矩在 K 点产生的应力。

M_z 引起的应力为

$$\sigma' = -\frac{M_z y}{I_z} = -\frac{M \cdot \cos\varphi \cdot y}{I_z} \tag{c}$$

M_y 引起的应力为

$$\sigma'' = -\frac{M_y z}{I_y} = -\frac{M \cdot \sin\varphi \cdot z}{I_y} \tag{d}$$

以上两式中的负号是由于 K 点的应力均是压应力之故，则点 K 处的应力 σ 便是(c)、(d)两式的代数和，即

$$\sigma = \sigma' + \sigma'' = -\frac{M_z y}{I_z} - \frac{M_y z}{I_y} = -M\left(\frac{\cos\varphi}{I_z}y + \frac{\sin\varphi}{I_y}z\right) \tag{5-2}$$

应用式(5-2)计算任意一点处的应力时，M_z、M_y、y、z 均是以绝对值代入，应力 σ' 和 σ'' 的正负号可直接由弯矩的作用方向来判断。如图 5-3(a)、(b)所示，$m-m$ 截面在 M_z 单独作用下，上半截面为拉应力区，下半截面为压应力区；在 M_y 单独作用下，左半截面为拉应力区，右半截面为压应力区。将 σ' 和 σ'' 叠加后的正负号和大小如图 5-3(c)所示。

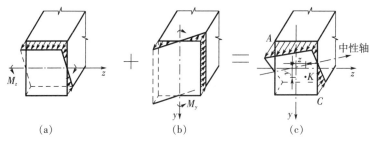

图 5-3 斜弯曲梁横截面的应力

矩形、工字形等截面具有两个对称轴，最大正应力必定发生在棱角点上。将棱角点 A 或 C 的坐标代入式（5-2），便可求得任意截面上的最大正应力值。对于等截面梁而言，产生最大弯矩的截面就是危险截面，危险截面上 $|\sigma_{max}|$ 所处的位置即为危险点。

图 5-2 所示悬臂梁的固定端截面弯矩最大，截面棱角点 A 处具有最大拉应力，棱角点 C 处具有最大压应力[图 5-3(c)]。因为

$$|y_A| = |y_C| = |y_{max}|, |z_A| = |z_C| = |z_{max}|$$

所以 $|\sigma_{max}| = |\sigma_{min}|$。

危险点的应力为

$$\sigma_{max} = \frac{M_{zmax} y_{max}}{I_z} + \frac{M_{ymax} z_{max}}{I_y} = \frac{M_{zmax}}{W_z} + \frac{M_{ymax}}{W_y} \tag{5-3}$$

式中，$W_z = \dfrac{I_z}{y_{max}}$，$W_y = \dfrac{I_y}{z_{max}}$。

2. 正应力强度条件

同平面弯曲梁一样，斜弯曲的正应力强度条件为

$$\sigma_{max} = \frac{M_{zmax}}{W_z} + \frac{M_{ymax}}{W_y} \leqslant [\sigma] \tag{5-4}$$

或写为

$$\sigma_{max} = M_{max}\left(\frac{\cos\varphi}{W_z} + \frac{\sin\varphi}{W_y}\right) = \frac{M_{max}}{W_z}\left(\cos\varphi + \frac{W_z}{W_y}\sin\varphi\right) \leqslant [\sigma] \tag{5-5}$$

根据这一强度条件，同样可以进行强度校核，截面设计和确定许可荷载。但是，在设计截面尺寸时，要遇到 W_z 和 W_y 两个未知量，可先假设一个 $\dfrac{W_z}{W_y}$ 的比值，根据式（5-5）计算出所需要的 W_z 值，从而确定截面的尺寸及计算出 W_y 值，再按式（5-5）进行强度校核。通常矩形截面取 $\dfrac{W_z}{W_y} = 1.2 \sim 2$，工字形截面取 $\dfrac{W_z}{W_y} = 6 \sim 12$，槽形截面取 $\dfrac{W_z}{W_y} = 6 \sim 8$。

【例 5-1】 矩形截面悬臂梁如图 5-4 所示，已知 $P_1 = 0.5\mathrm{kN}$，$P_2 = 0.8\mathrm{kN}$，$b = 100\mathrm{mm}$，$h = 150\mathrm{mm}$，试计算梁的最大拉应力及所在位置。

建筑力学（第 2 版）

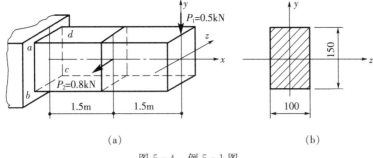

图 5-4　例 5-1 图

【解】　显然悬臂梁的固端截面上弯矩最大,因而有最大拉应力。

(1)内力的计算:

$$M_{zmax}=P_1l=0.5\times3=1.5(\text{kN}\cdot\text{m})$$

$$M_{ymax}=P_2\times\frac{l}{2}=0.8\times1.5=1.2(\text{kN}\cdot\text{m})$$

(2)应力的计算:

$$\sigma_{max}=\frac{M_{zmax}}{W_z}+\frac{M_{ymax}}{W_y}=\frac{6M_{zmax}}{bh^2}+\frac{6M_{ymax}}{hb^2}$$

$$=\frac{6\times1.5\times10^6}{100\times150^2}+\frac{6\times1.2\times10^6}{150\times100^2}$$

$$=8.8(\text{MPa})$$

(3)根据实际变形情况,P_1 单独作用,最大拉应力位于固定端截面上边缘 ad；P_2 单独作用,最大拉应力位于固定端截面后边缘 cd；叠加后,角点 d 处拉应力最大。

上述计算的 $\sigma_{max}=8.8\text{MPa}$,也正是 d 点的应力。

【例 5-2】　跨度为 4m 的简支梁如图 5-5 所示,拟用工字钢制成,跨中作用集中力 $P=$ 7kN,其与横截面铅垂对称轴的夹角 $\varphi=20°$,已知 $[\sigma]=205\text{MPa}$,试选择工字钢的型号(提示:先假定 W_z/W_y 的比值,试选后再进行校核。)

【解】　显然竖直跨中有最大弯矩,该截面为最危险截面。

(1)外力的分解:

$$P_y=P\cos20°=6.578\text{kN}$$

$$P_z=P\sin20°=2.394\text{kN}$$

(2)内力的计算:

$$M_z=\frac{P_yl}{4}=\frac{6.578\times4}{4}=6.578(\text{kN}\cdot\text{m})$$

$$M_y=\frac{P_zl}{4}=\frac{2.394\times4}{4}=2.394(\text{kN}\cdot\text{m})$$

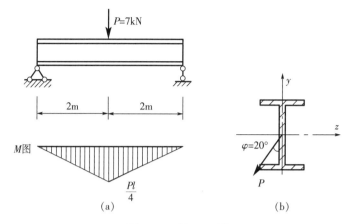

图 5-5 例 5-2 图

（3）强度计算：

设 $\dfrac{W_z}{W_y}=7$，代入 $\sigma_{\max}=\dfrac{M_z}{W_z}+\dfrac{M_y}{W_y}=\dfrac{M_z}{W_z}+\dfrac{7M_y}{W_z}\leqslant[\sigma]$，得

$$W_z\geqslant\frac{M_z+7M_y}{[\sigma]}=\frac{(6.578+7\times2.394)\times10^6}{205}$$

$$=113.8\times10^3(\text{mm}^3)=113.8\text{cm}^3$$

试选 16 号工字钢，查得 $W_z=141\text{cm}^3$，$W_y=21.2\text{cm}^3$。再校核其强度，有

$$\sigma_{\max}=\frac{M_{z\max}}{W_z}+\frac{M_{y\max}}{W_y}=\frac{6.578\times10^6}{141\times10^3}+\frac{2.394\times10^6}{21.2\times10^3}$$

$$=159.6(\text{MPa})<[\sigma]=205\text{MPa}$$

故满足强度要求。于是，该梁选 16 号工字钢即可。

5.3 拉压与弯曲组合变形

如果杆件除了在通过其轴线的纵向平面内受到垂直于轴线的荷载外，还受到轴向拉（压）力，这时杆件将发生弯曲与拉伸（压缩）的组合变形。

构件承受拉伸（或压缩）与弯曲组合变形的最一般情况如图 5-6 所示。构件在轴力 P 的作用下发生沿 x 轴方向的拉伸；在弯矩 M_z 的作用下发生 xy 平面内的弯曲；在弯矩 M_y 的作用下发生 xz 平面内的弯曲。

在轴力 P 的作用下，截面各处的拉伸正应力为

$$\sigma'=\frac{P}{A}$$

在弯矩 M_z 的作用下，截面各处的弯曲正应力为

$$\sigma''=\frac{M_zy}{I_z}$$

在弯矩 M_y 的作用下,截面各处的弯曲正应力为

$$\sigma''' = \frac{M_y z}{I_y}$$

应当指出的是:必须注意截面各处弯曲正应力的符号。在图 5-6 所示之坐标系中,弯矩 M_z 作用时,坐标 y 为正的一侧受拉;弯矩 M_y 作用时,坐标 z 为正的一侧受拉。

由叠加法可得到截面上任意一点 (y,z) 的正应力为

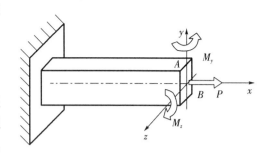

图 5-6 拉伸与弯曲组合

$$\sigma = \sigma' + \sigma'' + \sigma''' = \frac{P}{A} \pm \frac{M_z y}{I_z} \pm \frac{M_y z}{I_y} \tag{5-6}$$

对于矩形截面,在图 5-6 中角点 A 处,$y = y_{\max} > 0$,$z = z_{\max} > 0$,拉应力最大,有

$$\sigma_{\max} = \frac{P}{A} + \frac{M_z y_{\max}}{I_z} + \frac{M_y z_{\max}}{I_y} = \frac{P}{A} + \frac{M_z}{W_z} + \frac{M_y}{W_y}$$

在图 5-6 中角点 B 处 $y = -y_{\max}$,$z = -z_{\max}$,应力最小(或者说压应力最大),有

$$\sigma_{\min} = \frac{P}{A} - \frac{M_z y_{\max}}{I_z} - \frac{M_y z_{\max}}{I_y} = \frac{P}{A} - \frac{M_z}{W_z} - \frac{M_y}{W_y}$$

注意:I_z、W_z、I_y 式分别是截面对 z、y 轴的惯性矩和抗弯截面模量。求得危险点应力后,即可进行强度计算。

【例 5-3】 悬臂式起重机如图 5-7(a)所示,横梁 AB 为 18 号工字钢。电动滑车行走于横梁上,滑车自重与起重量总和为 $P = 30\text{kN}$,材料允许应力为 $[\sigma] = 205\text{MPa}$,试校核横梁的强度。

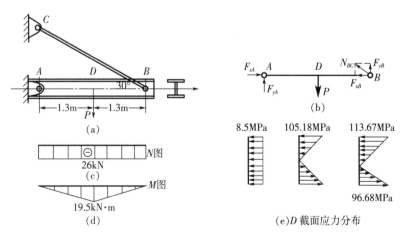

图 5-7 例 5-3 图

【解】 （1）外力分析

当滑车走到横梁中间 D 截面位置时，梁内弯矩最大。此时横梁 AB 的受力图如图 5 - 7 (b)所示。由平衡条件

$$\sum M_A = 0, F_{yB}l - F\frac{l}{2} = 0$$

$$F_{yB} = 15\text{kN}, F_{xB} = \frac{F_{yB}}{\tan\alpha} = 26\text{kN}$$

$$\sum X = 0, F_{xA} - F_{xB} = 0, F_{xA} = F_{xB} = 26\text{kN}$$

（2）内力分析

分别绘出横梁的轴力图[图 5 - 7(c)]和弯矩图[图 5 - 7(d)]，得危险截面 D 处的轴力和弯矩分别为

$$N = F_{xA} = 26\text{kN}$$

$$M_{\max} = \frac{P \cdot l}{4} = \frac{30 \times 2.6}{4} = 19.5(\text{kN} \cdot \text{m})$$

（3）应力分析

查表得：$A = 30.6\text{cm}^2, W_z = 185.4\text{cm}^3$。

根据危险截面 D 的应力分布规律[图 5 - 7(e)]，其上边缘的最大压应力 $\sigma_{c\max}$ 和下边缘的最大拉应力 $\sigma_{t\max}$ 分别为

$$\sigma_{c\max} = -\frac{N}{A} - \frac{M_{\max}}{W_z} = -\frac{26 \times 10^3}{30.6 \times 10^2} - \frac{19.5 \times 10^6}{185.4 \times 10^3} = -113.67(\text{MPa})$$

$$\sigma_{t\max} = -\frac{N}{A} + \frac{M_{\max}}{W_z} = -\frac{26 \times 10^3}{30.6 \times 10^2} + \frac{19.5 \times 10^6}{185.4 \times 10^3} = 96.68(\text{MPa})$$

（4）强度校核

危险点在 D 截面的上边缘各点处，且为单向应力状态，所以强度校核用最大压应力的绝对值计算，即

$$\sigma_{\max} = |\sigma_{c\max}| = 113.67\text{MPa} < [\sigma] = 205\text{MPa}$$

故满足强度要求。

5.4 偏心压缩（拉伸）

轴向压缩（拉伸）的受力特点是压力（拉力）作用线与杆件轴线相重合。当杆件所受外力的作用线与杆轴平行但不重合，外力作用线与杆轴间有一定距离时，称为偏心压缩（拉伸）。

1. 单向偏心压缩（拉伸）时正应力的计算

（1）单向偏心压缩时力的简化和截面内力

矩形截面杆[图 5 - 8(a)]，压力 P 作用在 y 轴的 E 点处，E 点到

微课：
偏心压缩构件介绍

形心 O 的距离 e 称为偏心距,将力 P 向杆端截面形心 O 简化,得到一个轴向力 P 和一个力偶矩 $M_z = P \cdot e$[图 $5-8$(b)]。因此杆内任意一个横截面上存在两种内力:轴力 $N = P$,弯矩 $M_z = P \cdot e$,分别引起轴向压缩和平面弯曲,即偏心压缩实际上是轴向压缩与平面弯曲的组合变形。

（2）单向偏心受压杆截面上的应力及强度条件

偏心受压杆截面上任意一点 $K(y,z)$ 处的应力,可以由两种基本变形各自在 K 点产生的应力叠加求得。

轴向压缩时[图 $5-8$(c)],截面上各点处的应力均相同,压应力的值为

$$\sigma' = -\frac{P}{A}$$

平面弯曲时[图 $5-8$(d)],截面上任意一点 K 处的应力为

$$\sigma'' = \pm \frac{M_z y}{I_z}$$

K 点处的总应力为

$$\sigma = \sigma' + \sigma'' = -\frac{P}{A} \pm \frac{M_z y}{I_z} \tag{5-7}$$

式中,A 为横截面面积;I_z 为截面对 z 轴的惯性矩;y 为所求应力点到 z 轴的距离,计算时代入绝对值。

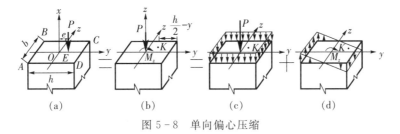

图 $5-8$　单向偏心压缩

截面上最大拉应力和最大压应力分别发生在 AB 边缘及 CD 边缘处,截面上各点均处于单向应力状态,其强度条件为

$$\left. \begin{aligned} \sigma_{t\max} &= -\frac{P}{A} + \frac{M_z y}{I_z} \leqslant [\sigma_t] \\ \sigma_{c\max} &= -\frac{P}{A} - \frac{M_z y}{I_z} \leqslant [\sigma_c] \end{aligned} \right\} \tag{5-8}$$

对于矩形截面的偏心压缩杆(图 $5-9$(a)),由于 $W_z = \dfrac{bh^2}{6}$,$A = bh$,$M_z = P \cdot e$,代入式 $(5-8)$ 中可写成

$$\begin{aligned} \sigma_{t\max} \\ \sigma_{c\max} \end{aligned} = -\left(\frac{P}{bh} \pm \frac{6pe}{bh^2} \right) = -\frac{P}{bh} \left(1 \pm \frac{6e}{h} \right) \tag{5-9}$$

AB 边缘上最大拉应力 $\sigma_{t\max}$ 的正负号,由式(5-9)中 $\left(1-\dfrac{6e}{h}\right)$ 确定,可能出现三种情况:

(1)当 $e<\dfrac{h}{6}$ 时,$\sigma_{t\max}<0$,整个截面上均为压应力[图 5-9(b)]。

(2)当 $e=\dfrac{h}{6}$ 时,$\sigma_{t\max}=0$,整个截面上均为压应力,一个边缘处应力为零[图 5-9(c)]。

(3)当 $e>\dfrac{h}{6}$ 时,$\sigma_{t\max}>0$,截面上同时存在拉应力和压应力[图 5-9(d)]。

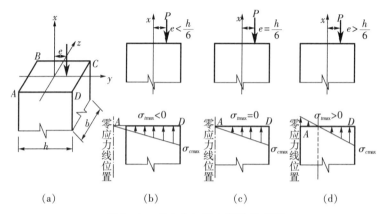

图 5-9   正应力与偏心距的关系图

可见,偏心距的大小决定着横截面上有无拉应力,而 $e=\dfrac{h}{6}$ 成为有无拉应力的分界线。

2. 双向偏心压缩(拉伸)时正应力的计算

如图[5-10(a)]所示压力 P 作用在端截面上任意位置 E 点处,距 y 轴的偏心距为 e_z,距 z 轴的偏心距为 e_y,这种受力情况称为双向偏心压缩。双向偏心压缩的计算方法和步骤与前面的单向偏心压缩相类似。

(1)双向偏心压缩时力的简化和截面内力

将力 P 向端截面形心简化得轴向压力 P[图 5-10(b)],对 z 轴的力偶矩 $M_z=Pe_y$[图 5-10(c)],对 y 轴的力偶矩 $M_y=Pe_z$[图 5-10(d)]。

(2)双向偏心压缩杆截面上的应力及强度条件

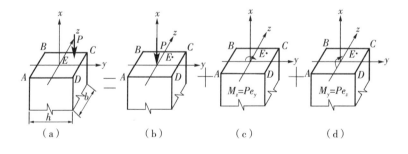

图 5-10   双向偏心压缩

截面上任意一点 $K(y,z)$ 处的应力为三部分应力的叠加。其中,

轴向压力 P 在 K 点处引起的应力为

$$\sigma' = -\frac{P}{A}$$

M_z 引起的 K 点处的应力为

$$\sigma'' = \pm\frac{M_z y}{I_z}$$

M_y 引起的 K 点处的应力为

$$\sigma''' = \pm\frac{M_y z}{I_y}$$

K 点处的总应力为

$$\sigma = \sigma' + \sigma'' + \sigma''' = -\frac{P}{A} \pm \frac{M_z y}{I_z} \pm \frac{M_y z}{I_y} \tag{5-10}$$

式中，A 为构件横截面面积；I_z 为截面对 z 轴的惯性矩；I_y 为截面对 y 轴的惯性矩；y 为所求应力点到 z 轴的距离，计算时代入绝对值；z 为所求应力点到 y 轴的距离，计算时代入绝对值。

分析可知，最大拉应力产生在 A 点处，最大压应力产生在 C 点处。危险点处于单向应力状态，其强度条件为

$$\left.\begin{aligned}
\sigma_{t\max} &= -\frac{P}{A} + \frac{M_z}{W_z} + \frac{M_y}{W_y} \leqslant [\sigma_t] \\
\sigma_{c\max} &= -\frac{P}{A} - \frac{M_z}{W_z} - \frac{M_y}{W_y} \leqslant [\sigma_c]
\end{aligned}\right\} \tag{5-11}$$

单向偏心压缩时所求的式(5-8)实际上是式(5-11)的特殊情况，即压力作用在端截面的一根形心轴上，其中一个偏心距为零。

【例 5-4】 受拉钢板原宽度 $b = 80\text{mm}$，厚度 $t = 10\text{mm}$，上边缘有一切槽深 $a = 10\text{mm}$，如图 5-11 所示，受拉力 $P = 110\text{kN}$ 作用，钢板的许用应力 $[\sigma] = 215\text{MPa}$，试校核其强度。

【解】 由于钢板有切槽，外力 P 对有切槽截面为偏心拉伸，其偏心距 e 为

$$e = \frac{b}{2} - \frac{b-a}{2} = \frac{a}{2} = 5\text{mm}$$

将力向截面 I—I 形心简化，得该截面上的轴力 $\mathbf{N}$ 和弯矩 M 为

$$N = P = 110\text{kN}, \quad M = Pe = 110 \times 10^3 \times 5 = 5.5 \times 10^5 (\text{N} \cdot \text{mm})$$

轴力 N 引起均匀分布的拉应力，弯矩 M 在 I—I 截面的 A 点引起最大拉应力，故危险点在 A，因该点为单向应力状态，所以强度条件为

$$\sigma_{t\max} = \frac{N}{A} + \frac{M}{W} = \frac{110 \times 10^3}{10 \times 70} + \frac{6 \times 5.5 \times 10^5}{10 \times 70^2}$$

$$=224.5(\text{MPa})>[\sigma]=215\text{MPa}$$

校核表明板的强度不够。从计算可见,由于微小偏心引起的弯曲应力约为总应力的30%。因此为了保证强度,在条件允许时,可在切槽的对称位置,再开一个同样的切槽[图5-11(b)]。这时截面 I—I 虽然面积有所减小,但却消除了偏心,使应力均匀分布,A 点的强度条件为

$$\sigma=\frac{P}{A}=\frac{110\times10^3}{10\times60}=183.3(\text{MPa})<[\sigma]$$

校核表明板的强度足够。

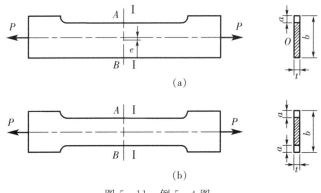

图 5-11 例 5-4 图

3. 截面核心的概念

本章前面曾分析过,偏心受压杆件截面上是否出现拉应力与偏心距的大小有关。若外力作用在截面形心附近的某一个区域,使得杆件整个截面上全为压应力而无拉应力,这个外力作用的区域称为截面核心。

(1)矩形截面的截面核心

截面上不出现拉应力的条件是式(5-11)中拉应力等于零或小于零,即

$$\sigma=\sigma'+\sigma''+\sigma'''=-\frac{P}{A}+\frac{M_z}{W_z}+\frac{M_y}{W_y}=P\left(-\frac{1}{A}+\frac{e_y}{W_z}+\frac{e_z}{W_y}\right)\leqslant0$$

将矩形截面的 $W_z=\dfrac{bh^2}{6}$,$W_y=\dfrac{hb^2}{6}$ 及 $A=bh$ 代入上式,化简得

$$-1+\frac{6}{b}e_z+\frac{6}{h}e_y\leqslant0$$

上式是以 E 点的坐标(e_y,e_z)[图5-12(a)]表示的直线方程。分别令 e_y 或 e_z 等于零,可得出此直线在 z 轴上和 y 轴上的截距 e_z 和 e_y,即

$$e_z\leqslant\frac{b}{6},e_y\leqslant\frac{h}{6}$$

这表明当力 P 作用点的偏心距位于 y 轴和 z 轴上六分之一的矩形尺寸之内时,可使截面上的拉应力等于零。由于截面的对称性,可得另一对偏心距,这样可在坐标轴上定出四

点,称为核心点。因为在直线方程$-1+\dfrac{6}{b}e_z+\dfrac{6}{h}e_y\leqslant0$中,$e_y$、$e_z$是线性关系,可用直线连接这四点,得到一个区域[图5-12(a)],这个区域即为矩形截面的截面核心。若压力P作用在这个区域之内,截面上的任何部分都不会出现拉应力。

(2)圆形截面的截面核心

由于圆形截面是极对称的,所以截面核心的边界也是一个圆。可以证明,其截面核心的半径$e=\dfrac{r}{4}$[图5-12(b)],工字形截面的核心图形和尺寸见图5-12(c)。

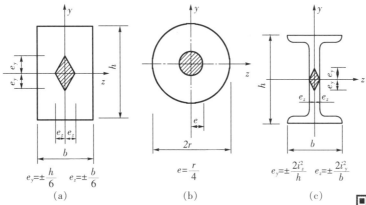

$$e_y=\pm\dfrac{h}{6}\quad e_z=\pm\dfrac{b}{6}$$

$$e=\dfrac{r}{4}$$

$$e_y=\pm\dfrac{2i_z^2}{h}\quad e_z=\pm\dfrac{2i_y^2}{b}$$

(a)　　　　　　　　(b)　　　　　　　　(c)

图5-12　常见截面的截面核心图

思考与实训

1. 定性分析图5-13所示结构中各构件将发生哪些基本变形?

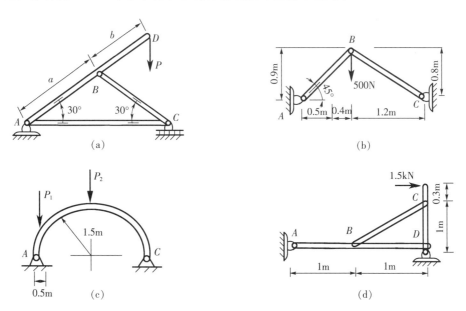

(a)　　　　　　　　　　(b)

(c)　　　　　　　　　　(d)

图5-13　习题1图

2. 如图 5-14 所示,截面为 16a 号槽钢的简支梁,跨长 $L=4.2\text{m}$,受集度为 $q=2\text{kN/m}$ 的均布荷载作用。梁放在 $\varphi=20°$ 的斜面上,试确定梁危险截面上 A 点和 B 点处的弯曲正应力。

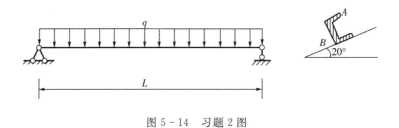

图 5-14 习题 2 图

3. 试分别求出图 5-15 所示不等截面及等截面杆内的最大正应力,并作比较(图中尺寸单位为 mm)。

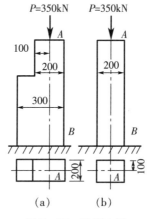

图 5-15 习题 3 图

4. 一伞形水塔受力如图 5-16 所示,其中 P 为满水时的重力(含结构自重),F_E 为地震作用产生的水平载荷,立柱的外径 $D=2\text{m}$,壁厚 $t=0.5\text{m}$,如立柱材料的许用应力 $[\sigma_t]=1.27\text{MPa}$,$[\sigma_c]=11.9\text{MPa}$,试校核其强度。

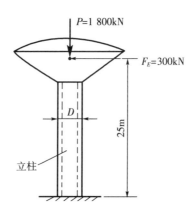

图 5-16 习题 4 图

5. 三角形构架 ABC,受力如图 $5-17$ 所示。水平杆 AB 由 18 号工字钢制成,试求 AB 杆的最大应力。如产生力 P 的小车能在 AB 杆上移动,则最大应力又是多少?

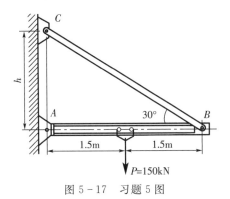

图 $5-17$　习题 5 图

模块六　静定结构的内力计算

教学目标 >>>

了解静定结构在工程中的应用形式;掌握多跨静定梁和静定平面刚架的内力计算,熟练绘制多跨静定梁和静定平面刚架的内力图;熟悉用结点法、截面法求解静定平面桁架内力。

教学要求

能力目标	相关知识
了解静定结构在工程中的应用形式	常见的静定结构类型,静定结构的基本特性
掌握多跨静定梁的内力计算及内力图绘制	多跨梁的几何组成特点及传力关系,多跨静定梁内力分析分析及计算步骤
掌握静定平面刚架的内力计算及内力图绘制	静定平面刚架的定义、分类及特点,刚架的内力计算步骤
用结点法、截面法求解静定平面桁架内力	静定平面桁架的组成、分类及特点,桁架计算模型的基本假定,桁架的内力计算方法

模块六课件

模拟试卷(6)

6.1　静定结构概述

　　静定结构在工程中有着广泛的应用,它的受力分析是结构位移和超静定结构内力计算的基础。实际工程中常用的静定结构有:图 6-1(a)～(c)的静定单梁、图 6-1(d)的多跨静定梁、图 6-1(e)～(h)的静定刚架、图6-1(i)的静定拱、图 6-1(j)～(l)的静定桁架结构。

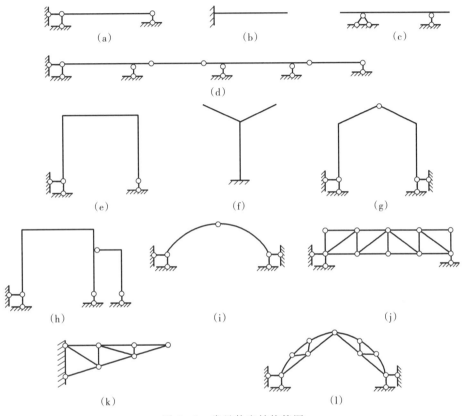

图 6-1　常见静定结构简图

6.2　多跨静定梁的内力计算

6.2.1　多跨静定梁的组成性质

　　多跨静定梁系指若干根梁彼此用铰相连,并用若干支座与基础相连而组成的静定结构,在工程结构中,常用它来跨越几个相连的跨度,例如公路桥梁中的多跨桥梁和房屋建筑中的木檩条常采用这种结构形式。图 6-2 为用于房屋建筑中的多跨静定木檩条梁,在各梁的接头处采用斜搭接加螺栓系紧,由于接头处不能抵抗弯矩,因而视为铰结点,其计算简图如图 6-3(a)。

　　从几何组成来看,多跨静定梁可以分为基本部分和附属部分。如图 6-3(b)所示的多跨

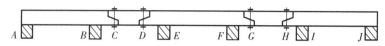

图 6-2　房屋建筑中木檩条的多跨静定梁

静定梁,AC、DG 和 HJ 部分各有三根支座链杆与基础(屋架)相连构成几何不变体系,称为基本部分,短梁 CD 和 GH 则支承在 AC、DG 和 HJ 梁上,它们需要依靠基础部分的支承才能保持其几何不变性,故称为附属部分。当竖向荷载作用于基本部分上时,只有基本部分受力;当荷载作用在附属部分时,除附属部分受力外,基本部分也同时承受由附属部分传来的支座反力。这种相互传力的关系可见图 6-3(b)所示,称为层次图。

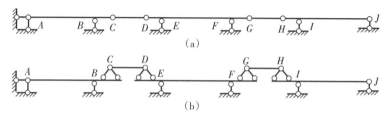

图 6-3　房屋建筑中木檩条的多跨静定梁力学简图

常见的多跨静定梁有图 6-3(a)、6-4(a)两种形式,图 6-4(a)所示多跨静定梁除左边第一跨为基本部分外,其余各跨均分别为其左边部分的附属部分,其层次图如图 6-4(b)所示。由上述基本部分与附属部分力的传递关系可知,多跨静定梁的计算顺序应该是先附属部分,后基本部分。

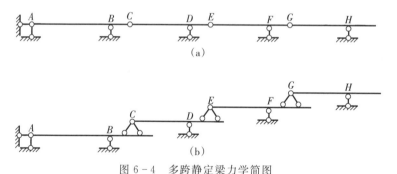

图 6-4　多跨静定梁力学简图

6.2.2　内力计算及内力图绘制

1. 多跨静定梁的计算基础

多跨静定梁是由直杆组成的结构,因此,它的计算基础是单杆(梁)的内力分析。把多跨静定梁拆成若干个杆件,计算杆端内力后分别绘制出内力图,将杆件内力图合在一起即可得到多跨静定梁的内力图。

2. 构造类型对多跨静定梁计算的影响

由多跨静定梁层次图可知,作用于基本部分上的荷载,并不影响附属部分,而作用于附属部分上的荷载,会以支座反力的形式影响基本部分。因此在多跨静定梁的内力计算时,应先计算高层次的附属

微课:
多跨静定梁内力分析

部分,后计算低层次的附属部分,然后将附属部分的支座反力反向作用于基本部分,计算其内力,最后将各单跨梁的内力图联成一体,即为多跨静定梁的内力图。

3. 多跨静定梁的计算步骤

(1)作多跨梁的传力次序图(层叠图)

分析组成多跨梁的各部分特点,弄清楚主从关系。

(2)求支座反力和联结处的约束力

多跨静定梁不同类型的组成单元,其反力的计算特点也不相同。求连接处的约束力时,应根据约束性质在隔离体上正确表示出约束力。

(3)求各杆件的截面内力

选择杆件截面,应用截面法,建立平衡方程求截面内力。未知内力 Q、N 均设为正号方向,M 可设为使任意一边纤维受拉为正,计算结果为负时,表示方向与原假设方向相反。

(4)作内力图

① 应用区段叠加法绘制弯矩图时,关键是正确确定控制截面。一般选择外荷载的不连续点为控制截面,如集中力作用点、集中力偶作用点、分布荷载的起点和终点及支座结点等,求出控制截面的弯矩值。

② 绘制剪力图、轴力图时,将正的剪力和轴力绘制于杆件的上边,负的绘制于下面,须注明正、负号。

③ 内力图的校核。选择一个未使用过的隔离体,建立平衡方程验算。

【例6-1】 试绘制图6-5(a)所示多跨梁的内力图,荷载如图所示。

【解】 (1)明确传力次序,作层叠图,如图6-5(b)所示。

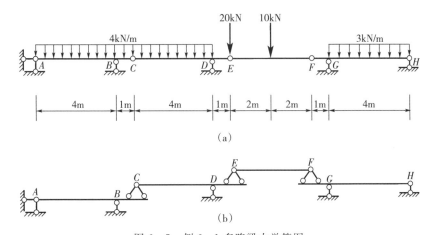

图6-5 例6-1多跨梁力学简图

(2)运用截面法计算支座反力和连接处的约束力。

EF 段:$F_{yE}=25\text{kN}$,$F_{yF}=5\text{kN}$;

FH 段:$F_{yG}=12.25\text{kN}$,$F_{yH}=4.75\text{kN}$;

CE 段：$F_{yC} = 1.75\text{kN}, F_{yD} = 39.25\text{kN}$；

AC 段：$F_{yA} = 7\text{kN}, F_{yB} = 14.7\text{kN}$。

（3）计算控制截面内力，运用区段叠加法绘制弯矩图，然后再绘制剪力图，如图 6-6 所示。

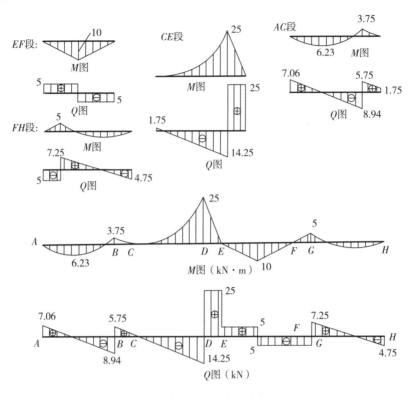

图 6-6 例 6-1 多跨梁计算过程

由层叠图可以看出，最后的内力计算和内力图绘制其实都是在单跨的简支梁或外伸梁上进行的。

（4）校核。可选择任一未使用区段，建立平衡方程验算，结果正确。请读者自己完成。

【例 6-2】 试绘制图 6-7(a)所示多跨梁的内力图，荷载如图所示。

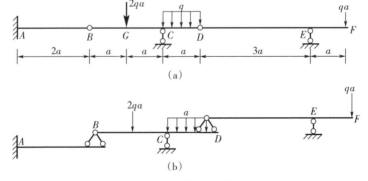

图 6-7 例 6-2 图

【解】 (1)明确传力次序,作层叠图,如图6-7(b)所示。

(2)运用截面法计算支座反力和连接处的约束力,如图6-8。

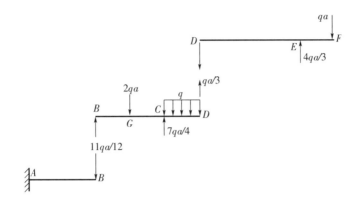

图6-8 内力分析示意图

DF 段：$F_{yD} = \dfrac{qa}{3}$，$F_{yF} = \dfrac{4qa}{3}$；

BD 段：$F_{yB} = \dfrac{11qa}{12}$，$F_{yC} = \dfrac{7qa}{4}$；

AB 段：$F_{yA} = \dfrac{11qa}{12}$，$M_A = \dfrac{11qa^2}{6}$（上侧受拉）。

(3)计算控制截面内力,运用区段叠加法绘制弯矩图,然后再绘制剪力图,如图6-9所示。

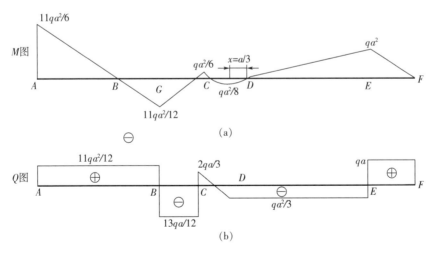

图6-9 内力图

(4)校核。可选择任意一个未使用区段,建立平衡方程验算,结果符合要求。请读者自己完成。

6.3 静定平面刚架的内力计算

6.3.1 静定平面刚架的特点

1. 刚架的定义

刚架系指由若干根杆件主要通过刚结点联结的结构,在工程中应用广泛。

2. 刚架分类

(1)按几何性质分为平面刚架和空间刚架,在这里只讨论平面刚架。所谓平面刚架是指刚架的杆轴和外荷载在一个平面内。按其构造特点还可以分为悬臂刚架、简支刚架、三铰刚架和组合刚架等,如图 6-10 所示。

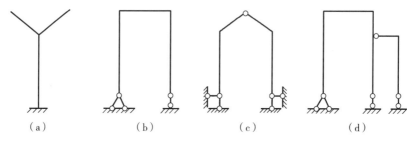

（a）　　　　　　（b）　　　　　　（c）　　　　　　（d）

图 6-10　刚架的类型

(2)按静力分析分为静定刚架和超静定刚架。本节只讨论静定平面刚架,超静定平面刚架在后续章节再讨论。

3. 刚架的特点

(1)刚架整体刚度大,在荷载作用下,变形较小;

(2)刚架在受力后,刚结点所连的各杆件间的角度保持不变,即结点对各杆端的转动有约束作用,因此刚结点可以承受和传递弯矩,这样刚架中各杆内力分布较均匀,且比一般铰结点的梁柱体系小,故可以节省材料;

(3)由于刚架中杆件数量较少,内部空间较大,所以刚架结构便于利用,特别是在公路桥梁上有很好的使用。

6.3.2 内力计算及内力图绘制

1. 刚架的计算基础

刚架是由直杆组成的结构,因此,它的计算基础是单杆的内力分析。把刚架拆成若干个杆件,计算杆端内力后分别绘制出内力图,将杆件内力图合在一起即可得到刚架的内力图。

2. 刚架的内力及表示

刚架的杆件一般产生三种内力:弯矩、剪力、轴力。内力符号后引用两个角标:第一个角标表示内力所属截面;第二个角标表示该截面所属杆件的另一端。例如,M_{AB} 表示 AB 杆 A 端截面的弯矩,Q_{BA} 表示 AB 杆 B 端截面的剪力。

微课:
静定平面刚架内力分析

3. 刚架的计算步骤

(1)求支座反力和连接处的约束力(悬臂刚架可以不计算支座反力)

不同类型的刚架,其反力的计算特点也不相同。求连接处的约束力时,应根据约束性质在隔离体上正确表示出约束力。

(2)求各杆件的杆端内力

在同一结点处的不同杆件,有不同的杆端截面,在每一个指定杆件的杆端截面上,作用着三个杆端未知力,可用三个平衡方程求得。未知内力 Q、N 均设为正号方向,M 可设为使任一边纤维受拉为正。计算结果为负时,表示假设方向与原方向相反。

(3)作内力图

①应用区段叠加法绘制弯矩图。当两杆结点上无外力矩作用时,结点处两杆弯矩图的纵标在同侧且数值相等。铰支端和悬臂端无外力矩作用时,弯矩为零;作用有外力矩时,该端的弯矩值等于该处外力矩。②绘制剪力图时,可以从杆件的任一边开始,须注明正、负号。如规定将正的剪力画在刚架的外侧,可以借用绘制梁剪力图时的一些技巧,方便作图。③轴力图可以绘制于杆件的任一边,须注明正、负号。注意:同号的画在同一侧。

(4)内力图的校核

选择一个未使用过的隔离体,建立平衡方程验算。注意刚结点平衡的应用。

【例6-3】 试绘制图6-11(a)所示刚架的内力图。

【解】 因为是悬臂梁,所以可以不求支座反力。

(1)取隔离体求杆端内力,如图6-11(b)所示。

(2)运用区段叠加法作弯矩图,如图6-11(c)所示。

(3)根据杆端剪力作剪力图,如图6-11(d)所示。

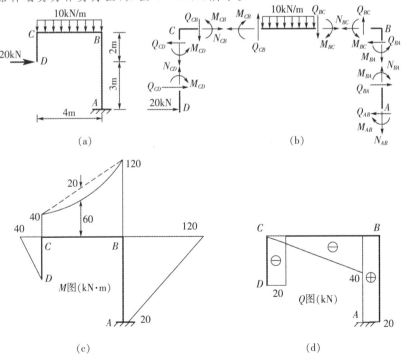

(a)　　　　　　　　　　　　(b)

(c)　　　　　　　　　　　　(d)

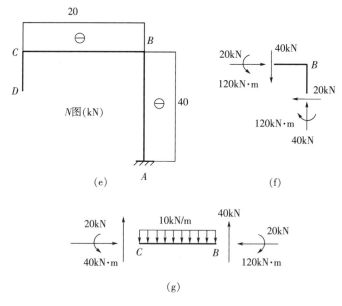

图 6-11 例 6-3 图

(4) 根据杆端轴力作轴力图,如图 6-11(e) 所示。

(5) 校核。取图 6-11(f)、(g) 所示隔离体,经验证,结果正确。

【例 6-4】 试绘制图 6-12(a) 所示刚架的内力图。

【解】 (1) 求支座反力。

以整个刚架为隔离体,如图 6-12(b) 所示,则

$$\sum X = 0, F_{xA} + 4 + 4 \times 4 = 0$$

$$F_{xA} = 20 \text{kN}(\leftarrow)$$

$$\sum M_A = 0, F_{yD} \times 4 - 2 \times 4 \times 2 - 4 \times 4 - 4 \times 4 \times 2 = 0$$

$$F_{yD} = 16 \text{kN}(\uparrow)$$

$$\sum Y = 0, F_{yA} + F_{yD} = 2 \times 4$$

$$F_{yA} = (8 - 16) \text{kN} = -8 \text{kN}(\downarrow)$$

(2) 计算杆端内力。

CD 杆:$N_{CD} = N_{DC} = F_{yD} = -16 \text{kN}$

$$Q_{CD} = Q_{DC} = 0, M_{CD} = M_{CD} = 0$$

AB 杆:$N_{AB} = N_{BA} = -F_{yA} = 8 \text{kN}$

$$Q_{AB} = -F_{xA} = 20 \text{kN}, Q_{BA} = Q_{AB} - 4 \times 4 = 4 \text{kN}$$

$$M_{AB} = 0$$

$$M_{BA} = 4 \times 4 \times 2 + Q_{BA} \times 4 = 48 \mathrm{kN \cdot m}(内侧受拉)$$

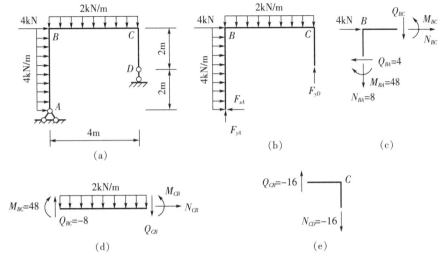

图 6-12　例 6-4 图

BC 杆：取 B 结点为隔离体，如图 6-12(c)所示，

$$\sum X = 0, N_{BC} + 4 - Q_{BA} = 0, N_{BC} = 0,$$

$$\sum Y = 0, Q_{BC} + N_{BA} = 0, Q_{BC} = -8 \mathrm{kN},$$

$$\sum M_B = 0, M_{BC} - M_{BA} = 0, M_{BC} = M_{BA} = 48 \mathrm{kN \cdot m}(内侧受拉)。$$

取 BC 杆为隔离体，如图 6-12(d)所示，

$$\sum X = 0, N_{CB} = N_{BC} = 0$$

$$\sum Y = 0, Q_{CB} + 2 \times 4 - Q_{BC} = 0, Q_{CB} = -16 \mathrm{kN}$$

$$\sum M_C = 0, M_{CB} - M_{BC} + 2 \times 4 \times 2 - Q_{BC} \times 4 = 0, M_{CB} = 0$$

(3)绘制内力图。该刚架内力图如图 6-13(a)、(b)、(c)所示。

(4)校核。取 C 结点为隔离体，如图 6-12(e)所示：

$$\sum Y = Q_{CB} - N_{CD} = -16 - (-16) = 0$$

取 BCD 为隔离体进行校核：

$$\sum Y = Q_{BC} - 2 \times 4 - N_{CD} = -8 - 8 - (-16) = 0$$

$$\sum M_B = M_{BC} + 2 \times 4 \times 2 + N_{CD} \times 4 = 48 + 16 - 16 \times 4 = 0$$

说明上述计算结果无误。

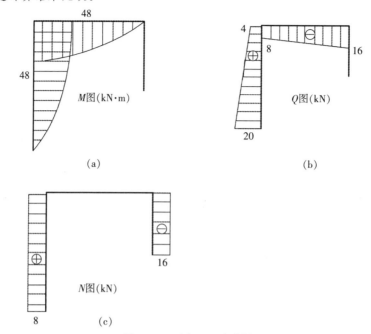

图 6-13　例 6-4 内力图

【例 6-5】　试绘制图 6-14(a)所示刚架的内力图。

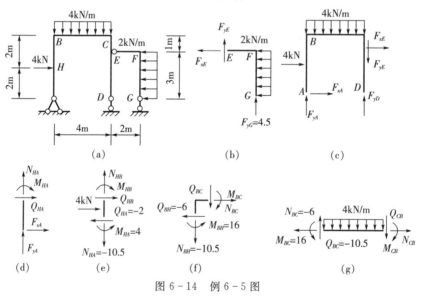

图 6-14　例 6-5 图

【解】　对于组合刚架,计算时应先计算附属部分的反力,再计算基本部分的反力,然后按前述方法计算内力并绘制内力图。

本题中,ABCD 部分为基本部分,EFG 部分为附属部分。

(1)求支座反力。

取 EFG 为隔离体,如图 6-14(b)所示,则

$$\sum X = 0, F_{xE} + 2 \times 3 = 0, F_{xE} = -6\text{kN}$$

$$\sum M_E = 0, F_{yG} \times 2 - 2 \times 3 \times 1.5 = 0, F_{yG} = 4.5\text{kN}(\uparrow)$$

$$\sum Y = 0, F_{yE} + F_{yG} = 0, F_{yE} = -4.5\text{kN}$$

取 $ABCD$ 为隔离体,如图 6-14(c)所示,

$$\sum X = 0, F_{xA} + 4 + F_{xE} = 0$$

$$F_{xA} = 2\text{kN}(\rightarrow)$$

$$\sum M_A = 0, F_{yD} \times 4 - F_{yE} \times 4 - F_{xE} \times 3 - 4 \times 4 \times 2 - 4 \times 2 = 0$$

$$F_{yD} = 1\text{kN}(\uparrow)$$

$$\sum Y = 0, F_{yA} + F_{yD} - F_{yE} - 4 \times 4 = 0$$

$$F_{yA} = 10.5\text{kN}(\uparrow)$$

(2)求内力。

AH 杆:如图 6-14(d) 所示,$\sum Y = 0, N_{HA} + F_{yA} = 0$

$$N_{HA} = -F_{yA} = -10.5\text{kN}$$

$$\sum X = 0, F_{xA} + Q_{AH} = 0$$

$$Q_{HA} = -F_{xA} = -2\text{kN}$$

$$\sum M_H = 0, M_{HA} - F_{yA} \times 2 = 0$$

$$M_{HA} = 2 \times F_{yA} = 4\text{kN} \cdot \text{m}(外侧受拉)$$

BC 杆:取结点 B 为隔离体,如图 6-14(f)所示,

$$\sum X = 0, N_{BC} - Q_{BH} = 0$$

$$N_{BC} = Q_{BH} = -6\text{kN}$$

$$\sum Y = 0, Q_{BC} - N_{BH} = 0$$

$$Q_{BC} = N_{BH} = -10.5\text{kN}$$

$$\sum M_B = 0, M_{BC} - M_{BH} = 0$$

$$M_{BC} = M_{BH} = 16\text{kN} \cdot \text{m}(上侧受拉)$$

取 BC 杆为隔离体,如图 6-14(g)所示,

$$\sum X = 0, N_{CB} - N_{BC} = 0$$

$$N_{CB} = N_{BC} = -6\text{kN}$$

$$\sum Y = 0, Q_{BC} - Q_{CB} - 4 \times 4 = 0$$

$$Q_{CB} = Q_{BC} - 4 \times 4 = (10.5 - 16)\text{kN} = -5.5(\text{kN})$$

$$\sum M_C = 0, M_{CB} - M_{BC} - 4 \times 4 \times 2 + Q_{BC} \times 4 = 0$$

$$M_{CB} = M_{BC} + 4 \times 4 \times 2 - Q_{BC} \times 4 = (16 + 32 - 10.5 \times 4)\text{kN} \cdot \text{m}$$

$$= 6\text{kN} \cdot \text{m}(\text{上侧受拉})$$

用同样的方法可分别求出 CD、EF、FG 杆的内力,结果见图 6-15。

(3)绘制内力图。

弯矩图依然是运用区段叠加法,各内力图如图 6-15 所示。

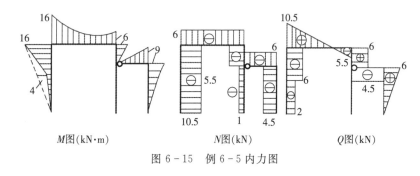

图 6-15 例 6-5 内力图

6.4 静定平面桁架的内力计算

6.4.1 静定平面桁架的特点

1. 桁架的定义

桁架系指由若干根杆件两端通过铰结点联结的结构。这种结构形式在桥梁、房屋、输电塔、起重机架以及其他建筑物中均应用较广泛。

桁架的杆件依其所在的位置不同,可分为弦杆和腹杆两类(图 6-16)。弦杆是指桁架上、下外围的杆件,分为上弦杆和下弦杆。上下弦杆之间的杆件称为腹杆,腹杆又分为竖杆和斜杆。弦杆相邻两结点之间的距离 d 称为节间长度,简称节间距。两支座间的水平距离 L 称为跨度。支座连线至桁架最高点的距离 h 称为桁架高度,简称桁高。桁高与跨度之比称为高跨比,屋架常用高跨比在 $1/2 \sim 1/6$ 之间,桥梁的高跨比常在 $1/6 \sim 1/10$ 之间。

2. 桁架的特点

实际工程中的桁架结构形式、杆件之间的联结以及所用的材料是多种多样的,它们的实际受力情况非常复杂,属于复杂的超静定结构,要对它们进行精确分析是困难的。由于大多数桁架是由比较细长的杆件所组成,而且承受的荷载大多数是通过其他杆件传到结点上,根据其实际工作情况和对桁架进行结构实验的结果表明,桁架结点的刚性对杆件内力的影响

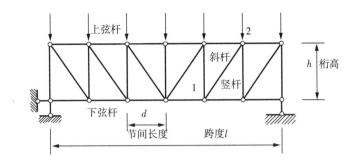

图 6-16 桁架的常见术语

不大,接近于铰的作用,桁架结构中所有的杆件在荷载作用下,主要承受轴向力,而弯矩和剪力很小,可以忽略不计。为简化计算,桁架的计算简图常采用下列假定:

(1)各杆件在结点处都是用光滑无摩擦的理想铰连接;

(2)各杆件轴线均为直线,都在同一平面内,并且都通过铰的中心;

(3)荷载和支座反力都作用在结点上,并位于桁架平面内;

(4)桁架杆件的自重可忽略不计,或将杆件的自重平均分配在桁架的结点上。

凡是符合上述假定的桁架称为理想桁架,理想桁架的各杆都为只在两端受力的二力直杆,所以各杆的内力只有轴力,轴力以杆件受拉为正,受压为负。计算时一般先假定杆件内力为拉力,如果计算结果为负值,说明杆件内力为压力。

如图 6-16 所示为一理想桁架的计算简图。

3. 桁架的分类

(1)按照桁架的外形特点分类

三角形桁架[图 6-17(a)];梯形桁架[图 6-17(b)];平行弦桁架[图 6-17(c)];折线形桁架[图 6-17(d)];抛物线桁架[图 6-17(e)]。

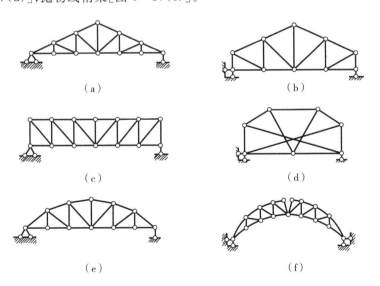

图 6-17 桁架的类型

（2）按照竖向荷载引起的支座反力的特点分类

梁式桁架：支座只产生竖向反力，如图 6-17(a)、(b)、(c)、(d)、(e)所示。

拱式桁架：支座除产生竖向反力外还产生水平推力，如图 6-17(f)所示。

（3）按照桁架的几何组成分类

简单桁架：以一个基本铰接三角形为基础，依次增加二元体而组成的几何不变且无多余约束的桁架，如图 6-17(a)、(b)、(c)、(e)所示。

联合桁架：由几个简单桁架组成的几何不变的静定结构，如图 6-17(f)所示。

复杂桁架：不属于简单桁架和联合桁架的桁架结构，如图 6-17(d)所示。

另外，在工程中根据所用材料不同，有钢筋混凝土桁架、钢桁架、钢木桁架、木桁架等。

6.4.2 内力计算

计算桁架内力的基本方法仍然是先取隔离体，然后根据平衡方程求解。根据所取的隔离体，平面桁架杆件内力计算方法可分为结点法、截面法以及结点法与截面法的联合应用。

1. 结点法

当所取隔离体仅包含一个结点时，这种方法叫结点法。

结点法的计算步骤：

（1）求支座反力

一般先以整个桁架作为研究对象，列出静力平衡方程，解出支座反力。

微课：
桁架结点法

（2）依次取结点为研究对象，求各杆件内力。

按照一定的顺序取各结点为研究对象，且每次作为隔离体的结点，最多包含两个未知内力。在实际计算时，可以先截取两杆相交的结点计算，求出杆件的内力后，再以这些内力为已知条件依次进行相邻结点的计算。

（3）内力值标注

理想桁架中各杆的内力均只有轴力，因此反映桁架中所有杆件的轴力值只需要将其标注在桁架简图中各杆的一侧即可。

（4）零杆及内力相同杆的判别

在桁架中，有时会出现轴力为零的杆件，它们被称为零杆。在计算之前先确定哪些杆件为零杆，哪些杆件内力相等，可以使后续的计算大大简化，在判别时，可以依照下列规律进行。

① 对于两杆结点，当没有外力作用于该结点上时，则两杆均为零杆，如图 6-18(a)所示；当外力沿其中一杆的轴线方向作用时，该杆内力与外力相等。另一杆为零杆，如图 6-18(b)所示。

② 对于三杆结点，若其中两杆共线，当无外力作用时，则不共线的第三根杆件为零杆，共线的两根杆件内力相等，且内力性质相同（同时为拉力或压力），如图 6-18(c)所示。

③ 对于四杆结点，当杆件两两共线，且无外力作用时，则共线的各杆内力相等，且性质相同，如图 6-18(d)所示。

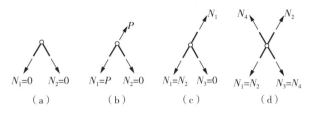

$$N_1 = 0 \quad N_2 = 0 \qquad N_1 = P \quad N_2 = 0 \qquad N_1 = N_2 \quad N_3 = 0 \qquad N_1 = N_2 \quad N_3 = N_4$$

（a）　　　　　（b）　　　　　（c）　　　　　（d）

图 6-18　零杆和等力杆的判断

【例 6-6】　用结点法计算图 6-19(a)所示桁架中各杆的内力。

【解】　(1)计算支座反力：以整体研究，如图 6-19(a)所示，

由 $\sum M_A = 0$，$-40 \times 3 - 20 \times 6 + 12 F_{yB} = 0$，得

$$F_{yB} = 20 \text{kN}$$

由 $\sum Y = 0$，$F_{yA} + F_{yB} - 20 - 40 - 20 = 0$，得

$$F_{yA} = 60 \text{kN}$$

(2)判断零杆

根据零杆的判别规律可知 EF、GH、DG 杆均为零杆，即

$$N_{EF} = N_{GH} = N_{DG} = 0$$

(3)计算各杆的内力

由于 A 结点只有两个未知力，故先从 A 结点开始计算。取结点 A 为隔离体，如图 6-19(c)所示。

由 $\sum Y = 0$，$F_{yA} - 20 + N_{AEy} = 0$，得

$$N_{AEy} = -40 \text{kN}$$

$$N_{AE} = \frac{3\sqrt{5}}{3} \times N_{AEy} = \sqrt{5} \times (-40) = -89.44 (\text{kN})(压力)$$

由 $\sum X = 0$，$N_{AF} + N_{AEx} = 0$，得

$$N_{AF} = -N_{AEx} = -\frac{6}{3} \times N_{AEy} = -2 \times (-40) = 80 (\text{kN})(拉力)$$

取结点 F 为隔离体，可以断定 AF 杆与 FD 杆内力相等，性质相同，即

$$N_{FD} = N_{AF} = 80 \text{kN}(拉力)$$

取结点 E 为隔离体，如图 6-19(d)所示。

由 $\sum X = 0$，$N_{ECx} + N_{EDx} - N_{EAx} = 0$

由 $\sum Y = 0$，$N_{ECy} - N_{EDy} - N_{EAy} - 40 = 0$

又：

$$N_{ECx} = \frac{2}{\sqrt{5}} N_{EC}, \quad N_{ECy} = \frac{1}{\sqrt{5}} N_{EC}$$

$$N_{EDx} = \frac{2}{\sqrt{5}} N_{ED}, \quad N_{EDy} = \frac{1}{\sqrt{5}} N_{ED}$$

$$N_{EAx} = \frac{2}{\sqrt{5}} N_{EA}, \quad N_{EAy} = \frac{1}{\sqrt{5}} N_{EA}$$

可得：

$$N_{EC} + N_{ED} = -89.44$$

$$N_{EC} - N_{ED} = 40\sqrt{5} + (-89.44)$$

解得：$N_{EC} = -44.72\text{kN}$(压力)；$N_{ED} = -44.72\text{kN}$(压力)

取结点 C 为隔离体，如图 $6-19$(e)所示。

由 $\sum X = 0$，$N_{CGx} - N_{CEx} = 0$

由 $\sum Y = 0$，$N_{CGy} + N_{CEy} + N_{CD} + 20 = 0$

又：

$$N_{CGx} = \frac{2}{\sqrt{5}} N_{CG}, \quad N_{CGy} = \frac{1}{\sqrt{5}} N_{CG}$$

$$N_{CEx} = \frac{2}{\sqrt{5}} N_{CE}, \quad N_{CEy} = \frac{1}{\sqrt{5}} N_{CE}$$

可得：

$$N_{CG} = -44.72\text{kN}(压力)$$

$$N_{CD} = 20.00\text{kN}(拉力)$$

取结点 B 为隔离体，如图 $6-19$(f)所示。

由 $\sum X = 0$，$N_{BGx} + N_{BH} = 0$

由 $\sum Y = 0$，$N_{BGy} + F_{By} = 0$

又：

$$N_{BGx} = \frac{2}{\sqrt{5}} N_{BG}, \quad N_{BGy} = \frac{1}{\sqrt{5}} N_{BG}$$

可得：

$$N_{BG} = -44.72\text{kN}(压力)$$

$$N_{BH} = 40.00\text{kN}(拉力)$$

取结点 H 为隔离体，可以断定 BH 杆与 HD 杆内力相等，性质相同，即

$$N_{HD} = N_{BH} = 40\text{kN}(\text{拉力})$$

（3）校核

可取结点 D ［图 $6-19(\text{g})$］为隔离体进行校核：

由 $\sum X = 0$，

$$N_{DH} - N_{DF} - N_{DEx} = 40 - 80 - \frac{2}{\sqrt{5}} \times (-44.72) = 0$$

由 $\sum Y = 0$，

$$N_{CD} + N_{DEx} = 20 + \frac{1}{\sqrt{5}} \times (-44.72) = 0$$

可见满足平衡方程。

（4）标注所有杆件内力值，如图 $6-19(\text{b})$ 所示。

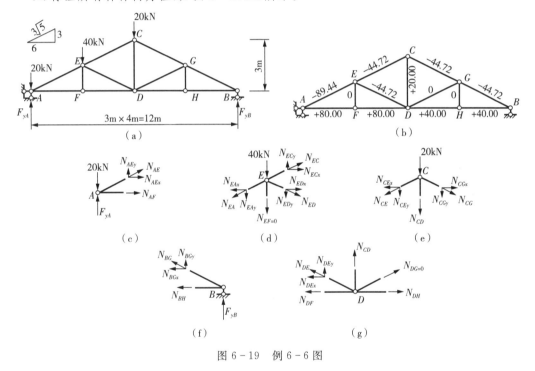

图 $6-19$　例 $6-6$ 图

2. 截面法

当所取隔离体包含两个或两个以上结点时，这种方法叫截面法。在平面静定桁架内力分析中，如果只需求出桁架中某一指定杆或某几杆的内力，而不必求其他杆件的内力时，常常采用截面法。

截面法解题步骤：

（1）求支座反力

一般先以整个桁架作为研究对象，列出静力平衡方程，解出支座反力。

（2）选择截面截断桁架，取隔离体，列静力平衡方程。

选取一截面或若干截面假想地将桁架的某些杆件截断，将桁架分为两部分，取其中任一部分为研究对象，作用在研究对象上的各力（包括荷载、支座反力、各截断杆件的内力）组成一个平衡的平面一般力系，根据平衡条件，对该力系列出平衡方程，求得指定杆的内力。

【例 6-7】 用截面法计算图 6-20(a)所示桁架中 CF 杆的内力。

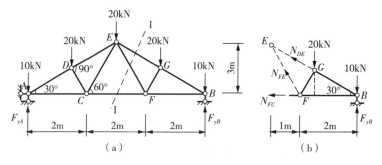

图 6-20 例 6-7 图

【解】 （1）计算支座反力

由于桁架和荷载均为对称，所以 $F_{yA}=F_{yB}=40\text{kN}$

（2）求 CF 杆内力 N_{CF}

作 I—I 截面，取截面右边部分为脱离体，如图 6-20(b)所示，列静力平衡方程。

由 $\sum M_E=0$，$F_{yB}\times3-10\times3-20\times(3-\cos30°\overline{GB})-N_{FC}\tan30°\times3=0$

将 $\overline{GB}=\cos30°\times2=\sqrt{3}$，$F_{yB}=40\text{kN}$，代入上式得：

$$N_{FC}=34.64\text{kN}(\text{拉力})$$

【例 6-8】 用截面法计算图 6-21(a)所示桁架中 1、2、3 杆的内力。

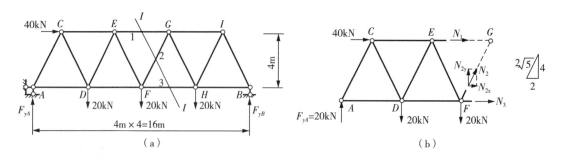

图 6-21 例 6-8 图

【解】 （1）计算支座反力：以整体研究，如图 6-21(a)所示，得

$$\sum M_A=0 \quad -40\times4-20\times4-20\times8-20\times12+16F_{yB}=0$$

$$F_{yB}=40\text{kN}$$

$$\sum Y = 0 \quad F_{yA} + F_{yB} - 3 \times 20 = 0$$

$$F_{yA} = 20\text{kN}$$

（2）计算 1、2、3 杆的内力

作 I—I 截面，取截面左边部分为脱离体，如图 6-21(b)所示，列静力平衡方程。

由 $\sum M_F = 0，-F_{yA} \times 8 - 40 \times 4 + 20 \times 4 - 4N_1 = 0$，得

$$N_1 = -60\text{kN}（压力）$$

由 $\sum M_G = 0，-F_{yA} \times 10 + 20 \times 6 + 20 \times 2 + 4N_3 = 0$，得

$$N_3 = -10\text{kN}（压力）$$

由 $\sum Y = 0，F_{yA} - 20 - 20 + N_{2y} = 0$，得

$$N_{2y} = 20\text{kN}（压力）$$

由几何函数关系可得：$N_2 = \dfrac{2\sqrt{5}}{4} N_{2y} = \dfrac{2\sqrt{5}}{4} \times 20 = 22.4\text{kN}（拉力）$

由例题可见，当截面所截杆件中除一根杆件外其他杆件均交于一点时，利用力矩方程求解该杆件内力较方便；当某截面所截杆件中它杆件都相平行，而只有一根杆件不与它们平行时，利用投影方程求解该杆件内力较方便。因此利用截面法计算指定桁架杆件内力时，关键是应选择合适的截面和矩心。

拓展：
中国馆钢桁架应用

思考与实训

1. 试作图 6-22 所示单跨静定梁的内力图。

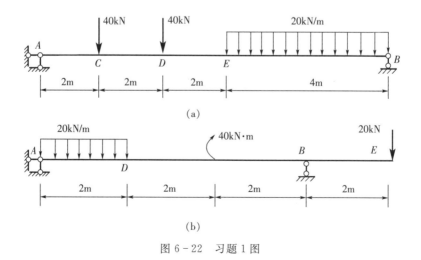

(a)

(b)

图 6-22　习题 1 图

2. 试作图 6-23 所示多跨静定梁的内力图。

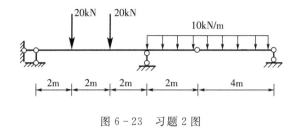

图 6-23　习题 2 图

3. 试作图 6-24 所示多跨静定梁的内力图。

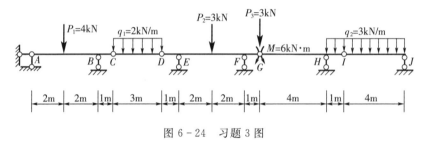

图 6-24　习题 3 图

4. 试比较并作如图 6-25 所示静定刚架的内力图,能得出什么结论?

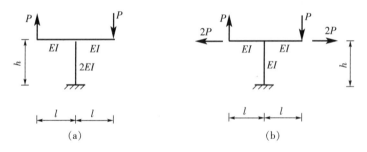

图 6-25　习题 4 图

5. 试作图 6-26 所示静定刚架的内力图。

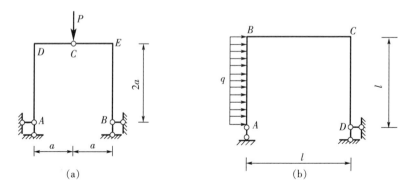

图 6-26　习题 5 图

6. 试作图 6-27 所示静定刚架的内力图。

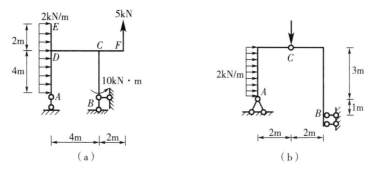

图 6-27 习题 6 图

7. 试作图 6-28 所示静定刚架的内力图。

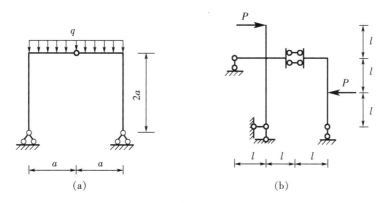

图 6-28 习题 7 图

8. 用结点法求图 6-29 中桁架各杆件的内力。

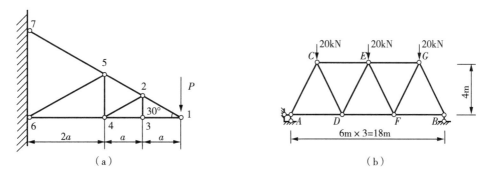

图 6-29 习题 8 图

模块七　杆件变形与结构位移的计算

教学目标 》》》

了解轴向拉压杆件变形特点,了解胡克定律的概念,掌握轴向拉压杆件变形计算方法,理解平面弯曲梁的变形规律,了解虚功原理,理解单位荷载法计算静定结构位移的原理,熟练应用图乘法求解梁和刚架的位移。

教学要求

能力目标	相关知识
会分析轴向拉压杆件变形特点	纵向变形、横向变形、泊松比的概念
能进行轴向拉压杆的变形计算	胡克定律,轴向拉压杆的变形计算
掌握简单荷载作用下, 平面弯曲梁的变形特点	平面弯曲梁的变形规律
理解实功、虚功的概念; 理解虚功原理	虚功原理在实际应用中的两种方式
理解单位荷载法计算静定结构位移	单位荷载的设置,单位荷载法求解位移的步骤
掌握图乘法求解梁和刚架 位移的计算方法	图乘法的概念,图乘法的使用条件,常见图形面积和形心的位置,图乘法求解位移的步骤和方法

模块七课件

模拟试卷(7)

7.1 轴向拉压杆的变形计算

7.1.1 纵向变形和横向变形

杆件在受轴向拉伸时,有轴向尺寸伸长和横向尺寸缩小的变形。而杆件在受轴向压缩时,则会出现轴向尺寸缩短和横向尺寸增大的变形。

1. 纵向变形

设直杆原长为 l,直径为 d。在轴向拉力(或压力)P 作用下,变形后的长度为 l_1,直径为 d_1,如图 7-1 所示。

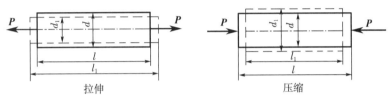

拉伸   压缩

图 7-1 轴向拉压杆变形示意图

杆件长度的伸长(或缩短)量,称为纵向变形量,以 Δl 表示:

$$\Delta l = l_1 - l$$

拉伸时,$\Delta l > 0$;压缩时,$\Delta l < 0$。

杆的纵向变形量与杆件的原始长度有关,不能反映杆件的变形程度。为了度量杆件的变形程度,需要计算单位长度内的变形量。单位长度上的变形称为纵向线应变或线应变,以 ε 表示,即

$$\varepsilon = \frac{\Delta l}{l}$$

线应变是无量纲的量,其正负号规定与绝对变形相同。

2. 横向变形

杆件轴向拉伸(或压缩)时,横向尺寸的缩小(或增大)量,称为横向变形量,以 Δd 表示,即

$$\Delta d = d_1 - d$$

拉伸时,$\Delta d < 0$;压缩时,$\Delta d > 0$。

单位横向尺寸上的变形称为横向线应变,以 ε_1 表示,即

$$\varepsilon_1 = \frac{\Delta d}{d}$$

横向线应变也是无量纲的量,其正负号规定与横向绝对变形相同。

3. 泊松比

横向线应变与线应变之比的绝对值称为泊松比或泊松系数,以 μ 表示,即

$$\mu = \left| \frac{\varepsilon_1}{\varepsilon} \right|$$

由于 ε_1 与 ε 的符号总是相反,故有:

$$\varepsilon_1 = -\mu \varepsilon$$

泊松比无量纲,其值与材料有关。工程中常用材料的泊松比值见表 7-1。

表 7-1 常用材料的 E、G、μ 值

材料名称	E(GPa)	G(GPa)	μ
低碳钢	196～216	78.5～80	0.25～0.33
合金钢	186～216	75～82	0.24～0.33
灰铸铁	78.4～147	44.1	0.23～0.27
铜及其合金	72.5～127	39.2～45.1	0.31～0.42
铅及硬铝	70.6	26～27	0.33
木材(顺纹)	9.8～11.8	0.55～1	—
混凝土	14.3～34.3	—	0.16～0.18

7.1.2 胡克定律

实验表明,当杆的应力不超过某一限度时,杆件的绝对变形与轴向荷载成正比,与杆件的长度成正比,与杆件横截面面积成反比。这一关系是英国科学家胡克在 1678 年发表的,故称为胡克定律,即

微课:
胡克定律

$$\Delta l \propto \frac{PL}{A}$$

由于杆件的变形与材料的性能有关,引入与材料有关的比例常数 E,则有:

$$\Delta l = \frac{PL}{EA}$$

由于杆件只在两端受轴向荷载 P,有 $N=P$,则:

$$\Delta l = \frac{Nl}{EA} \qquad\qquad (7-1)$$

比例常数 E 即为材料的弹性模量。各种材料的弹性模量一般都不相同,工程中常用材料的弹性模量见表 7-1。材料弹性模量越大,则变形越小,所以 E 表示了材料抵抗拉伸或压缩变形的能力,是材料的刚度指标。对杆件来说,EA 值越大,则杆件的绝对变形 Δl 越小,所以 EA 称为杆件的抗拉(压)刚度。

将 $\sigma = \dfrac{N}{A}$,$\varepsilon = \dfrac{\Delta l}{l}$ 代入式(7-1),胡克定律又可表示为

$$\sigma = E\varepsilon \qquad\qquad (7-2)$$

上式表明:当应力未超过某一极限时,应力与应变成正比。

由于ε无量纲,故E的单位与σ的单位相同,常用GPa表示。

利用胡克定律时,需注意公式的适用范围:

(1)杆的应力没有超过某一极限;

(2)单向拉伸(或压缩)的情况;

(3)在计算长度内,N、E、A均为常量;否则,需分段计算。

7.1.3 变形计算

杆件在轴向力的作用下,会产生相应的变形,这与静力学里构件的刚体假设是不同的。利用变形计算可以解决一些简单的超静定问题。

【例7-1】 图7-2(a)所示为阶梯形钢杆,所受荷载$P_1=30\text{kN}$,$P_2=10\text{kN}$。AC段的横截面面积$A_{AC}=500\text{mm}^2$,CD段的横截面面积$A_{CD}=200\text{mm}^2$,弹性模量$E=200\text{GPa}$。试求:

(1)各段杆横截面上的内力和应力;

(2)杆件的总变形。

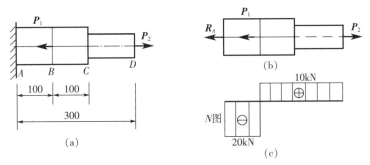

图7-2 例7-1图(长度单位:mm)

【解】 (1)计算支反力。以杆件为研究对象,受力图如图7-2(b)所示。由平衡方程可得:

$$\sum X=0, P_2-P_1-R_A=0$$

$$R_A=P_2-P_1=(10-30)\text{kN}=-20\text{kN}$$

(2)计算各段杆件横截面上的轴力。

AB段: $N_{AB}=R_A=-20\text{kN}$(压力)

BD段: $N_{BD}=P_2=10\text{kN}$(拉力)

(3)画出轴力图,如图7-2(c)所示。

(4)计算各段应力。

AB段:

$$\sigma_{AB}=\frac{N_{AB}}{A_{AC}}=\frac{-20\times10^3}{500}=-40(\text{MPa})$$ （压应力）

BC 段：

$$\sigma_{BC} = \frac{N_{BD}}{A_{AC}} = \frac{10 \times 10^3}{500} = 20(\text{MPa}) \qquad \text{(拉应力)}$$

CD 段：

$$\sigma_{CD} = \frac{N_{BD}}{A_{CD}} = \frac{10 \times 10^3}{200} = 50(\text{MPa}) \qquad \text{(拉应力)}$$

(5)计算杆件的总变形。由于杆件各段的面积和轴力不一样，则应分段计算变形，再求代数和。

$$\Delta l = \Delta l_{AB} + \Delta l_{BC} + \Delta l_{CD} = \frac{N_{AB} l_{AB}}{EA_{AC}} + \frac{N_{BD} l_{BC}}{EA_{AC}} + \frac{N_{BD} l_{CD}}{EA_{CD}}$$

$$= \frac{1}{200 \times 10^3} \left(\frac{-20 \times 10^3 \times 100}{500} + \frac{10 \times 10^3 \times 100}{500} + \frac{10 \times 10^3 \times 100}{200} \right)$$

$$= 0.015(\text{mm})$$

因为 Δl 为正值，所以整个杆件是伸长的，伸长量为 0.015mm。

【例 7-2】 如图 7-3 所示一低碳钢圆筒，长度为 1 200mm，外径 $d_1 = 200$mm，内径 $d_2 = 150$mm，受轴向拉力 $P = 150$kN，试求它的伸长量和轴向应变值。低碳钢的弹性模量 $E = 200$GPa。

【解】 由截面法可求出圆筒的轴力：

$$N = 150\text{kN}$$

圆筒的横截面积为

$$A = \frac{\pi}{4}(200^2 - 150^2) = 13\ 744(\text{mm}^2)$$

由胡克定律可求出圆筒的伸长量为

$$\Delta l = \frac{Nl}{EA} = \frac{150 \times 10^3 \times 1200}{200 \times 10^3 \times 13744} = 0.065(\text{mm})$$

所以圆筒的轴向线应变为

$$\varepsilon = \frac{\Delta l}{l} = \frac{0.065}{1\ 200} = 5.4 \times 10^{-5}$$

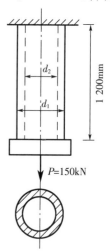

图 7-3 例 7-2 图

【例 7-3】 如图 7-4(a)所示结构，1、2 杆的 EA 相同，横梁 AB 为刚体，试求 1、2 杆的轴力。

【解】 (1)取横梁 AB 为隔离体，设 1、2 杆的轴力分别为 $\boldsymbol{N}_1$、$\boldsymbol{N}_2$，如图 7-4(b)所示。由

$$\sum M_A = 0, \quad N_1 \cdot l + N_2 \cdot 2l + P \cdot 3l = 0$$

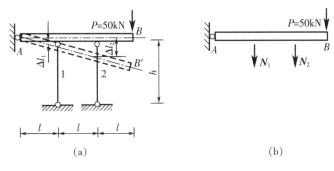

图 7-4　例 7-3 图

则

$$N_1 + 2N_2 + 3P = 0 \qquad (\text{I})$$

这是一个一次超静定问题。由于一个方程无法求解两个未知量,需要再建立一个补充方程。

(2)横梁 AB 为刚体,在荷载 P 作用下的平衡位置如图 7-4(a)所示,由比例关系可知变形的协调条件为

$$\Delta l_2 = 2\Delta l_1$$

在弹性范围内,对 1、2 杆应用胡克定律可得:

$$\Delta l_1 = \frac{N_1 h}{EA}$$

$$\Delta l_2 = \frac{N_2 h}{EA}$$

将上式代入变形协调条件得到补充方程

$$\frac{N_2 h}{EA} = 2\frac{N_1 h}{EA}$$

即

$$N_2 = 2N_1 \qquad (\text{II})$$

(3)联力求解(I)、(II)可得:

$$N_1 = -30\text{kN}$$

$$N_2 = -60\text{kN}$$

7.2　平面弯曲梁的变形计算

7.2.1　平面弯曲梁的变形规律

梁在外力作用下将产生弯曲变形,如果弯曲变形过大,就会影响结构的正常工作。工程

中对梁的设计,除了必须满足强度条件外,还必须限制梁的变形,使其不超过许用的变形值。此外,在研究超静定结构时,须利用梁的变形条件求解梁的支座反力。因此,为了控制和利用梁的弯曲变形,需了解梁弯曲的变形规律。

图 7-5(a)所示的悬臂梁,在纵向对称面内受横向荷载 P 的作用,AB 梁的轴线由图中的直线位置移到虚线位置,成为如图 7-5(b)所示的平面曲线。横截面 C 沿与梁轴线垂直方向移动到 C',线位移 CC' 称为截面 C 的竖向线位移又称挠度,以 y_C 表示,规定挠度向下为正,向上为负。图中虚线所示的梁的变形曲线称为挠曲线,可用方程表示为

$$y = f(x)$$

式中,x 为截面坐标,y 为截面挠度,该方程称为梁的挠曲线方程。

截面 C 在变形后绕中性轴转过一角度,截面 C 相对于原来位置所转动的角度为角位移,称为该截面的转角,单位 rad(弧度),如图 7-5(c)所示。规定角位移以顺时针转动为正,反之为负。

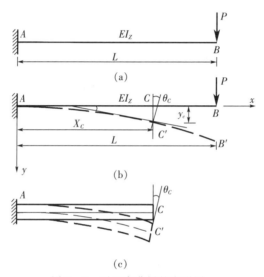

图 7-5　平面弯曲梁的变形图

根据平截面假设,梁的横截面在梁弯曲前垂直于轴线,弯曲后将垂直于挠曲线在该处的切线。因此,截面转角 θ 就等于挠曲线在该处切线与 x 轴的夹角,即挠曲线上任意点切线的斜率为该点处横截面的转角的正切值,可写为

$$\tan\theta = \frac{\mathrm{d}y}{\mathrm{d}x} = f'(x)$$

在小变形情况下,截面转角 θ 很小,可近似认为 $\tan\theta = \theta$,则上式可写成

$$\theta = \frac{\mathrm{d}y}{\mathrm{d}x}$$

上式表明,梁任一横截面的转角 θ 等于挠曲线方程的一阶导数。

因此,研究梁的弯曲变形时,只要求出挠曲线方程,任意横截面的挠度和转角都可以计算。但是梁的挠曲线方程不能直接建立,需要综合考虑梁的内力、材料性质和横截面的几何

性质等因素,需先建立挠曲线的二阶微分方程,再将此二阶微分方程进行积分,从而得到梁的转角方程和挠曲线方程。

常见的等直梁在简单荷载作用下变形的计算结果列入表 7-2,以备查用。

表 7-2　简单荷载作用下梁的变形

序号	梁的简图	端截面转角	挠曲线方程	绝对值最大的挠度
1		$\theta_B=\dfrac{M_O l}{EI}$	$y=\dfrac{M_0 x^2}{2EI}$	$y_B=\dfrac{M_0 l^2}{2EI}$
2		$\theta_B=\dfrac{Pl^2}{2EI}$	$y=\dfrac{Px^2}{6EI}(3l-x)$	$y_B=\dfrac{Pl^3}{3EI}$
3		$\theta_B=\dfrac{Pc^2}{2EI}$	$y=\dfrac{Px^2}{6EI}(3c-x),0\leqslant x\leqslant c;$ $y=\dfrac{Px^2}{6EI}(3x-c),c\leqslant x\leqslant l$	$y_B=\dfrac{Pc^2}{6EI}(3l-c)$
4		$\theta_B=\dfrac{ql^3}{6EI}$	$y=\dfrac{qx^2}{24EI}(x^2+6l^2-4lx)$	$y_B=\dfrac{ql^4}{8EI}$
5		$\theta_A=\dfrac{M_0 l}{6EI}$ $\theta_B=-\dfrac{M_0 l}{3EI}$	$y=\dfrac{M_0 x}{6EIl}(l^2-x^2)$	$x=\dfrac{l}{\sqrt{3}}$ 处, $y=\dfrac{M_0 l^2}{9\sqrt{3}EI}$; $x=\dfrac{l}{2}$ 处, $y_{\frac{l}{2}}=\dfrac{M_0 l^2}{16EI}$
6		$\theta_A=\dfrac{M_0}{-6EIl}(l^2-3b^2)$ $\theta_B=\dfrac{M_0}{-6EIl}(l^2-3a^2)$ $\theta_C=\dfrac{M_0}{6EIl}(3a^2+3b^2-l^2)$	$y=-\dfrac{M_0 x}{6EIl}(l^2-3b^2-x^2),$ $0\leqslant x\leqslant a;$ $y=\dfrac{M_0(l-x)}{6EIl}\cdot[l^2-3a^2-(l-x)^2],$ $a\leqslant x\leqslant l$	$x=\sqrt{\dfrac{l^2-3b^2}{3}}$ 处, $y=-\dfrac{M_0(l^2-3b^2)^{3/2}}{9\sqrt{3}EIl}$; $x=l-\sqrt{\dfrac{l^2-3a^2}{3}}$ 处, $y=\dfrac{M_0(l^2-3a^2)^{3/2}}{9\sqrt{3}EIl}$
7		$\theta_A=-\theta_B=\dfrac{Pl^2}{16EI}$	$y=\dfrac{Px}{48EI}(3l^2-4x^2),$ $0\leqslant x\leqslant\dfrac{l}{2}$	$y_C=\dfrac{Pl^3}{48EI}$

序号	梁的简图	端截面转角	挠曲线方程	绝对值最大的挠度
8		$\theta_A = \dfrac{Pab(l+b)}{6EIl}$ $\theta_B = -\dfrac{Pab(l+a)}{6EIl}$	$y = \dfrac{Pbx}{6EIl}(l^2 - x^2 - b^2)$, $0 \leqslant x \leqslant a$; $y = \dfrac{Pb}{6EIl}(2lx - x^2 - a^2)$, $a \leqslant x \leqslant l$	若 $a > b$, 在 $x = \sqrt{\dfrac{l^2 - b^2}{3}}$ 处, $y = \dfrac{\sqrt{3}\,Pb}{27EIl}(l^2 - b^2)^{3/2}$; 在 $x = \dfrac{l}{2}$ 处, $y_{\frac{l}{2}} = \dfrac{Pb}{48EI}(3l^2 - 4b^2)$
9		$\theta_A = -\theta_B = \dfrac{ql^3}{24EI}$	$y = \dfrac{qx}{24EI}(l^3 - 2lx^2 + x^3)$	$y_C = \dfrac{5ql^4}{384EI}$
10		$\theta_A = \dfrac{7qa^3}{48EI}$ $\theta_B = -\dfrac{3qa^3}{16EI}$	$y = \dfrac{qa}{24EI}\left(\dfrac{7}{2}a^2 x - x^3\right)$, $0 \leqslant x \leqslant a$; $y = \dfrac{q}{24EI}\left[\dfrac{7}{2}a^3 x + (x-a)^4 - ax^3\right]$, $a \leqslant x \leqslant 2a$	在 $x = a$ 处, $y_C = \dfrac{5qa^4}{48EI}$
11		$\theta_A = \dfrac{M_0 l}{6EI}$ $\theta_B = -\dfrac{M_0 l}{3EI}$ $\theta_C = -\dfrac{M_0}{3EI}(l+3a)$	$y = \dfrac{M_0 x}{6lEI}(l^2 - x^2)$, $0 \leqslant x \leqslant l$; $y = -\dfrac{M_0}{6EI}(3x^2 - 4lx + l^2)$, $l \leqslant x \leqslant l+a$	在 $x = \dfrac{l}{\sqrt{3}}$ 处, $y = \dfrac{M_0 l^2}{9\sqrt{3}\,EI}$; 在 $x = l+a$ 处, $y_C = -\dfrac{M_0 a^2}{6EI}(2l+3a)$
12		$\theta_A = -\dfrac{Pal}{6EI}$ $\theta_B = \dfrac{Pal}{3EI}$ $\theta_C = \dfrac{Pa}{6EI}(2l+3a)$	$y = \dfrac{Pax}{6EIl}(x^2 - l^2)$, $0 \leqslant x \leqslant l$; $y = \dfrac{P(x-l)}{6EIl}[a(3x-l) - (x-l)^2]$, $l \leqslant x \leqslant l+a$	在 $x = \dfrac{l}{\sqrt{3}}$ 处, $y = -\dfrac{Pal^2}{9\sqrt{3}\,EI}$; 在 $x = l+a$ 处, $y_C = \dfrac{Pa^2}{3EI}(l+a)$
13		$\theta_A = -\dfrac{qa^2 l}{12EI}$ $\theta_B = \dfrac{qa^2 l}{6EI}$ $\theta_C = \dfrac{qa^2 l}{6EI}(l+a)$	$y = -\dfrac{qa^2}{12EI}\left(lx - \dfrac{x^3}{l}\right)$, $0 \leqslant x \leqslant l$; $y = \dfrac{q(l-x)}{24EI}[2a^2(3x-l) + (x-l)^2(x-l-4a)]$, $l \leqslant x \leqslant l+a$	在 $x = \dfrac{l}{\sqrt{3}}$ 处, $y = -\dfrac{qa^2 l^2}{18\sqrt{3}\,EI}$; 在 $x = l+a$ 处, $y_C = \dfrac{qa^3}{24EI}(3a+4l)$

7.2.2 用叠加法求梁的转角和挠度

有了简单荷载作用下梁的变形,可用叠加法求梁在多荷载作用下的转角和挠度。即将梁上所作用的复杂荷载分解为几种简单荷载,先分别计算梁在每一荷载单独作用下产生的转角和挠度,然后再将它们代数相加,即得梁在所有荷载共同作用下的转角和挠度。

【例 7-4】 如图 7-6 所示悬臂梁,承受均布荷载 q 和集中荷载 P 作用,梁的抗弯刚度为 EI_z,用叠加法求梁 B 截面的挠度和转角。

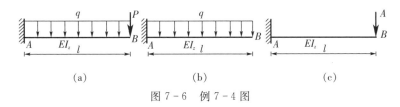

图 7-6　例 7-4 图

【解】 (1)先将图 7-6(a)所示的荷载分为均布荷载 q 和集中荷载 P 单独作用,如图 7-6(b)、(c),利用表 7-2 分别查得悬臂梁单独承受均布荷载 q 和集中荷载 P 时的 B 截面挠度和转角。

悬臂梁单独承受均布荷载 q:

$$\theta_{B1} = \frac{ql^3}{6EI_z}, \quad y_{B1} = \frac{ql^4}{8EI_z}$$

悬臂梁单独承受集中荷载 P:

$$\theta_{B2} = \frac{Pl^2}{2EI_z}, \quad y_{B2} = \frac{Pl^3}{3EI_z}$$

(2)将均布荷载 q 和集中荷载 P 单独作用下的 B 截面挠度和转角叠加,得 y_B、θ_B 最后叠加结果:

$$y_B = y_{B1} + y_{B2} = \frac{ql^4}{8EI_z} + \frac{Pl^3}{3EI_z}$$

$$\theta_B = \theta_{B1} + \theta_{B2} = \frac{ql^3}{6EI_z} + \frac{Pl^2}{2EI_z}$$

【例 7-5】 如图 7-7(a)所示悬臂梁,承受均布荷载 q 和集中荷载 P,梁的抗弯刚度为 EI_z。用叠加法求悬臂梁 C 截面的挠度。

【解】 (1)将集中荷载 P 和均布荷载 q 单独作用在悬臂梁上,如图 7-7(b)、(c),利用表 7-2 分别查得悬臂梁单独承受集中荷载 P 和均布荷载 q 时的 C 截面挠度。

悬臂梁单独承受集中荷载 P: $\qquad y_{C1} = -\dfrac{Pl^3}{3EI_z}$

悬臂梁单独承受均布荷载 q:

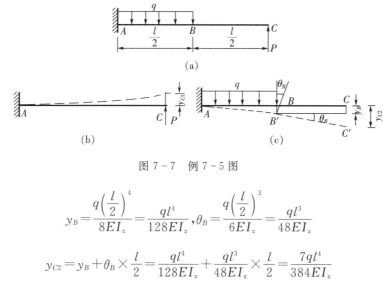

图 7 - 7　例 7 - 5 图

$$y_B = \frac{q\left(\dfrac{l}{2}\right)^4}{8EI_z} = \frac{ql^4}{128EI_z}, \theta_B = \frac{q\left(\dfrac{l}{2}\right)^3}{6EI_z} = \frac{ql^3}{48EI_z}$$

$$y_{C2} = y_B + \theta_B \times \frac{l}{2} = \frac{ql^4}{128EI_z} + \frac{ql^3}{48EI_z} \times \frac{l}{2} = \frac{7ql^4}{384EI_z}$$

（2）最后叠加结果：$\quad y_C = y_{C1} + y_{C2} = \dfrac{7ql^4}{384EI_z} - \dfrac{Pl^3}{3EI_z}$。

7.3　结构的位移认知

7.3.1　变形与位移

在绪论中已经说过：建筑力学的主要研究内容之一是结构的刚度分析，即分析结构的变形和位移。变形和位移的概念可通过图 7 - 8 所示的悬臂式刚架来说明。在荷载作用下，竖杆 AB 和水平杆的 BC 段要发生弯曲变形和剪切变形，并且分别发生压缩变形和拉伸变形；相应的，结构除支座以外的各个截面都要发生移动和转动，分别称为线位移和角位移。例如刚架的自由端 D 发生线位移 Δ_D 和角位移 θ_D，Δ_D 还可以分解为水平线位移 Δ_{DH} 和竖直线位移 Δ_{DV}。

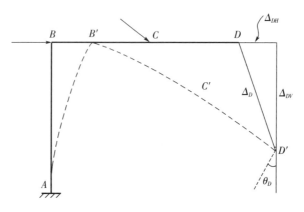

图 7 - 8　悬臂刚架的变形图

上述线位移和角位移属于绝对位移;此外,还有相对位移。图 7-9 为刚架在荷载作用下发生如虚线所示的变形。

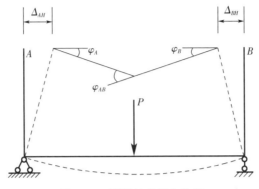

图 7-9　刚架的变形和位移

其中,A、B 两点的水平线位移分别为 Δ_{AH}、Δ_{BH},它们之和 $\Delta_{AB} = \Delta_{AH} + \Delta_{BH}$ 称为 A、B 两点的水平相对线位移。A、B 两个截面的角位移分别为 φ_A 和 φ_B,它们之和 $\varphi_{AB} = \varphi_A + \varphi_B$ 称为 A、B 这两个截面的相对角位移。

通常,把绝对位移和相对位移统称为广义位移。

7.3.2　计算结构位移的目的

(1)结构位移计算最直接的目的,就是为了验算结构的刚度。即验算结构在使用过程中的变形是否符合工程需要。

(2)位移计算的另一个目的,就是为超静定结构的内力计算打下基础。超静定结构的内力仅由静力平衡方程是不能完全确定的,还需要考虑结构的位移来计算。

另外,结构除受荷载作用以外,还可能受到支座位移、温度变化和制造误差等多种因素的影响。这些因素在静定结构中不产生内力,却都会在超静定结构中产生内力。

7.4　虚功原理和单位荷载法

7.4.1　虚功的概念

在物理学中已经讨论过功的概念,即恒力对物体所做的功等于该力在作用点位移方向的分量和作用点位移大小的乘积,所以功包含了力和位移两个因素。但在功的定义中并未规定位移是什么原因产生的。换句话说,功与位移产生的原因无关。

一般地,把力在自身所引起的位移上所做的功称为实功。如图 7-10(a)所示,某一梁受静力荷载作用产生了虚线所示的变形。当荷载由零逐渐增至 P_1 时,1 点的位移相应从零增至 Δ_{11}。这里 Δ_{11} 用了两个角标,第一个角标"1"表示位移发生的地点和方向,即此位移是 P_1 作用点沿 P_1 方向上的位移;第二个角标"1"表示引起位移的原因,即此位移是由于 P_1 作用引起的。荷载 P_1 在位移 Δ_{11} 上所做的功用 W_{11} 表示,则

$$W_{11} = \frac{1}{2} P_1 \Delta_{11} \qquad\qquad (7-3)$$

图 7 - 10　静定梁变形示意图

系数 $\frac{1}{2}$ 是两者线性函数的关系系数,指当荷载从零逐渐增大到 P_1 时,由它引起的位移从零逐渐增大到最后值 Δ_{11}。

我们把力在沿其他因素引起的位移上所做的功,称为虚功。其他因素如另外的荷载作用、温度作用或支座移动等。在虚功中,力和位移分别属于同一体系的两种彼此无关的状态。如图 7 - 10(b),当 P_1 作用于结构达到稳定平衡后,再加上荷载 P_2,这时结构将继续变形,而引起 P_1 作用点沿 P_1 方向产生新的位移 Δ_{12},因而 P_1 将在位移 Δ_{12} 上做功,这时所做的功即为虚功。由于位移 Δ_{12} 由零增加至最终值的过程中,P_1 保持不变是常力,因此 P_1 沿 Δ_{12} 做功为

$$W_{12} = P_1 \Delta_{12} \qquad\qquad (7-4)$$

这里注意,由力自身引起的位移总与力的方向一致,故实功总为正功。对于虚功,当位移与力的方向一致时,虚功为正功;方向相反时,虚功为负功。

在虚功中,力与位移彼此独立无关。其中,力所属的状态称为力状态,位移所属的状态称为位移状态。

7.4.2　虚功原理

变形体的虚功原理可表述为:变形体在外力作用下处于平衡的必要及充分条件是,对于任意微小的虚位移,外力所做虚功的总和等于各微段上的内力在变形上所做虚功的总和,即外力虚功等于内力虚功。可用如下虚功方程表示:

$$W_{外} = W_{内} \qquad\qquad (7-5)$$

虚功原理是结构力学中一个重要的基本原理,在应用时须注意:

(1)虚位移或虚变形必须与结构的支承条件相协调并满足变形连续性条件,它必须是结构的支承条件所允许发生的;

(2)对于弹性、非弹性、线性、非线性变形体系,虚功原理均适用。

虚功原理在实际应用中有两种方式:一是虚荷载法,即对给定的位移状态,虚设一个力状态,利用虚功方程求解位移状态中的未知位移,这时的虚功原理又称为虚力原理;另一种是虚位移法,即对给定的力状态,虚设一个位移状态,利用虚功原理求力状态中的未知力,这时的虚功原理又称为虚位移原理。结构位移的计算就是以变形体虚力原理为理论基础的。

7.4.3 单位荷载法

如图 7-11(a)所示的某一结构,由于某种因素(如荷载、支座移动、温度变化等)发生了如图中虚线所示的变形。下面讨论如何来求结构上任一截面沿任一指定方向上的位移,如 K 截面的水平位移 Δ_k。

为了建立虚功方程,需要另建立一个虚拟的力状态,为此,在 K 点上施加一个水平的单位荷载 $\overline{P}=1$,它应与 Δ_k 相对应,如图 7-11(b)所示。

因此,虚拟状态中的外力所做虚功为

$$W_{外} = \overline{P}_K \cdot \Delta_k + \sum \overline{R} \cdot c = \Delta_k + \sum \overline{R} \cdot c \qquad (7-6)$$

式中,$\sum \overline{R} \cdot c$ 表示虚力状态中的支座反力在实际位移状态中相应的支座位移上所做的虚功。

下面来计算 $W_{内}$,首先在图 7-11(a)上取 ds 微段,其上由于实际荷载所产生的内力 M_P、Q_P、N_P 作用下所引起的相应变形为 $d\theta$、$d\eta$、$d\lambda$,分别如图 7-12 所示。

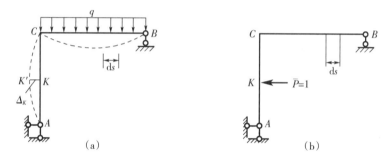

图 7-11 刚架在外力作用下的变形

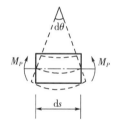 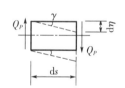 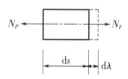

图 7-12 微段的变形分析图

相对转角:$d\theta = \dfrac{1}{\rho} ds$;

相对剪切变形:$d\eta = \gamma ds$;

相对轴向变形:$d\lambda = \varepsilon ds$。

由梁的变形知识,有

$$d\theta = \frac{M_P ds}{EI}, \quad d\eta = \frac{k Q_P ds}{GA}, \quad d\lambda = \frac{N_P ds}{EA}$$

在图 7 - 11(b)结构中的相应位置取微段 ds,该段在虚设力状态下所受的内力为 $\overline{M}$、$\overline{Q}$、$\overline{N}$,见图 7 - 13 中所示。这里注意,内力的高阶微量已略去。

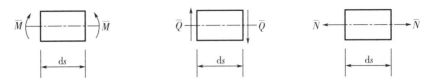

图 7 - 13　微段的内力分析图

那么,整个结构的内力虚功等于各个杆件内力虚功的代数和,即

$$W_{内} = \sum \int_l \overline{M} d\theta + \sum \int_l \overline{Q} d\eta + \sum \int_l \overline{N} d\lambda \qquad (7-7)$$

由虚功方程公式(7 - 5),得

$$\Delta_k + \sum \int \overline{R} \cdot c = \sum \int_l \overline{M} d\theta + \sum \int_l \overline{Q} d\eta + \sum \int_l \overline{N} d\lambda \qquad (7-8)$$

即

$$\Delta_k = \sum \int_l \frac{M_P \overline{M}}{EI} ds + \sum \int_l \frac{k Q_P \overline{Q}}{GA} ds + \sum \int_l \frac{N_P \overline{N}}{EA} ds - \sum \overline{R} \cdot c \qquad (7-9)$$

式中,右边第一、二、三项分别是弯矩、剪力、轴力所引起的位移,这就是变形体在荷载作用下位移计算的一般公式。它适用于静定或超静定的梁、刚架、桁架、拱等结构的位移计算。

以上是用虚设单位力产生的内力,在实际状态荷载所引起的位移上作虚功,利用虚功原理计算结构位移的方法,称为单位荷载法。

7.5　静定结构在荷载作用下的位移计算

7.5.1　各类结构的位移计算公式

当不考虑支座位移时,静定结构由于荷载因素引起的位移可按下式计算:

$$\Delta_k = \sum \int_l \frac{M_P \overline{M}}{EI} ds + \sum \int_l \frac{k Q_P \overline{Q}}{GA} ds + \sum \int_l \frac{N_P \overline{N}}{EA} ds \qquad (7-10)$$

式中,$\overline{M}$、$\overline{Q}$、$\overline{N}$ 是虚设单位荷载 $\overline{P} = 1$ 引起的结构内力,由平衡条件确定;M_P、Q_P、N_P 分别表示荷载作用在结构中引起的弯矩、剪力和轴力,这里下标"P"代表"荷载",强调这些内力是由荷载引起的;E 和 G 分别是材料的弹性模量和剪切弹性模量;I 和 A 分别是杆件截面的惯性矩和面积;EI、EA 和 GA 分别是截面的抗弯、抗拉(压)和抗剪刚度;k 是与截面形式有关的剪应力修正系数,对于矩形截面 $k = 1.20$,圆形截面 $k = 10/9$。

公式(7 - 10)共涉及两组内力,其中 $\overline{M}$、$\overline{Q}$、$\overline{N}$ 是虚拟的单位荷载引起的内力;M_P、Q_P、N_P 是实际荷载引起的内力。在应用这个公式计算位移时,要注意有关内力的符号。其中剪力和轴力的正负号规定与前面章节相同;对弯矩可任意规定使杆件的某一侧纤维受拉为正,

但对 $\overline{M}$、M_P 的规定必须一致。

式(7-10)适用于直杆和微曲杆组成的任何平面杆系结构,是各种形式的平面杆系结构在荷载作用下的弹性位移计算的一般公式,其等号右边的三项分别代表弯矩、轴力和剪力对位移的影响。对于不同形式的结构,这三者对位移的影响有不同情况的主次之分,如果略去次要项,就可得到适用于不同杆系结构形式的简化公式。

1. 梁和刚架

对于梁和刚架,根据工程经验,轴力和剪力对位移的影响都比较小,通常只考虑弯矩的影响。因此式(7-10)可简化为

$$\Delta_k = \sum \int_l \frac{M_P \overline{M}}{EI} ds \qquad (7-11)$$

2. 桁架

桁架的各杆只受轴力作用并且轴力沿杆长为常数;抗拉刚度 EA 对于单根杆件一般也都是常数。因此式(7-10)中只需保留代表轴力影响的项,并且积分号后面除 ds 外的各项都可以提到积分号的前面,而 $\int ds$ 就是杆件的长度,记作 l,则式(7-10)简化为

$$\Delta_k = \sum \frac{N_P \overline{N}}{EA} l \qquad (7-12)$$

7.5.2 单位荷载的设置

单位荷载的设置必须根据所求位移而假设,即所虚设单位荷载是与所求广义位移相对应的广义力。

在图 7-14(a)所示悬臂刚架中:

(1)若求 A 点的水平线位移,应在 A 点沿水平方向加一个单位集中力,如图7-14(b)所示。

(2)若求 A 点的角位移,应在 A 点加一个单位力偶,如图 7-14(c)所示。

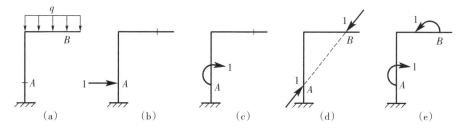

图 7-14　常见虚拟结构选择示意图

(3)若求 A、B 两点的相对线位移,应在 A、B 两点沿 AB 连线方向加一对反向的单位集中力,如图 7-14(d)所示。

(4)若求 A、B 两截面的相对角位移,应在 A、B 两截面处加一对反向的单位力偶,如图 7-14(e)所示。

(5)在图 7-15 的桁架结构中,若求 AB 杆的角位移,应加一单位力偶,构成这一力偶的两个集中力的值取 $1/d$(d 等于杆长),作用于杆端且垂直于杆轴线,如图 7-15 所示。

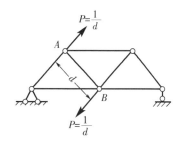

图 7-15　桁架某杆转角位移计算示意图

7.5.3 单位荷载法求解位移的步骤

利用单位荷载法求解位移的一般步骤如下：

(1)根据拟求的位移形式,选择适当的虚拟状态;

(2)列出结构各杆段在实际状态和虚拟状态下的内力方程;

(3)将各内力方程分别代入位移计算公式(7-11)或式(7-12),分段积分求总和,计算出所求位移。

7.6　图乘法的应用

在运用积分公式(7-10)计算梁和刚架的位移时,要首先列出 M_P 和 $\overline{M}$ 的方程,然后再进行积分运算。所以,如果当杆件的数目较多、荷载较复杂时,该方法就显得很麻烦,计算有时就可能很困难了。针对这种情况,下面介绍一种简便适用的求解方法——图乘法。这种方法是对上述积分法的改进,可以利用几何图形来计算梁和刚架的位移,达到直观、方便、准确的效果。

7.6.1　图乘公式

1. 图乘法的使用条件

(1)杆件为直线,EI 为常数;

(2)M_P 和 $\overline{M}$ 图中至少有一个是直线图形。

结构中的各杆段同时满足上述两个条件时,才可以应用图乘法。

2. 公式推导

如图 7-16 所示,设结构上 AB 杆段为等截面直杆,EI 为常数,$\overline{M}$ 图为一段直线,而 M_P 图为任意形状。现以 $\overline{M}$ 图的基线为 x 轴,以 $\overline{M}$ 图的延长线与 x 轴的交点 O 为原点,建立 xOy 坐标系。

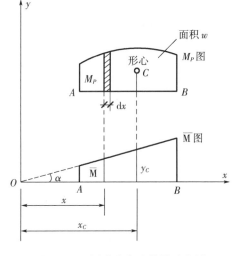

图 7-16　图乘法公式推导示意图

则积分式(7-11)可表示为

$$\Delta_k = \int_A^B \frac{M_P \overline{M}}{EI} \mathrm{d}x \tag{7-13}$$

根据几何关系,$\overline{M} = x \cdot \tan\alpha$,$EI$ 为常数,$x_C \tan\alpha = y_C$,所以式(7-13)可表示为

$$\Delta_k = \int_A^B \frac{M_P \overline{M}}{EI} \mathrm{d}x = \frac{1}{EI} \int_A^B x \tan\alpha \cdot M_P \mathrm{d}x$$

$$= \frac{\tan\alpha}{EI} \int_A^B x \mathrm{d}\omega = \frac{1}{EI} \omega x_C \tan\alpha = \frac{\omega y_C}{EI} \tag{7-14}$$

式中，x_C 为 M_P 图的形心 C 处所对应点到 y 轴的距离；y_C 为 M_P 图的形心 C 处所对应的 $\overline{M}$ 图的竖标。因此，计算位移的积分就等于一个弯矩图的面积乘以其形心所对应的另一个直线弯矩图上的竖标 y_C 再除以 EI。于是，积分运算转化为数值乘除运算，把这种方法就称为图乘法。

对于多根杆件组合的结构，使用图乘法计算位移的公式为

$$\Delta_k = \sum \int_l \frac{M_P \overline{M}}{EI} \mathrm{d}x = \sum \frac{\omega y_C}{EI} \tag{7-15}$$

必须注意的是：(1)图乘的条件是将积分公式(7-11)转化为图乘公式(7-14)的前提，必须遵守；(2)y_C 须取自直线图形；(3)当面积 ω 与 y_C 在杆件同一侧时，取乘积为正，否则取负。

7.6.2 常见几种曲线的面积和形心的位置

直杆弯矩图常常是由一些简单的几何图形组成的，如图 7-17 给出了一些常用图形的面积以及它们的形心位置。掌握了这些图形的面积及形心位置，才能真正达到用式(7-14)简化积分计算的目的。

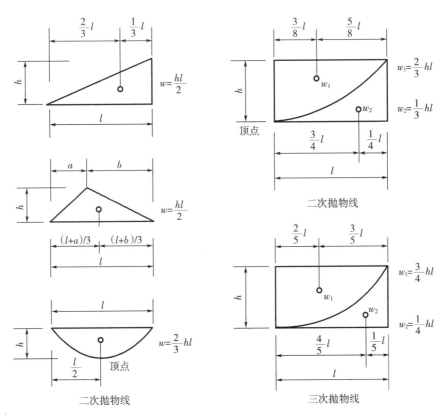

图 7-17　常见的几种曲线的面积和形心的位置

在图 7-17 中，所谓"顶点"指的是抛物线的极值点。顶点处的切线与基线平行。图中的四个抛物线的顶点均位于区间的端点或中点，这样的抛物线与基线围成的图形称为标准

抛物线图形。图中的抛物线称为"标准"抛物线正是这个意思。在用图乘法计算位移时，一定要注意标准图形与非标准图形的区别。

7.6.3 复杂图形相乘

1. 梯形相乘

用辅助线将图 7-18(a)所示梯形分块后相乘，得到梯形公式如下：

$$\int \frac{M_P \overline{M}}{EI} \mathrm{d}x = \frac{1}{EI}\int (\omega_1 y_1 + \omega_2 y_2)\,\mathrm{d}x$$

$$= \frac{l}{6EI}(2ac + 2bd + ad + bc) \tag{7-16}$$

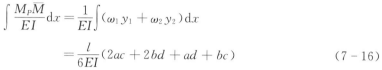

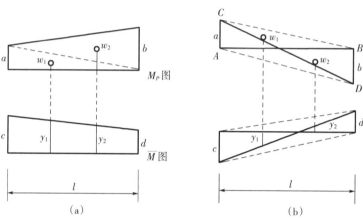

图 7-18　梯形图形图乘分析

相乘两图的竖标 a、b 和 c、d 不在同侧时[图 7-18(b)]，上式依然适用，取同侧竖标的乘积为正，异侧竖标的乘积为负。

2. 一般形式的二次抛物线图形相乘

根据叠加法作直杆弯矩图的作图规律，可将图 7-19 所示的图形分解为一个梯形和一个标准抛物线图形，作分块图乘后，取其代数和，得

$$\omega y = \omega_1 \cdot y_1 + \omega_2 \cdot y_2 \tag{7-17}$$

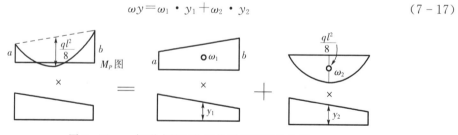

图 7-19　一般形式的二次抛物线图形图乘分析

3. 曲线图形与折线图形相乘

将折线图形分为几段直线(图 7-20)，曲线图形也作相应分块，分别相乘后取其代数和，得

$$\omega y = \omega_1 \cdot y_1 + \omega_2 \cdot y_2 + \omega_3 + y_3 \tag{7-18}$$

4. 杆件截面不相等的图形相乘

将图形(图7-21)按 EI 为常数分段后分别相乘,取其代数和,得

$$\frac{\omega y}{EI} = \frac{\omega_1 y_1}{EI_1} + \frac{\omega_2 y_2}{EI_2} + \frac{\omega_3 y_3}{EI_3} \qquad (7-19)$$

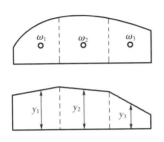

图7-20 曲线图形与折线图形相乘

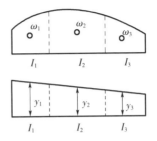

图7-21 杆件截面不相等的图形相乘

7.6.4 图乘法求解位移的步骤

图乘法计算位移的解题步骤:

1. 根据拟求的位移形式,正确选定虚拟状态;

2. 画出结构在实际荷载作用下的弯矩图 M_P;

3. 据选定的虚拟状态,画出单位弯矩图 $\overline{M}$;

4. 应用图乘法规则,正确选择计算一个弯矩图形的面积及其形心所对应的另一个弯矩图形的竖标 y_C;

5. 将 ω、y_C 代入图乘法公式(7-15),计算所求位移,确定位移方向。

微课:
图乘法

【例7-6】 试用图乘法求图7-22(a)所示悬臂刚架 C 截面的竖向位移 Δ_{CV},设 EI 为常数。

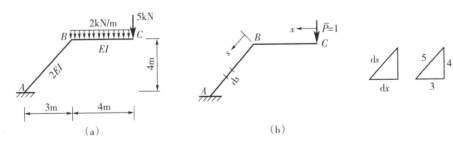

图7-22 例7-6图

【解】 (1)作实际状态图[图7-23(a)]。

(2)建立虚拟状态,作 $\overline{M}$ 图[图7-23(b)]。

(3)带入图乘法公式求位移。

$$\Delta_{CV} = \frac{5}{6(2EI)}(2 \times 36 \times 4 + 2 \times 75 \times 7 + 36 \times 7 + 75 \times 4)$$

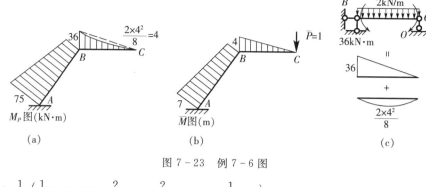

图 7 - 23 例 7 - 6 图

$$+\frac{1}{EI}\left(\frac{1}{2}\times4\times36\times\frac{2}{3}\times4-\frac{2}{3}\times4\times4\times\frac{1}{2}\times4\right)$$

$$=\frac{11\ 498}{12EI}=\frac{958.17}{EI}(\downarrow)$$

答案与上例题相同。这里注意对 BC 段的计算[图 7 - 23(c)]。

【例 7 - 7】 试用图乘法求图 7 - 24(a) 所示简支梁中点 C 的竖向位移 Δ_{CV}。

【解】 (1)作实际状态 M_P 图[图 7 - 24 (b)]。

(2)建立虚拟状态,作 $\overline{M}$ 图[图 7 - 24 (c)]。

(3)带入图乘法公式求位移。

$$\Delta_{CV}=\frac{2}{EI}\left(\frac{1}{2}\times4\times40\times\frac{2}{3}\times2\right)+$$

$$\frac{1}{EI}\left(\frac{1}{2}\times4\times40\times\frac{1}{2}\times2\right)$$

$$=\frac{1}{EI}\left(\frac{640}{3}\right)+80=\frac{880}{3EI}(\downarrow)$$

本题为两个折线图形相乘,图形可以分解成两段,也可以分解成 AC、CD、DB 三段,读者不妨试试。

【例 7 - 8】 试用图乘法求图 7 - 25(a) 所示三铰刚架 $C_左$ 和 $C_右$ 截面的相对转角 φ_{C-C}。

【解】 (1)作实际状态图[图 7 - 25(b)]。
(2)建立虚拟状态,作 $\overline{M}$ 图[图 7 - 25(c)]。
(3)带入图乘法公式求位移。

$$\varphi_{C-C}=\frac{1}{EI}\left(-\frac{1}{2}\times4\times120\times\frac{2}{3}\times\frac{4}{5}-\frac{1}{2}\times6\times60\times\frac{2}{3}\times\frac{6}{5}+\frac{1}{2}\times6\right.$$

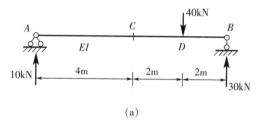

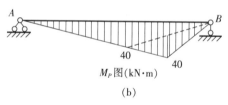

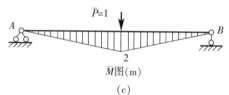

图 7 - 24 例 7 - 7 图

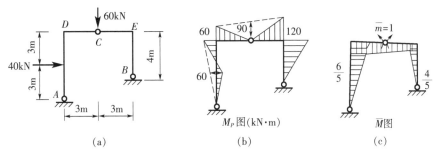

图 7-25 例 7-8 图

$$\times 60 \times \frac{1}{2} \times \frac{6}{5}\Big) + \frac{6}{6EI}\Big(-2 \times 60 \times \frac{6}{5} - 2 \times 120 \times \frac{4}{5} - 60 \times \frac{4}{5}$$

$$-120 \times \frac{6}{5}\Big) + \frac{1}{EI}\Big(\frac{1}{2} \times 6 \times 90 \times 1\Big) = -\frac{422}{EI}$$

负号说明实际方向与所设方向相反。

【例 7-9】 试用图乘法求图 7-26(a)所示刚架 B 点的水平位移 Δ_{BH}。

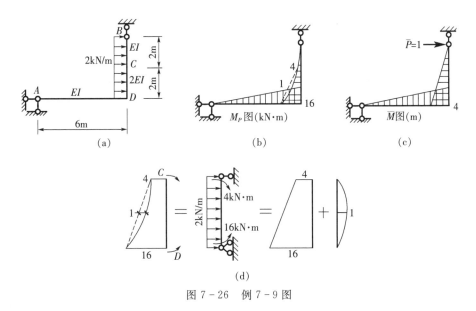

图 7-26 例 7-9 图

【解】 (1)作实际状态图[图 7-26(b)]。

(2)建立虚拟状态,作 $\overline{M}$ 图[图 7-26(c)]。

(3)带入图乘法公式求位移。

$$\Delta_{BH} = \frac{1}{EI}\Big(\frac{1}{2} \times 6 \times 16 \times \frac{2}{3} \times 4 + \frac{1}{3} \times 2 \times 4 \times \frac{3}{4} \times 2\Big) + \frac{2}{6(2EI)}$$

$$(2 \times 4 \times 2 + 2 \times 16 \times 4 + 4 \times 4 + 16 \times 2) - \frac{1}{2EI}\Big(\frac{2}{3} \times 2 \times 1 \times 3\Big)$$

$$= \frac{1}{EI}(132+32-2) = \frac{162}{EI}$$

方向与所设方向相同。

BD 杆件刚度沿杆长不同,图乘时首先在刚度变化处 C 将 BD 分为 BC 和 CD 两段。分段后的 CD 段 M_P 图为不规则图形,面积和形心位置不易确定,按叠加原理分解[图 7-26(d)]后再作图乘。

拓展:
斜而不危的土楼

思考与实训

1. 图 7-27 所示直杆的横截面面积分别为 A 和 A_1,且 $A=2A_1$,长度为 l,弹性模量为 E,荷载为 P。(1)试绘制轴力图;(2)求各段横截面上的应力;(3)整个杆件上最大正应力;(4)整个杆件的绝对变形 Δl。

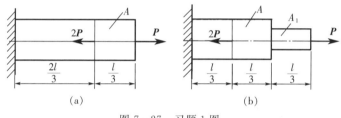

图 7-27 习题 1 图

2. 如图 7-28 所示的钢制阶梯形直杆,各段横截面面积分别为 $A_1=A_3=300\text{cm}^2$,$A_2=200\text{cm}^2$,$E=200\text{GPa}$。试求:(1)计算杆的总变形。

3. 长为 3m 的钢杆,受力情况如图 7-29 所示。已知杆横截面面积 $A=100\text{cm}^2$,$E=200\text{GPa}$。试求:(1)各段的应力与变形;(2)杆件的总变形;(3)杆件各段的应变以及总的应变。

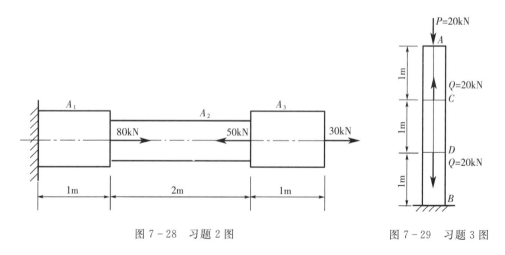

图 7-28 习题 2 图   图 7-29 习题 3 图

4. 如图 7-30(a)所示简支梁,承受均布荷载 q 和集中荷载 P,梁的抗弯刚度为 EI_z,试用叠加法求梁跨中截面的挠度和 A 截面的转角。

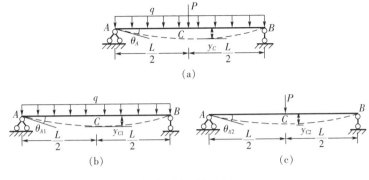

(a)

(b)   (c)

图 7-30　习题 4 图

5. 试用图乘法计算图 7-31 所示结构的 A 截面的水平位移 Δ_{AH}。

6. 试用图乘法计算图 7-32 所示结构的 C 截面的角位移 φ_C。

7. 试用图乘法计算图 7-33 所示结构的 C 截面的竖向位移 Δ_{CV}。

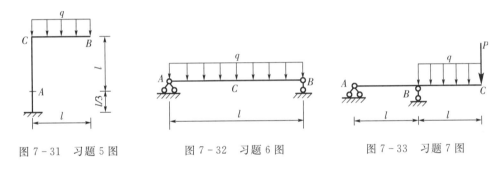

图 7-31　习题 5 图　　图 7-32　习题 6 图　　图 7-33　习题 7 图

8. 试用图乘法计算图 7-34 所示结构的悬臂远端的竖向位移 Δ_V。

9. 试用图乘法计算图 7-35 所示刚架的 C 截面的水平位移 Δ_{CH}。

10. 试用图乘法计算图 7-36 所示刚架的 D 截面的竖向位移 Δ_{DV}。

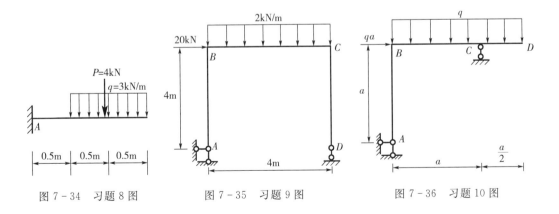

图 7-34　习题 8 图　　图 7-35　习题 9 图　　图 7-36　习题 10 图

模块八　超静定结构的内力计算

教学目标 》》》》

掌握力法、位移法的基本原理，能用这些方法计算常用的简单超静定结构的内力；熟练应用力矩分配法计算连续梁和无侧移刚架；了解超静定结构的特征。

教学要求

能力目标	相关知识
了解超静定结构的特征	超静定结构的概念
能够利用力法计算常用简单超静定结构的内力	力法的基本结构、基本未知量和基本方程，力法典型方程，用力法计算简单的超静定梁、刚架结构
能够利用位移法计算常用简单超静定结构的内力	位移法基本结构、基本未知量，位移法典型方程，等截面直杆的转角位移方程，用位移法计算连续梁及超静定刚架
能够利用力矩分配法计算常用简单超静定结构的内力	力矩分配法的基本原理，转动刚度、分配系数、传递系数、分配弯矩、传递弯矩，用力矩分配法计算连续梁和无侧移刚架

模块八课件

模拟试卷（8）

8.1 超静定结构的认知

静定结构可以从两个方面来定义:从几何组成的角度来定义,静定结构就是没有多余联系的几何不变体系;从力学分析的角度来定义,静定结构就是它的支座反力和截面内力都可以用静力平衡条件唯一确定的结构。如图 8-1 所示的刚架就是静定结构。

超静定结构也同样可以从这两个方面来定义。从几何组成的角度来定义,超静定结构就是具有多余联系的几何不变体系;从力学分析的角度来定义,超静定结构就是它的支座反力和截面内力不能用静力平衡条件唯一确定的结构。如图 8-2 所示的刚架就是超静定结构。

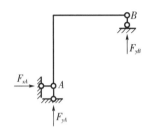
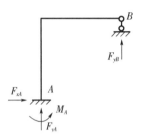

图 8-1 静定刚架 　　　　图 8-2 超静定刚架

工程中常见的超静定结构有超静定梁、超静定刚架、超静定桁架、超静定拱及超静定组合结构等,如图 8-3 所示。

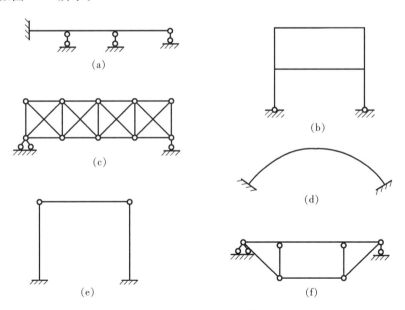

图 8-3 超静定结构

总之,具有多余联系是超静定结构区别于静定结构的基本特性。超静定结构最基本的计算方法有两种,即力法和位移法。

8.2 力法的计算

8.2.1 力法的基本原理

1. 力法的基本结构

图 8-4(a)所示为一端固定,另一端铰支的梁,承受均布荷载 q 的作用,EI 为常数,该梁有一个多余联系,是一次超静定结构。对图 8-4(a)所示的结构,如果把链杆 B 作为多余联系去掉,并代之以多余未知力 X_1(简称多余力),则图 8-4(a)所示的超静定梁就可转化为图 8-4(b)所示的静定梁。它承受着与图 8-4(a)所示原结构相同的荷载 q 和多余力 X_1,这种去掉多余联系用多余未知力来代替后得到的静定结构称为按力法计算的基本结构。

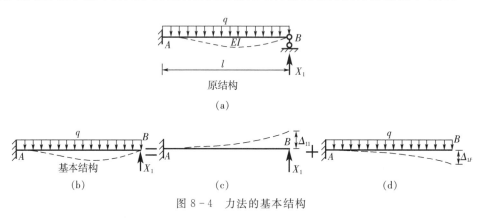

图 8-4 力法的基本结构

2. 力法的基本未知量

如果能求出符合实际受力情况的 X_1,也就是支座 B 处的真实反力,那么,基本结构在荷载和多余力 X_1 共同作用下的内力和变形就与原结构在荷载作用下的情况完全一样,从而可将超静定结构问题转化为静定结构问题。因此多余力是最基本的未知力,又可称为力法的基本未知量。

3. 力法的基本方程

对比原结构与基本结构的变形情况可知,原结构在支座 B 处由于存在多余联系(竖向链杆)而不可能有竖向位移;而基本结构则因该联系已被去掉,在 B 点处可能产生位移;只有当 X_1 的数值与原结构支座 B 处的实际反力相等时,才能使基本结构在原荷载 q 和多余力 X_1 共同作用下,B 点的竖向位移等于零。所以,用来确定 X_1 的条件是:基本结构在原荷载和多余力的共同作用下,在去掉多余联系处的位移应与原结构中相应处的位移相等,这一条件称为变形协调条件。为了唯一确定超静定结构的反力和内力,必须同时考虑静力平衡条件和变形协调条件。

用 Δ_{11} 表示基本结构在 X_1 单独作用下 B 点沿 X_1 方向产生的位移[图8-4(c)],用 Δ_{1P} 表示基本结构在荷载作用下 B 点沿 X_1 方向产生的位移[图8-4(d)],根据叠加原理,B 点的位移可视为在基本结构上的上述两种位移之和,即

$$\Delta_1 = \Delta_{11} + \Delta_{1P} = 0 \qquad\qquad (8-1)$$

用 δ_{11} 表示当 $X_1=1$ 时 B 点沿 X_1 方向产生的位移，则 $\Delta_{11}=\delta_{11}X_1$。这里，$\delta_{11}$ 的物理意义为：基本结构上，由于 $\overline{X}_1=1$ 的作用，在 X_1 的作用点沿 X_1 方向产生的位移。所以，有

$$\Delta_1=\delta_{11}X_1+\Delta_{1P}=0 \tag{8-2a}$$

这就是根据原结构变形条件建立的用以确定 X_1 的变形协调方程，即为力法的基本方程。式中，δ_{11} 称作系数，Δ_{1P} 称为自由项，都是静定结构在已知荷载作用下的位移，所以均可用求静定结构位移的方法求得，从而多余未知力的大小和方向即可确定，即

$$X_1=-\frac{\Delta_{1P}}{\delta_{11}} \tag{8-2b}$$

为了计算位移 δ_{11} 和 Δ_{1P}，分别绘出基本结构的单位弯矩图 $\overline{M}_1$（由单位力 $\overline{X}_1=1$ 产生）和荷载弯矩图 M_P（由荷载 q 产生），分别如图 8-5(a)、(b)所示。

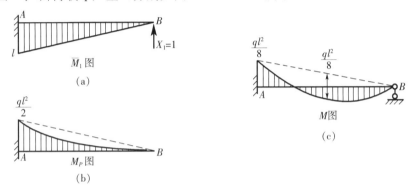

图 8-5　弯矩图

计算 δ_{11} 时，可用 $\overline{M}_1$ 图乘 $\overline{M}_1$ 图，叫作 $\overline{M}_1$ 图的"自乘"，即

$$\delta_{11}=\sum\int\frac{\overline{M}_1\overline{M}_1}{EI}\mathrm{d}s=\frac{1}{EI}\times\frac{l^2}{2}\times\frac{2l}{3}=\frac{l^3}{3EI}$$

同理，可用 $\overline{M}_1$ 图与 M_P 图相乘计算 Δ_{1P}，即

$$\Delta_{1P}=\sum\int\frac{\overline{M}_1M_P}{EI}\mathrm{d}s=-\frac{1}{EI}\left(\frac{1}{3}\times l\times\frac{ql^2}{2}\times\frac{3l}{4}\right)=-\frac{ql^4}{8EI}$$

将 δ_{11} 和 Δ_{1P} 代入式(8-2b)，即可解出多余力 X_1：

$$X_1=-\frac{\Delta_{1P}}{\delta_{11}}=-\left(\frac{-ql^4}{8EI}\right)\Big/\frac{l^3}{3EI}=\frac{3ql}{8}(\uparrow)$$

所得结果为正值，表明 X_1 的实际方向与基本结构中所假设的方向是一致的。

多余力 X_1 求出后，其余所有的反力和内力都可用静力平衡条件来确定。超静定结构的最后弯矩图 M，可利用已经绘出的 $\overline{M}_1$ 和 M_P 图按叠加原理绘出，即

$$M=\overline{M}_1X_1+M_P$$

应用上式绘制弯矩图时，可将 $\overline{M}_1$ 图的纵坐标乘以 X_1，再与 M_P 图的相应纵坐标相叠加，即可绘出 M 图，如图 8-5(c)所示。

综上所述，力法的基本思路是：去掉多余的约束，以多余未知力代替，再根据原结构的位移条件建立力法的基本方程，并求解出多余未知力。这样就可以把超静定问题转化为静定问题了。

8.2.2 超静定次数的确定

微课:
超静定结构介绍

力法是解超静定结构最基本的方法。用力法求解超静定结构时,首先要确定结构的超静定次数。通常将多余联系的数目或多余未知力的数目称为超静定结构的超静定次数,用去掉多余联系的方法可以确定任何超静定结构的次数。如果一个超静定结构在去掉 n 个联系后变成静定结构,那么这个结构就是 n 次超静定结构。

去掉多余联系的方式,通常有以下几种:

1. 去掉一个支座链杆或切断一根链杆,相当于去掉一个联系,如图8-6(a)、(b)所示;

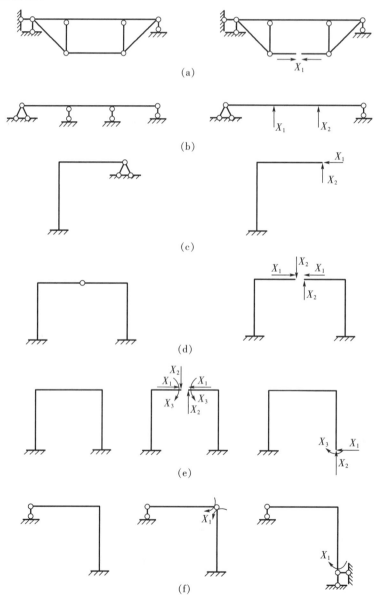

图 8-6 超静定结构及其基本结构

2. 去掉一个铰支座或去掉一个单铰,相当于去掉两个联系,如图 8-6(c)、(d)所示;

3. 去掉一个固定端支座或切断一根梁式杆,相当于去掉三个联系,如图8-6(e)所示;

4. 将一个固定端支座改为铰支座或将一个刚性连接改为单铰连接,相当于去掉一个联系,如图 8-6(f)所示。

去掉多余联系后的静定结构,称为原超静定结构的基本结构。对于同一个超静定结构来说,去掉多余联系可以有多种方法,所以基本结构也有多种形式。但不论采用哪种形式,所去掉的多余联系的数目必然是相同的。

8.2.3 力法典型方程

上面讨论了一次超静定结构的力法原理,下面以一个三次超静定结构为例来说明力法解超静定结构的典型方程。

图 8-7(a)所示为一个三次超静定刚架,荷载作用下结构的变形如图中虚线所示。取基本结构如图 8-7(b)所示,去掉支座 C 处的三个多余联系,分别用基本未知量 X_1、X_2、X_3 代替。

由于原结构中 C 为固定支座,其线位移和转角位移都为零。所以,基本结构在荷载及 X_1、X_2、X_3 共同作用下,C 点沿 X_1、X_2、X_3 方向产生的位移都等于零,即基本结构的几何位移条件为 $\Delta_1=0$、$\Delta_2=0$、$\Delta_3=0$。

根据叠加原理,上面的几何位移条件可以表示为

$$\begin{cases} \Delta_1 = \Delta_{1p} + \Delta_{11} + \Delta_{12} + \Delta_{13} = 0 \\ \Delta_2 = \Delta_{2p} + \Delta_{21} + \Delta_{22} + \Delta_{23} = 0 \\ \Delta_3 = \Delta_{3p} + \Delta_{31} + \Delta_{32} + \Delta_{33} = 0 \end{cases} \tag{8-3}$$

式(8-3)中第一式的 Δ_{1P}、Δ_{11}、Δ_{12}、Δ_{13} 分别为荷载 P 及多余未知力 X_1、X_2、X_3 单独作用在基本结构上沿 X_1 方向产生的位移。如果用 δ_{11}、δ_{12}、δ_{13} 表示单位力 $\overline{X}_1=1$、$\overline{X}_2=1$、$\overline{X}_3=1$ 单独作用在基本结构上产生的沿 X_1 方向的位移,如图8-7(c)、(d)、(e)、(f)所示,则 Δ_{11}、Δ_{12}、Δ_{13} 可以表示为 $\Delta_{11}=\delta_{11}X_1$、$\Delta_{12}=\delta_{12}X_2$、$\Delta_{13}=\delta_{13}X_3$。上面的几何位移条件,即式(8-3)中的第一式可以写为

$$\Delta_1 = \Delta_{1P} + \delta_{11}X_1 + \delta_{12}X_2 + \delta_{13}X_3 = 0$$

另外两式以此类推,则得到以下求解多余未知力 X_1、X_2、X_3 的力法方程为

$$\begin{cases} \Delta_1 = \Delta_{1p} + \delta_{11}X_1 + \delta_{12}X_2 + \delta_{13}X_3 = 0 \\ \Delta_2 = \Delta_{2p} + \delta_{21}X_1 + \delta_{22}X_2 + \delta_{23}X_3 = 0 \\ \Delta_3 = \Delta_{3p} + \delta_{31}X_1 + \delta_{32}X_2 + \delta_{33}X_3 = 0 \end{cases} \tag{8-4}$$

对于 n 次超静定结构,用力法计算时去掉 n 个多余联系,代之以 n 个基本未知量,用同样的分析方法,可以得到相应的 n 个力法方程,称之为力法典型方程。具体形式如下:

$$\begin{cases} \Delta_1 = \Delta_{1p} + \delta_{11}X_1 + \delta_{12}X_2 + \delta_{13}X_3 + \cdots + \delta_{1n}X_n = 0 \\ \Delta_2 = \Delta_{2p} + \delta_{21}X_1 + \delta_{22}X_2 + \delta_{23}X_3 + \cdots + \delta_{2n}X_n = 0 \\ \qquad\qquad\qquad\qquad\vdots \\ \Delta_n = \Delta_{np} + \delta_{n1}X_1 + \delta_{n2}X_2 + \delta_{n3}X_3 + \cdots + \delta_{nn}X_n = 0 \end{cases} \tag{8-5}$$

力法典型方程的物理意义是：基本结构在荷载和多余约束反力共同作用下的位移和原结构的位移相等。

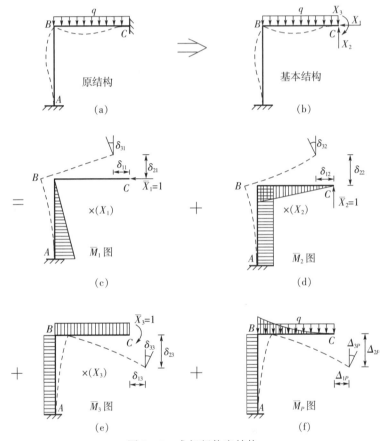

图 8-7　求解超静定结构

力法典型方程中的 Δ_{iP} 项不包含未知量，称为自由项，是基本结构在荷载单独作用下沿 X_i 方向产生的位移。从左上方的 δ_{11} 到右下方的 δ_{nn} 主对角线上的系数项 δ_{ii}，称为主系数，是基本结构在 $\overline{X}_i = 1$ 作用下沿 X_i 方向产生的位移，其值恒为正；其余系数 δ_{ij} 称为副系数，是基本结构在 $\overline{X}_j = 1$ 作用下沿 X_i 方向产生的位移，根据互等定理可知 $\delta_{ij} = \delta_{ji}$，其值可能为正，可能为负，也可能为零。

在求得基本未知量后，原结构的弯矩可按下面的叠加公式求出：

微课：
力法的基本原理

$$M = M_P + \overline{M}_1 X_1 + \overline{M}_2 X_2 + \cdots + \overline{M}_n X_n \tag{8-6}$$

8.2.4　力法的计算举例

根据力法的基本原理,用力法求解超静定结构的一般步骤如下:

1. 去掉多余的约束得到基本结构,以多余未知力代替相应的多余约束。

2. 建立力法的典型方程。

3. 分别做出基本结构在荷载 P 及单位未知力 $\overline{X}_i$ 作用下的弯矩图 M_P、$\overline{M}_i$。

4. 利用图乘法求方程中的自由项 Δ_{iP} 和系数项 δ_{ij}。

5. 解力法典型方程,求出多余未知力 X_i。

6. 用叠加原理画出弯矩图,由基本结构画轴力图和剪力图。

下面结合示例说明力法的应用。

【例 8-1】　作图 8-8(a)所示连续梁的内力图。EI 为常数。

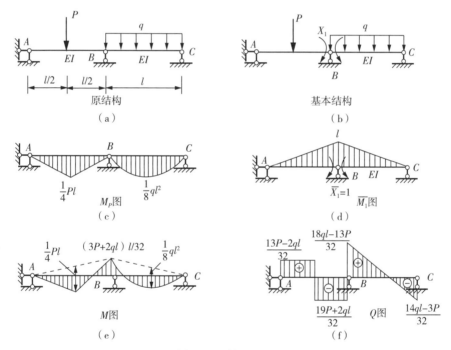

图 8-8　例 8-1图

【解】　(1)选取基本结构

此结构为一次超静定梁。将 B 点截面用铰来代替,以相应的多余未知力 X_1 代替原约束的作用,其基本结构如图 8-8(b)所示。

(2)建立力法典型方程

$$\delta_{11} X_1 + \Delta_{1P} = 0$$

(3)计算系数和自由项

分别作基本结构的荷载弯矩图 M_P 图和单位弯矩图 $\overline{M}_1$ 图,如图 8-8(c)、(d)所示。

利用图乘法求得系数和自由项分别为

$$\delta_{11}=\frac{2}{EI}\left(\frac{1}{2}l\times1\times\frac{2}{3}\times1\right)=\frac{2l}{3EI}$$

$$\Delta_{1P}=-\frac{1}{EI}\left(\frac{1}{2}l\times\frac{1}{4}Pl\times\frac{1}{2}\times1+\frac{2}{3}l\times\frac{1}{8}ql^2\times\frac{1}{2}\times1\right)$$

$$=-\frac{(3P+2ql)l^2}{48EI}$$

（4）求多余未知力

将以上系数和自由项代入力法方程，得

$$\frac{2l}{3EI}X_1-\frac{(3P+2ql)l^2}{48EI}=0$$

解得，$X_1=\dfrac{(3P+2ql)l}{32}$

（5）作内力图

① 根据叠加原理作弯矩图，如图 8-8(e)所示。

② 根据弯矩图和荷载作剪力图，如图 8-8(f)所示。

【例 8-2】 试作图 8-9(a)所示刚架的内力图。各杆的刚度 EI 为常数。

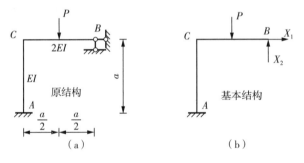

图 8-9 例 8-2 图

【解】 （1）选取基本结构如图 8-9(b)所示。

（2）建立力法典型方程：

$$\delta_{11}X_1+\delta_{12}X_2+\Delta_{1P}=0$$

$$\delta_{21}X_1+\delta_{22}X_2+\Delta_{2P}=0$$

（3）分别作 M_P、$\overline{M}_1$、$\overline{M}_2$ 图，如图 8-10(a)、(b)、(c)所示，用图乘法求出方程中各系数项和自由项：

$$\delta_{11}=\frac{1}{EI}\left(\frac{a^2}{2}\times\frac{2a}{3}\right)=\frac{a^3}{3EI}$$

$$\delta_{12}=\delta_{21}=-\frac{1}{EI}\left(\frac{a^2}{2}\times a\right)=-\frac{a^3}{2EI}$$

$$\delta_{22}=\frac{1}{2EI}\left(\frac{a^2}{2}\times\frac{2a}{3}\right)+\frac{1}{EI}(a^2\times a)=\frac{7a^3}{6EI}$$

$$\Delta_{1P}=\frac{1}{EI}\left(\frac{a^2}{2}\times\frac{Pa}{2}\right)=\frac{Pa^3}{4EI}$$

$$\Delta_{2P}=-\frac{1}{2EI}\left(\frac{1}{2}\times\frac{Pa}{2}\times\frac{a}{2}\times\frac{5a}{6}\right)-\frac{1}{EI}\left(\frac{Pa^2}{2}\times a\right)=-\frac{53Pa^3}{96EI}$$

（4）代入力法典型方程并化简可得：

$$\frac{1}{3}X_1-\frac{1}{2}X_2+\frac{P}{4}=0$$

$$-\frac{1}{2}X_1+\frac{7}{6}X_2-\frac{53P}{96}=0$$

解方程得 $X_1=-\frac{9}{80}P$, $X_2=\frac{17}{40}P$

（5）作原结构弯矩图、剪力图、轴力图分别如图 8 - 10(d)、(e)、(f)所示。

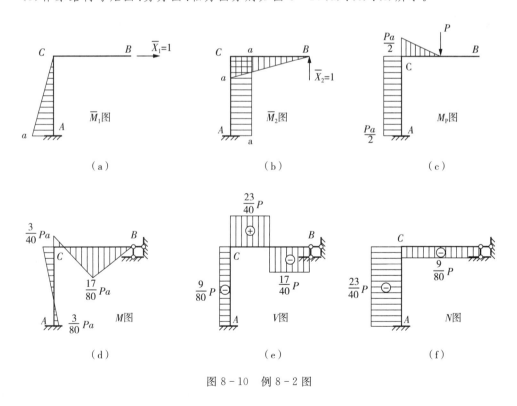

（a） （b） （c）

（d） （e） （f）

图 8 - 10　例 8 - 2 图

8.3 位移法的计算

位移法是计算超静定结构的另一种基本方法。位移法与力法的根本区别在于它们的基本未知量不同:力法是以多余未知力作为基本未知量,而位移法则以结构的节点位移作为基本未知量。对于某些连续梁、刚架等高次超静定结构,其多余未知力较多,而未知的结点位移数目较少时,用位移法计算较为简便。

由于位移法对超静定结构认识精辟、概念清晰、计算方法简单,从而使位移法在实际工程计算中得到广泛的应用和发展。力矩分配法、剪力分配法及迭代法等都是在位移法基础上发展起来的近似算法。

8.3.1 位移法的基本思路

位移法认为一个复杂的超静定杆系结构,实际上可以通过若干单个杆件组合而成。通过超静定杆系结构与单个杆件结构间的等效条件,建立求解未知力的方程,从而计算出超静定结构的全部未知力。

如图 8-11(a)所示,刚架在荷载作用下,将产生图中虚线所示的变形。由于节点 B 是刚节点,故交汇于 B 点两杆的 B 端都产生相同的角位移 θ_B。此外,节点 B 实际上还有极微小的线位移,因为它很小,可以略去(即只考虑弯曲变形)。所以这个刚架只有一个基本未知量 θ_B,并假设顺时针方向为正。

位移法的解题思路是把刚架拆成杆件,先进行杆件分析,然后再把拆开的杆件组合成原结构。根据这个思路,把刚架从 B 点拆开,分解成 AB、BC 两根杆件,分别如图 8-11(b)和图 8-11(d)所示。其中,AB 杆相当于一个两端固定的梁在支座 B 有一个角位移 θ_B(支座转动);BC 杆则相当于一端固定一端铰支的梁,既受有荷载 P 的作用,又在固定端 B 发生角位移 θ_B。显然,这两根杆件的受力和变形与原刚架完全相同。

图 8-11(b)所示的两端固定梁 AB,当 B 端发生支座移动(角位移 θ_B,弯矩图如图 8-11(c)所示)时,其杆端弯矩可以用力法算出:

$$M_{BA} = 4EI\theta_B/l_1 \tag{8-7}$$

$$M_{AB} = 2EI\theta_B/l_1 \tag{8-8}$$

图 8-11(d)所示一端固定一端铰支的梁 BC,可将荷载及支座移动的影响分开考虑,分别用力法作出其弯矩图,如图 8-11(e)、(f)所示。然后,根据叠加法求出 BC 杆的杆端弯矩如下:

$$M_{BC} = 3EI\theta_B/l_2 + M_{BC}^F \tag{8-9}$$

$$M_{CB} = 0 \tag{8-10}$$

式中,M_{BC}^F 表示一端固定一端铰支的梁 BC,由于荷载作用在 B 端产生的弯矩,称为固端弯矩。

式(8-7)、式(8-8)、式(8-9)都称为转角位移方程,表示杆端弯矩和杆端位移(角位移和线位移)之间的关系。

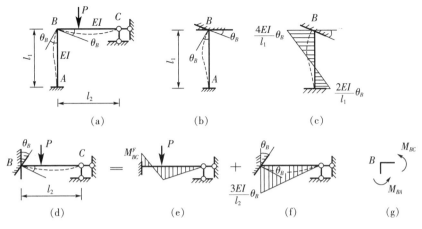

图 8-11 刚架受荷载作用

显然,如能设法求出基本未知量 θ_B,则每一杆件的杆端弯矩均可分别由转角位移方程式(8-7)、式(8-8)、式(8-9)求得,整个刚架的计算就可分解成每一杆件的计算。因此,怎样求出节点位移是位移法计算的关键。

位移法的解题思路是先拆分后组合:首先把结构拆成杆件,但杆件又不是孤立的,它们一定要能组合成原结构。组合的原则有两条,首先在节点处各个杆件的变形要协调一致;其次,各节点还要满足平衡条件。第一个原则是变形连续条件,在确定基本未知量时就已经考虑到了,即每一个刚节点处只有一个角位移,也就是说,交汇于刚节点 B 各杆的杆端角位移均为 θ_B;第二个原则是力的平衡条件。由图 8-11(g)可知,节点 B 的力矩平衡条件为 $\sum M_B = 0$,即

$$M_{BA} + M_{BC} = 0 \qquad (8-11)$$

把 M_{BA}、M_{BC} 的表达式代入上式,得

$$4EI\theta_B/l_1 + 3EI\theta_B/l_2 + M_{BC}^F = 0 \qquad (8-12)$$

式中只含有一个未知量 θ_B,故可求出 θ_B 值。这就是位移法的基本方程,它的性质是平衡方程。将求得的 θ_B 值分别代回式(8-7)、式(8-8)、式(8-9)中即可得出各杆的杆端弯矩。

从这个例子可以看出,用位移法分析超静定结构的基本过程如下:

(1)根据结构的变形分析,确定结构的基本未知量;

(2)把原结构拆成杆件,将每根杆件都视为单跨超静定梁,建立杆端内力与结点位移之间的关系;

(3)根据结点平衡条件建立关于结点位移为未知量的方程,求得结点位移;

(4)由结点位移求得结构的杆端内力。

8.3.2 位移法的基本未知量及基本结构

1. 基本未知量的确定

位移法是以独立的结点角位移和独立的结点线位移作为基本未知量的。所以,用位移法计算时应首先确定独立的结点角位移的数目和独立的结点线位移的数目。

(1)结点角位移

当一个刚结点产生某一转角时,交汇于该刚结点的各杆杆端转角是相等的,所以每个刚结点只有一个独立的角位移。铰接点处(包括铰支座处的铰接点)的角位移,一般不作为基本未知量。固定支座处的角位移为零,不是未知量。所以,作为基本未知量的角位移数目就等于刚结点的数目。例如图8-12(a)所示刚架中,有1、3两个刚节点,故其独立的结点角位移数目就是2个。

(2)结点线位移

由于直杆的轴向变形被忽略了,因此受弯直杆两端之间的距离保持不变,即直杆两端沿杆轴线方向的位移是相等的。例如图8-12(a)所示刚架,结点1、2、3的水平线位移是相等的,而且它们都没有竖向线位移。所以,该刚架独立的线位移只有一个,就是结点1(或结点2、结点3)的水平线位移。

因此,该刚架总共有三个位移法的基本未知量:两个角位移和一个线位移。

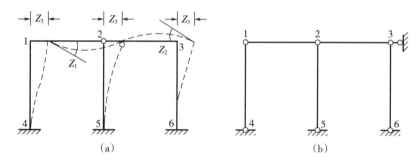

图8-12 结点位移的确定

在确定刚架的未知量数目时,角位移数比较容易确定,刚架有几个刚结点就有几个独立的角位移。确定独立的结点线位移的数目则需要采取一些措施。通常确定刚架独立的结点线位移的数目时,可先将原结构的每一个刚结点(包括固定支座)都变成铰接点,从而得到一个相应的铰接链杆体系。对得到的体系进行几何组成分析,若体系为几何不变体系,则原结构没有独立的结点线位移;若体系为几何可变体系或瞬变体系,则增加链杆使其变为几何不变体系,所需增加链杆的最少数目就是原结构独立的结点线位移的数目。如图8-12(a)所示刚架,其铰化结点后[图8-12(b)]的铰接体系经几何组成分析可知其是一个几何可变体系,但只需适当增加一根链杆,就能成为几何不变体系。因此,该刚架具有一个独立的结点线位移。用上述分析方法,不难确定任何由受弯直杆组成的杆件结构用位移法计算时的基本未知量数目。

最后需要指出,上述确定独立结点线位移数目的方法,是以受弯直杆的轴向变形可以忽略为依据的,对于曲杆及需考虑轴向变形的杆件,变形后两端之间的距离不能看作是不变的,因而不能用上述方法来确定独立线位移数目。例如图8-13所示结构结点1和结点2的水平线位移都是独立的,独立结点线位移数目应为2个。

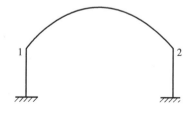

图8-13 结点示意图

2. 基本结构的确定

建立位移法的基本结构,是在原结构中的刚性结点处假想地附加刚臂,以阻止相应结点的转动,但不能阻止相应结点移动;在结点有线位移处假想地附加链杆,以阻止其线位移,但不能阻止相应结点的转动,这样便形成了位移法的基本结构。由此可见,位移法的基本结构是由一系列的单跨超静定梁所组成。

如图8-14(a)所示的连续梁,在结点1、2处分别加上刚臂,得其基本结构如图8-14(b)所示。

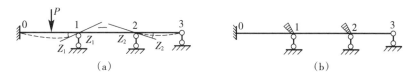

图8-14 连续梁的结点

如图8-15(a)所示的刚架,该结构有4个刚结点,铰化结点后只需增设两根链杆即成为几何不变体系[图8-15(b)],所以该刚架有4个结点角位移和两个独立结点线位移。其位移法的基本未知量的数目为6个,基本结构如图8-15(c)所示。

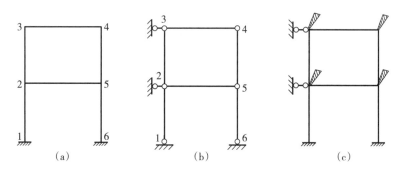

图8-15 刚架的结点

8.3.3 等截面直杆的计算

1. 杆端力

按照位移法的思想,一般超静定结构都可认为是由两端固定单杆结构、一端固定一端铰支单杆结构和一端固定一端滑动单杆结构三种单杆结构组合而成的。所以利用位移法求解超静定杆系结构,就要采用力法求出这三种单杆结构的杆端力与荷载及杆端位移之间的关系。

支座无位移时,由荷载作用产生的杆端力叫作固端力,包括固端弯矩和固端剪力,由于这些力是只与荷载有关的常数,所以又称为载常数,分别记为 M_{AB}^F、M_{BA}^F、Q_{AB}^F、Q_{BA}^F。相应的,杆件不受荷载作用,仅有支座位移单位值产生的杆端力称为形常数,分别记为 $\overline{M}_{AB}$、$\overline{M}_{BA}$、$\overline{Q}_{AB}$、$\overline{Q}_{BA}$。

符号的规定:杆端转角 θ_A、θ_B 以顺时针为正,反之为负;杆件两端相对线位移 Δ 以使杆件顺时针转动为正,反之为负;端弯矩以绕杆端顺时针转动为正(对结点和支座以逆时针方向转动为正),反之为负;杆端剪力以该剪力使杆件产生顺时针转动为正,反之为负。表

8-1、表 8-2 列出常见的几种情况,可直接查用。

表 8-1 等截面直杆的载常数

序号	计算简图及变形图	固端弯矩及弯矩图		固端剪力	
		M_{AB}^F	M_{BA}^F	Q_{AB}^F	Q_{BA}^F
1		$-\dfrac{Pl}{8}$	$\dfrac{Pl}{8}$	$\dfrac{P}{2}$	$-\dfrac{P}{2}$
2		$-\dfrac{ql^2}{12}$	$\dfrac{ql^2}{12}$	$\dfrac{ql}{2}$	$-\dfrac{ql}{2}$
3		$-\dfrac{Pab^2}{l^2}$	$\dfrac{Pab^2}{l^2}$	$\dfrac{Pb^2(l+2a)}{l^3}$	$-\dfrac{Pa^2(l+2b)}{l^3}$
4		$-\dfrac{ql^2}{30}$	$\dfrac{ql^2}{20}$	$\dfrac{3ql}{20}$	$-\dfrac{7ql}{20}$
5		$-\dfrac{3Pl}{16}$		$\dfrac{11P}{16}$	$-\dfrac{5P}{16}$
6		$-\dfrac{ql^2}{8}$		$\dfrac{5ql}{8}$	$-\dfrac{3ql}{8}$
7		$-\dfrac{ql^2}{15}$		$\dfrac{2ql}{5}$	$-\dfrac{ql}{10}$
8		$-\dfrac{Pl}{2}$	$-\dfrac{Pl}{2}$	P	P
9		$-\dfrac{ql^2}{3}$	$-\dfrac{ql^2}{6}$	ql	0

序号	计算简图及变形图	固端弯矩及弯矩图		固端剪力	
		M_{AB}^{F}	M_{BA}^{F}	Q_{AB}^{F}	Q_{BA}^{F}
10	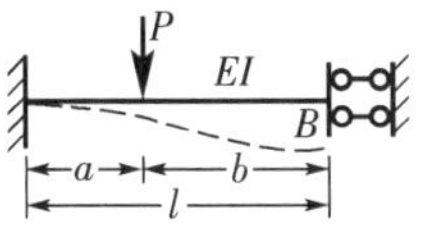	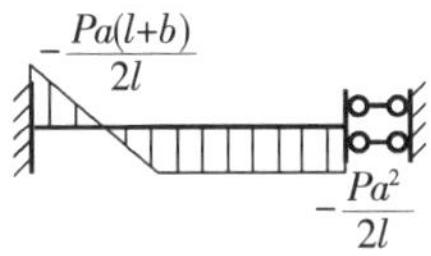 $-\dfrac{Pa(l+b)}{2l}$	$-\dfrac{Pa^2}{2l}$	P	0
11	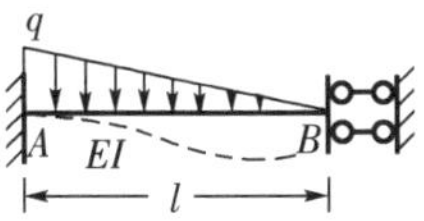	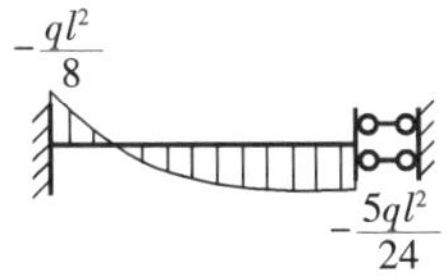 $-\dfrac{ql^2}{8}$	$-\dfrac{5ql^2}{24}$	$\dfrac{ql}{2}$	0

表 8-2　等截面直杆的形常数

序号	计算简图及变形图	固端弯矩及弯矩图		固端剪力	
		M_{AB}^{F}	M_{BA}^{F}	Q_{AB}^{F}	Q_{BA}^{F}
1	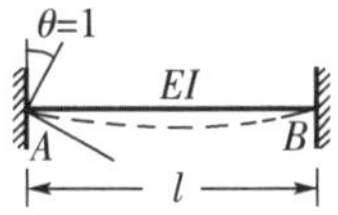 $\theta=1$	 $4i$	$2i$	$-\dfrac{6i}{l}$	$-\dfrac{6i}{l}$
2	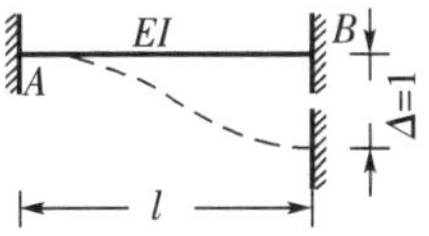 $\Delta=1$	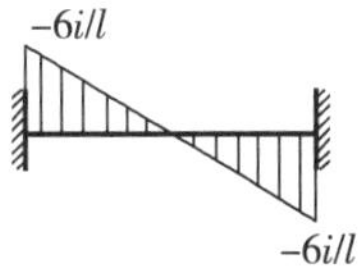 $-6i/l$	$-6i/l$	$\dfrac{12i}{l^2}$	$\dfrac{12i}{l^2}$
3	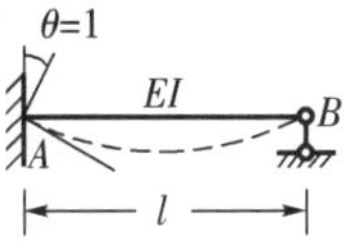 $\theta=1$	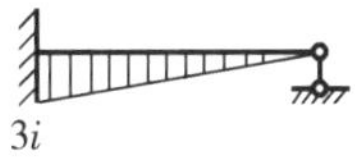 $3i$		$-\dfrac{3i}{l}$	$-\dfrac{3i}{l}$
4	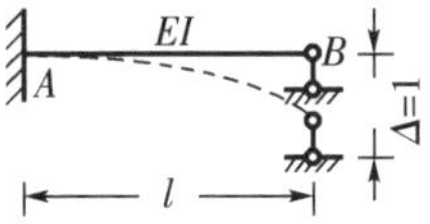 $\Delta=1$	 $-3i/l$		$\dfrac{3i}{l^2}$	$\dfrac{3i}{l^2}$
5	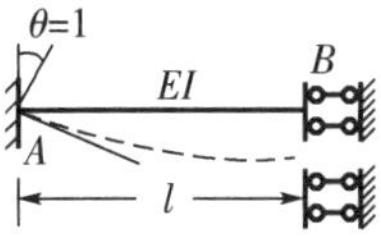 $\theta=1$	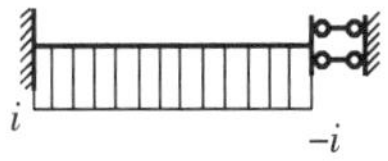 i	$-i$	0	0

[**注**]:表中 $i=\dfrac{EI}{l}$ 称为杆件的线刚度。

2. 等截面直杆转角位移方程

在表 8-1 和表 8-2 中列出了单跨超静定梁受荷载作用和杆端分别有角位移、线位移引起的杆端力。对于任意等截面直杆 AB,有杆端位移和杆上荷载共同作用时,则杆端力的表达式可用叠加原理求出。这个表达式称为等截面直杆的转角位移方程。

(1)如图 8-16 表示两端为固定的等截面直杆。当杆端 A 有角位移 θ_A,杆端 B 有角位

移 θ_B，AB 两端有相对线位移 Δ，并有荷载共同作用时，应用叠加原理，可得杆端弯矩的一般公式：

$$M_{AB} = 4i_{AB}\theta_A + 2i_{AB}\theta_B - 6i_{AB}\frac{\Delta}{l} + M_{AB}^F \tag{8-13}$$

$$M_{BA} = 2i_{AB}\theta_A + 4i_{AB}\theta_B - 6i_{AB}\frac{\Delta}{l} + M_{BA}^F \tag{8-14}$$

杆端剪力的一般公式：

$$Q_{AB} = -6\frac{i_{AB}}{l}\left(\theta_A + \theta_B - 2\frac{\Delta}{l}\right) + Q_{AB}^F \tag{8-15}$$

$$Q_{BA} = -6\frac{i_{AB}}{l}\left(\theta_B + \theta_A - 2\frac{\Delta}{l}\right) + Q_{BA}^F \tag{8-16}$$

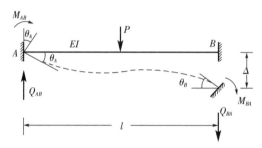

图 8-16　两端固定等直杆在荷载及支座位移作用下变形

(2)如图 8-17 表示一端固定、另一端铰支的等截面直杆。当 A 端有角位移 θ_A，AB两端有相对线位移 Δ，并有荷载共同作用时，应用叠加原理可得：

$$M_{AB} = 3i_{AB}\theta_A - 3i_{AB}\frac{\Delta}{l} + M_{AB}^F \tag{8-17}$$

$$M_{BA} = 0 \tag{8-18}$$

杆端剪力的一般公式为

$$Q_{AB} = -3\frac{i_{AB}}{l}\left(\theta_A - \frac{\Delta}{l}\right) + Q_{AB}^F \tag{8-19}$$

$$Q_{BA} = -3\frac{i_{AB}}{l}\left(\theta_A - \frac{\Delta}{l}\right) + Q_{BA}^F \tag{8-20}$$

微课：
等截面直杆的
转角位移方程

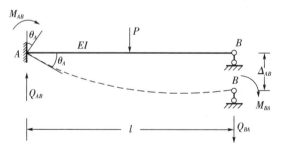

图 8-17　一端固定、一端铰支等直杆在荷载及支座位移作用下变形

(3)如图 8-18 所示一端固定、另一端为定向滑动支座的等截面直杆。A 端有角位移 θ_A，B 端有转角 θ_B，并有荷载作用。类似前面作法，可得转角位移方程为

$$M_{AB} = i_{AB}\theta_A - i_{AB}\theta_B + M_{AB}^F \tag{8-21}$$

$$M_{BA} = -i_{AB}\theta_A + i_{AB}\theta_B + M_{BA}^F \tag{8-22}$$

杆端剪力的一般公式为

$$Q_{AB} = 0 + 0 + Q_{AB}^F = Q_{AB}^F \tag{8-23}$$

$$Q_{BA} = 0 + 0 + Q_{BA}^F = 0 \tag{8-24}$$

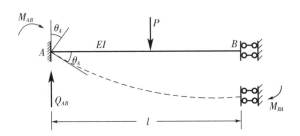

图 8-18 一端固定、一端定向滑动支座等直杆在荷载及支座位移作用下变形

等截面直杆的转角位移方程用解决了杆件的杆端力与杆端及荷载之间的关系问题。是位移法的基础。

8.3.3 位移法典型方程

位移法计算超静定结构可以利用等截面直杆的转角位移方程直接列出杆端弯矩表达式，建立平衡方程求解。

为了更直观反映基本结构中附加约束在转角和荷载作用下约束力的受力特征，可以通过分别作基本结构在单位位移作用下和荷载作用下的弯矩图，求出系数和常数项，建立位移法典型方程求解。

下面以图 8-19 所示刚架为例，说明位移法典型方程的建立和求解过程。

位移法典型方程建立的条件，就是将位移法基本结构还原为实际结构的条件，即基本结构中附加约束（附加刚臂和附加链杆）上的受力为零。本节以图 8-19(a)所示刚架为例，说明位移法典型方程的建立和求解过程。

1. **确定基本未知量和基本结构**

图 8-19(a)所示的刚架具有两个基本未知数，即结点 1 的角位移 Z_1 和结点 1 的线位移 Z_2，均假定为正向。分别在结点 C 处加刚臂，在结点 D 处加水平链杆，得基本结构，如图 8-19(b)所示。

2. **建立位移法典型方程**

为了使基本结构与原结构一致，令附加刚臂产生与原结构相同的转角 Z_1，附加水平链杆产生与原结构相同的线位移 Z_2。基本结构在荷载和结点位移 Z_1、Z_2 共同作用下，刚臂约束上的附加反力矩 R_1 和水平链杆约束上的附加反力 R_2 都应等于零。

设由位移 Z_1、Z_2 和荷载作用在刚臂上引起反力矩分别为 R_{11}、R_{12} 和 R_{1P}。在水平链杆上引起水平反力分别为 R_{21}、R_{22} 和 R_{2P}。根据叠加原理可得：

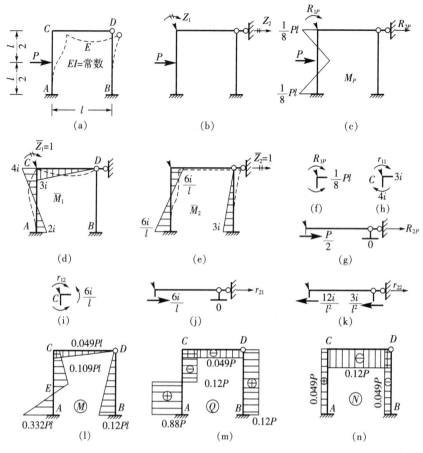

图 8-19　位移法典型方程建立示意图

$$\begin{cases} R_1 = R_{11} + R_{12} + R_{1P} = 0 \\ R_2 = R_{21} + R_{22} + R_{2P} = 0 \end{cases} \qquad (8-25)$$

设在单位位移 $\overline{Z}_1 = 1$ 作用下，刚臂上的约束反力矩为 r_{11}，水平链杆上的约束反力为 r_{21}，如图 8-19(h)、(i)所示；在单位位移 $\overline{Z}_2 = 1$ 作用下，刚臂上的约束反力矩为 r_{12}，链杆上的约束反力为 r_{22}，如图 8-19(j)、(k)所示，则：

$$R_{11} = r_{11} Z_1，R_{12} = r_{12} Z_2$$

$$R_{21} = r_{21} Z_1，R_{22} = r_{22} Z_2$$

代入公式(8-25)得：

$$\begin{cases} r_{11} Z_1 + r_{12} Z_2 + R_{1P} = 0 \\ r_{21} Z_1 + r_{22} Z_2 + R_{2P} = 0 \end{cases} \qquad (8-26)$$

式(8-26)就是求未知量 Z_1、Z_2 的典型方程。其物理意义是：基本结构在荷载和各结点位移共同作用下，各附加约束中的附加反力或附加反力矩等于零。

3. 求系数和自由项

为了求出式(8-26)中的系数和自由项,需利用表8-1和表8-2在基本结构上分别绘出 $Z_1=1$、$Z_2=1$ 和荷载单独作用时的弯矩图 $\overline{M}_1$、$\overline{M}_2$ 和 M_P,如图8-19(d)、(e)和(c)所示。简单分析可见,位移法典型方程中的系数和自由项可分为如下两类。

一类是刚臂上的约束反力矩 r_{11}、r_{12} 和 R_{1P},其方向与 Z_1 相同,可从弯矩图上取出与刚臂有关的结点为隔离体,如图8-19(h)、(i)和(f)所示。由平衡方程 $\sum M_C = 0$,求得

$$r_{11} = 7i, \quad r_{12} = -\frac{6i}{l}, \quad R_{1P} = \frac{Pl}{8}$$

另一类是链杆上的约束反力 r_{21}、r_{22} 和 R_{2P},其方向与 Z_2 相同,可从弯矩图上取出与附加链杆有关的杆件为隔离体,如图8-19(j)、(k)和(g)所示。由平衡方程 $\sum X = 0$,求得

$$r_{12} = -\frac{6i}{l}, \quad r_{22} = \frac{15i}{l^2}, \quad R_{2P} = -\frac{P}{2}$$

4. 求解典型方程

将上面求得的系数和自由项代入式(8-26)中,则

$$\begin{cases} 7iZ_1 - \dfrac{6i}{l}Z_2 + \dfrac{Pl}{8} = 0 \\[3mm] -\dfrac{6i}{l}Z_1 + \dfrac{15i}{l^2}Z_2 - \dfrac{P}{2} = 0 \end{cases}$$

联立,求解得

$$Z_1 = \frac{9}{552i}Pl, \quad Z_2 = \frac{22}{552i}Pl^2$$

结果为正值,表明所设 Z_1、Z_2 的方向与实际方向一致。

5. 绘制内力图

基本未知量 Z_1、Z_2 求得后,应绘制刚架的弯矩图、剪力图和轴力图。

绘弯矩图,先可按公式 $M = \overline{M}_1 Z_1 + \overline{M}_2 Z_2 + M_P$ 计算出各杆端弯矩:

$$M_{CA} = 4iZ_1 - \frac{6i}{l}Z_2 + \frac{Pl}{8} = \frac{4 \times 9}{552}Pl - \frac{6 \times 22}{552}Pl + \frac{Pl}{8} = -0.049Pl$$

$$M_{CD} = 3iZ_1 = \frac{3 \times 9}{522}Pl = 0.049Pl$$

$$M_{AC} = 2iZ_1 - \frac{6i}{l}Z_2 - \frac{Pl}{8} = \frac{2 \times 9}{552}Pl - \frac{6 \times 22}{552}Pl - \frac{Pl}{8} = -0.332Pl$$

$$M_{BD} = -3iZ_2 = -\frac{3 \times 22}{552}Pl = -0.120Pl$$

杆端弯矩以顺时针方向为正,将得到的杆端弯矩标在杆端受拉一侧,若杆上无外荷载,则将两杆端弯矩纵坐标间连以直线就是该杆的最终弯矩图;若杆上作用外荷载,则将杆件两

端弯矩坐标间连以虚直线,再叠加该杆作为相应简支梁时相应外荷载引起的弯矩图,即得最终弯矩图,如图8-19(l)所示。

有了弯矩图,则利用平衡条件,可绘出剪力图和轴力图,如图8-19(m)、(n)所示。

6. 对计算结果应进行校核,以验证其正确性

由于位移法在确定基本未知量时已满足了变形连续条件,位移法典型方程是静力平衡条件,故通常只需按平衡条件进行校核。如取图8-19(a)中的结点C为隔离体,它满足力矩平衡条件;取图8-19(a)的横梁CD为隔离体,它满足剪力平衡条件,可以判断所得结果正确。

具有n个独立结点位移的结构,就有n个基本未知量,需加入n个附加约束,作同样的分析可得出如下n个方程:

$$\begin{cases} r_{11}Z_1+r_{12}Z_2+\cdots+r_{1n}Z_n+R_{1P}=0 \\ r_{21}Z_1+r_{22}Z_2+\cdots+r_{2n}Z_n+R_{2P}=0 \\ \vdots \\ r_{i1}Z_1+r_{i2}Z_2+\cdots+r_{in}Z_n+R_{iP}=0 \\ \vdots \\ r_{n1}Z_1+r_{n2}Z_2+\cdots+r_{nn}Z_n+R_{nP}=0 \end{cases} \qquad (8-27)$$

这就是一般情况下的位移法典型方程,该方程组有n^2个系数,n个自由项。其中,r_{ii}表示基本结构在结点位移$Z_i=1$单独作用时,在第i个附加约束上引起的反力(或反力矩),称为主系数,恒为正值;r_{ij}表示基本结构在结点位移$Z_j=1$单独作用时,在第i个附加约束上引起的反力(或反力矩),称为副系数,且$r_{ij}=r_{ji}$;R_{ip}表示基本结构在荷载单独作用时,在附加约束i上所引起的反力,称为自由项或荷载项;副系数和自由项可为正数、负数或零。

上述讨论的是用位移法典型方程求解超静定结构的步骤,简要归纳如下:

(1)确定基本未知量和基本结构;

(2)建立位移法的典型方程;

(3)求典型方程中的系数和自由项;

(4)解方程,求出结点位移;

(5)绘内力图;

(6)按平衡条件进行校核。

【例8-3】 用位移法计算图8-20(a)所示的连续梁的内力,EI为常数。

【解】 (1)确定基本未知量。该连续梁具有一个刚结点B,无结点线位移,因此,基本未知量为结点B的角位移Z_1。

(2)建立基本结构。在结点B上增设与基本未知量相应的附加约束,得到位移法基本结构如图8-20(b)所示。

(3)建立位移法典型方程:

$$r_{11}Z_1+R_{1P}=0$$

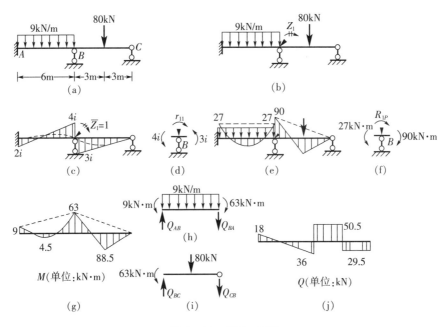

图 8-20 例 8-3 图

（4）计算系数和自由项。令 $i=EI/6$，查表 8-1 和表 8-2 作出 $\overline{M}_1$ 图和 M_P 图，如图 8-20（c）、（e）所示。取结点 B 为隔离体，如图 8-20（d）、（f）所示。利用力矩平衡条件 $\sum M_B=0$，得

$$r_{11}=4i+3i=7i，R_{1P}=27\text{kN}\cdot\text{m}-90\text{kN}\cdot\text{m}=-63\text{kN}\cdot\text{m}$$

（5）解算位移法方程。将系数 r_{11} 和自由项 R_{1P} 代入位移法方程，解得：

$$Z_1=-R_{1P}/r_{11}=63\text{kN}\cdot\text{m}/7i=9\text{kN}\cdot\text{m}/i$$

（6）作内力图。按叠加法，根据 $M=\overline{M}_1 Z_1+M_P$ 计算杆端弯矩：

$$M_{AB}=2i\cdot Z_1+M_{AB}^F=2i\times(9\text{kN}\cdot\text{m}/i)-27\text{kN}\cdot\text{m}=-9\text{kN}\cdot\text{m}$$

$$M_{BA}=4i\cdot Z_1+M_{BA}^F=4i\times(9\text{kN}\cdot\text{m}/i)+27\text{kN}\cdot\text{m}=63\text{kN}\cdot\text{m}$$

$$M_{BC}=3i\cdot Z_1+M_{BC}^F=3i\times(9\text{kN}\cdot\text{m}/i)-90\text{kN}\cdot\text{m}=-63\text{kN}\cdot\text{m}$$

求出杆端弯矩后，可绘制最后弯矩图，如图 8-20（g）所示。注意杆端弯矩顺时针为正，但弯矩图仍画在杆件纤维受拉一侧。有荷载作用的梁段弯矩图的画法与静定结构中讲授的方法一致，即将杆件两端弯矩纵坐标连以虚直线，再叠加该杆作为相应简支梁在该荷载作用下的弯矩图，即得最后 M 图。

绘剪力图。取每一杆件为隔离体，根据 M 图，利用平衡条件求出各杆杆端剪力，然后绘出剪力图。

取 AB 杆为隔离体，画出其受力图如图 8-20（h）所示。由 $\sum M_B=0$，得

$$Q_{AB}=(-63+9\times6\times3+9)/6=18(\text{kN})$$

由 $\sum M_A = 0$，得

$$Q_{BA} = (-63 - 9 \times 6 \times 3 + 9)/6 = -36(\text{kN})$$

取 BC 杆为隔离体，画出其受力图如图 $8-20(\text{i})$ 所示，由 $\sum M_B = 0$，得

$$Q_{CB} = (-80 \times 3 + 63)/6 = -29.5(\text{kN})$$

由 $\sum M_C = 0$，得

$$Q_{BC} = (80 \times 3 + 63)/6 = 50.5(\text{kN})$$

最后绘出剪力图如图 $8-20(\text{j})$ 所示。

(7)校核。按平衡条件进行校核，请读者自行完成。

【例 $8-4$】 试用位移法计算图 $8-21(\text{a})$ 所示排架。

【解】 (1)确定基本未知量。此排架没有刚结点，铰结点 C、D 有相同的线位移。因此，基本未知量只有结点线位移 Z_1。

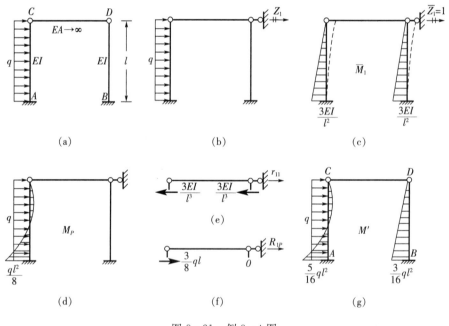

图 $8-21$ 例 $8-4$ 图

(2)建立基本结构。在结点 D 上增设与基本未知量相应的附加水平链杆约束，得到位移法基本结构如图 $8-21(\text{b})$ 所示。

(3)建立位移法典型方程。

$$r_{11}Z_1 + R_{1P} = 0$$

(4)计算系数和自由项。查表 $8-1$ 和表 $8-2$ 作出 $\overline{M}_1$ 图和 M_P 图，如图$8-21(\text{c})$、(d)所

示,截取其横梁,考虑柱顶剪力平衡,分别计算系数 r_{11} 和自由项 R_{1P},计算过程见图 $8-21$ (e)、(f)所示,得

$$r_{11}=6EI/l^3,R_{1P}=-3ql/8$$

(5)解算位移法方程。将系数 r_{11} 和自由项 R_{1P} 代入位移法方程,解得

$$Z_1=ql^4/16EI$$

(6)作内力图。根据 $M=\overline{M}_1 Z_1+M_P$,按叠加法绘制最后弯矩图,如图$8-21$(g)所示。

8.4 力矩分配法的计算

8.4.1 力矩分配法的基本概念

力矩分配法是一种建立在位移法基础之上的解超静定杆系结构的近似计算方法。它适用于连续梁和无侧移的刚架。力矩分配法中要用到转动刚度、传递系数、分配系数的基本概念。

1. 转动刚度

如图 $8-22$ 所示的杆 AB,当 A 端产生单位转角时,A 端(又称近端)的弯矩 M_{AB} 称为该杆的转动刚度,用 S_{AB} 来表示,表示该杆端对转动的抵抗能力,其值不仅与杆件的线刚度 $i=EI/l$ 有关,而且与杆件另一端(又称远端)的支承情况有关。

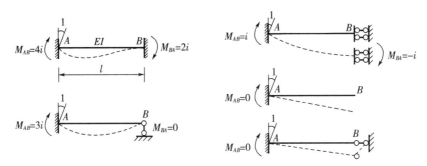

图 $8-22$ 单跨梁支座位移下梁变形示意图

利用力法求得 A 端的转动刚度,汇总如下:

$$S_{AB}=4i \quad (远端固定)$$

$$S_{AB}=3i \quad (远端简支)$$

$$S_{AB}=i \quad (远端滑动)$$

$$S_{AB}=0 \quad (远端自由)$$

2. 分配系数

图 $8-23$(a)所示三杆 AB、AC 和 AD 交汇于刚结点 A,组成无侧移刚架。为了便于说明问题,设 B 端为固定端,C 端为滑动支座,D 端为铰支座。

设有力偶荷载 M 加于结点 A，使结点 A 产生转角 θ_A，然后达到平衡。由转动刚度的定义可知三杆的杆端弯矩 M_{AB}、M_{AC} 和 M_{AD} 分别为

$$M_{AB}=S_{AB}\theta_A=4i_{AB}\theta_A$$

$$M_{AC}=S_{AC}\theta_A=i_{AC}\theta_A$$

$$M_{AD}=S_{AD}\theta_A=3i_{AD}\theta_A$$

取结点 A 作隔离体，如图 8-23(b) 所示。由平衡方程 $\sum M=0$，得

$$M=S_{AB}\theta_A+S_{AC}\theta_A+S_{AD}\theta_A$$

则

$$\theta_A=M/(S_{AB}+S_{AC}+S_{AD})=M/\sum S$$

式中，$\sum S$ 表示各杆 A 端转动刚度之和。将 θ_A 值代入得

$$M_{AB}=MS_{AB}/\sum S$$

$$M_{AC}=MS_{AC}/\sum S$$

$$M_{AD}=MS_{AD}/\sum S$$

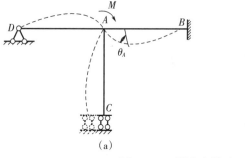 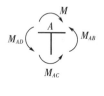

$$\text{(a)} \qquad\qquad\qquad\qquad \text{(b)}$$

图 8-23 刚节点转动

可见，各杆 A 端的弯矩与各杆 A 端的转动刚度成正比。令

$$M_{Aj}=\mu_{Aj}M$$

式中，$\mu_{Aj}=S_{Aj}/\sum S$ 称为分配系数。其中，j 可以是 B、C 或 D，如 μ_{AB} 称为杆 AB 在 A 端的分配系数，等于杆 AB 的转动刚度与交于 A 点各杆的转动刚度之和的比值。同一结点各杆分配系数之间存在下列关系：

$$\sum\mu_{Aj}=\mu_{AB}+\mu_{AC}+\mu_{AD}=1$$

加于结点 A 的力偶荷载 M，按各杆的分配系数分配于各杆的 A 端。

3. 传递系数

在图 8-23(a) 中，力偶荷载 M 加于结点 A，使各杆近端产生弯矩，同时也使各杆远端产

生弯矩。由位移法中的刚度方程可得杆端弯矩的具体数值如下：

$$M_{AB}=4i_{AB}\theta_A,M_{BA}=2i_{BA}\theta_A$$

$$M_{AC}=i_{AC}\theta_A,M_{CA}=-i_{AC}\theta_A$$

$$M_{AD}=3i_{AD}\theta_A,M_{DA}=0$$

由上述结果可知：

$$M_{BA}/M_{AB}=C_{AB}=1/2$$

比值 $C_{AB}=1/2$ 称为由 A 端至 B 端的传递系数，表示当近端有转角时，远端弯矩与近端弯矩的比值。对等截面杆件说来，传递系数 C 随远端的支承情况而异，数值如下：

$$C=1/2 \quad （远端固定）$$
$$C=-1 \quad （远端滑动）$$
$$C=0 \quad （远端铰支）$$

因此，远端弯矩可表达为：$M_{BA}=C_{AB}M_{AB}$。

8.4.2 单结点力矩分配法的计算

力矩分配法的物理概念可用实物模型来说明。图 8－24 所示为一连续梁的模型。连续梁 ABC 为薄钢片，用砝码加荷载 P 后，连续梁的变形如图 8－24(a)中虚线所示。伴随这个变形出现的杆端弯矩，是计算的目标。

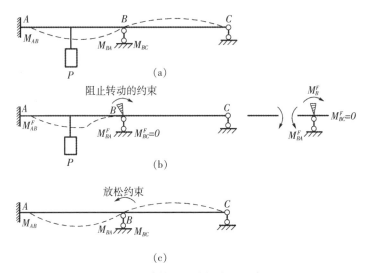

图 8－24　单结点连续梁变形示意图

在力矩分配法中，可直接计算各杆的杆端弯矩，计算步骤如下：

1. 假设先在结点 B 施加一个阻止结点 B 转动的约束（附加刚臂），然后再加砝码。这时，只有 AB 一跨有变形，如图 8－24(b)中虚线所示。这表明结点 B 处附加刚臂的约束把连续梁 ABC 分成为两个单跨梁 AB 和 BC。AB 梁受荷载 P 作用后产生变形，相应的产生固端弯矩 M_{AB}^F 和 M_{BA}^F；而 BC 梁无荷载，所以其固端弯矩 $M_{BC}^F=0$。相应的，在结点 B 的附加刚臂内产

生的力矩 M_B^F（称为约束力矩）可以通过结点 B 的平衡方程 $\sum M_B = 0$ 求得，即

$$M_B^F = M_{BC}^F + M_{BA}^F = M_{BA}^F$$

约束力矩等于各杆固端弯矩之和，以顺时针转向为正。

2. 连续梁的结点 B 本没有附加刚臂约束，也不存在约束力矩 M_B^F。因此，图 8-24(b) 所示的解答必须加以修正。为此放松结点 B 处的约束，消除 M_B^F 的作用，使梁恢复到原来的状态 ［图 8-24(a)］。这相当于在结点 B 原有约束力矩 M_B^F 的基础上再加一个力偶荷载 $-M_B^F$。力偶荷载 $-M_B^F$ 使连续梁产生新的变形，如图 8-24(c) 中虚线所示。这时，结点 B 处各杆在 B 端产生新的弯矩 M_{BA}^μ 和 M_{BC}^μ，称为分配力矩；在远端 A 产生新的弯矩 M_{AB}^μ，称为传递力矩。

3. 把图 8-24(b)、(c) 所示两种情况叠加，就得到图 8-24(a) 所示情况，即得实际的杆端弯矩：

$$M_{BA} = M_{BA}^F + M_{BA}^\mu, \quad M_{BC} = M_{BC}^\mu$$

力矩分配法的过程可简述如下：

(1) 先在刚结点 B 加上阻止转动的约束，把连续梁分为单跨梁，求出各杆端的固端弯矩。结点 B 各杆固端弯矩之和即为约束力矩 M_B^F。

(2) 去掉约束，在结点 B 加上 $-M_B^F$，在各杆端对该力矩进行分配和传递。

(3) 叠加各杆端所有的力矩就得到实际的杆端弯矩。

【例 8-5】 图 8-25 所示为一连续梁，试用力矩分配法作弯矩图。

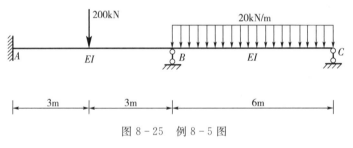

图 8-25 例 8-5 图

【解】 (1) 先在结点 B 加上约束［图 8-26(a)］，计算由荷载产生的固端弯矩（顺时针转向为正号），写在各杆端的下方：

$$M_{AB}^F = -(200\text{kN} \times 6\text{m})/8 = -150\text{kN} \cdot \text{m}$$

$$M_{BA}^F = (200\text{kN} \times 6\text{m})/8 = 150\text{kN} \cdot \text{m}$$

$$M_{BC}^F = -[20\text{kN/m} \times (6\text{m})^2]/8 = -90\text{kN} \cdot \text{m}$$

在结点 B 处，结点 B 的约束力矩等于各杆端弯矩总和：

$$M_B^F = 150\text{kN} \cdot \text{m} - 90\text{kN} \cdot \text{m} = 60\text{kN} \cdot \text{m}$$

(2) 放松结点 B，即在结点 B 新加一个外力偶矩 $-60\text{kN} \cdot \text{m}$［图 8-26(b)］。此力偶按分配系数分配于两杆的 B 端，并在 A 端产生传递力矩。杆 AB 和 BC 的线刚度相等，$i = EI/l$。得：

转动刚度：$S_{BA}=4i, S_{AB}=3i$

分配系数：$\mu_{AB}=4i/(4i+3i)=0.571, \mu_{BC}=3i/(4i+3i)=0.429$

校核：$\mu_{BA}+\mu_{BC}=1$

分配系数写在结点 B 上面的方框内。

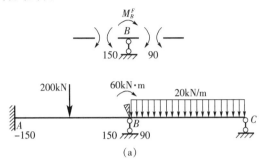

(a)

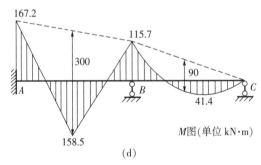

图 8-26　例 8-5 计算过程

分配力矩：

$$M_{BA}^{\mu}=0.571\times(-60\mathrm{kN\cdot m})=-34.3\mathrm{kN\cdot m}$$

$$M_{BC}^{\mu}=0.429\times(-60\mathrm{kN\cdot m})=-25.7\mathrm{kN\cdot m}$$

分配力矩下面画一横线，表示结点已经放松，达到平衡。

传递力矩(远端固定时,传递系数为 1/2;远端为铰支时,传递系数为零):

$$M''_{AB}=1/2M''_{BA}=(-34.3\text{kN}\cdot\text{m})/2=-17.2\text{kN}\cdot\text{m}$$

$$M''_{BC}=0$$

将结果按图 8-26(b)(图中弯矩、力矩单位为 kN·m)画出,并用箭头表示力矩传递的方向。

(3)将以上结果叠加,即得到最后的杆端弯矩,其单位为 kN·m[图8-26(c)]。

实际演算时,可将以上计算步骤汇集在一起。按图 8-26(c)的格式演算,下面画双横线表示最后结果。注意:在结点 B 应满足平衡条件

$$\sum M=115.7\text{kN}\cdot\text{m}-115.7\text{kN}\cdot\text{m}=0$$

根据杆端弯矩,可作出 M 图,如图 8-26(d)所示。

8.4.3 多结点力矩分配法的计算

有两个或两个以上结点角位移的结构称为多结点结构。对于有多个刚结点的连续梁和刚架,只要逐次对每一个结点应用上节的基本运算,就可求出杆端弯矩。

下面用一个三跨连续梁的模型来说明逐次渐近的过程。连续梁 $ABCD$ 在中间跨加砝码后的变形曲线如图 8-27(a)所示,相应于此变形的弯矩是要计算的目标,下面说明渐近过程。

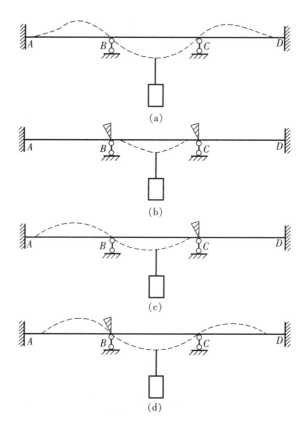

图 8-27　多结点连续梁变形示意图

第一步：先在结点 B 和 C 附加刚臂约束,阻止结点转动,这时约束把连续梁分成了三根单跨梁。然后在 BC 梁上施加砝码,变形也仅在该跨梁上产生,如图8-27(b)所示。

第二步：去掉结点 B 的附加刚臂约束[图 8-27(c)],注意此时结点 C 仍被约束,这时结点 B 将有转角,累加的总变形如图 8-27(c)中虚线所示。

第三步：重新将结点 B 约束住(即再在结点 B 加上刚臂),然后去掉结点 C 的约束。累加的总变形将如图 8-27(d)中虚线所示。从模型中可以看出,此时变形已比较接近实际变形。

以此类推,再重复第二步和第三步,即轮流去掉结点 B 和结点 C 的约束。连续梁的变形和内力很快就达到实际状态,但每次只放松一个结点,故每一步均为单结点的分配和传递运算。最后,将各项步骤所得的杆端弯矩(弯矩增量)叠加,即得所求的杆端弯矩(总弯矩)。实际上,只需对各结点进行两至三个循环的运算,就能达到较好的精度。

【例 8-6】 作图 8-28(a)所示连续梁的弯矩图。

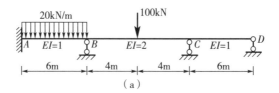

（a）

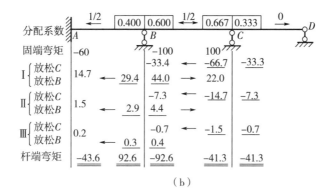

（b）

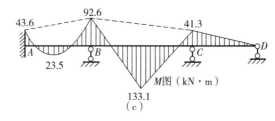

图 8-28 例 8-6图

【解】 (1)求各结点的分配系数:

由于在计算中只在 B、C 两个结点施加约束并进行放松,所以只需计算 B、C 两结点的分配系数。

结点 B:

$$S_{BA} = 4i_{BA} = 4 \times 1/6 = 0.667, S_{BC} = 4i_{BC} = 4 \times 2/8 = 1$$

所以

$$\mu_{BA} = 0.667/(1+0.667) = 0.4, \mu_{BC} = 1/(1+0.667) = 0.6$$

结点 C:

$$S_{CB} = 4i_{BC} = 4 \times 2/8 = 1, S_{CD} = 3i_{CD} = 3 \times 1/6 = 0.5$$

所以

$$\mu_{CB} = 1/(1+0.5) = 0.667, \mu_{CD} = 0.5/(1+0.5) = 0.333$$

分配系数分别写在图 8-28(b) 中结点上端的方格内。

(2) 锁住结点 B、C，求各杆的固端弯矩：

$$M_{AB}^F = -ql^2/12 = -[20\text{kN/m} \times (6\text{m})^2]/12 = -60.0\text{kN} \cdot \text{m}$$

$$M_{BA}^F = 60.0\text{kN} \cdot \text{m}$$

$$M_{BC}^F = -Pl/8 = -(100\text{kN} \times 8\text{m})/8 = -100.0\text{kN} \cdot \text{m}$$

$$M_{CB}^F = 100.0\text{kN} \cdot \text{m}$$

将计算结果记于图 8-28(b) 中第一行。

(3) 放松结点 C (此时结点 B 仍被锁住)，按单结点情况进行分配和传递；结点 C 的约束力矩为 $100.0\text{kN} \cdot \text{m}$，放松结点 C，等于在结点 C 新加力偶荷载 ($-100.0\text{kN} \cdot \text{m}$)，$CB$、$CD$ 两杆的相应分配力矩为

$$0.667 \times (-100)\text{kN} \cdot \text{m} = -66.7\text{kN} \cdot \text{m}$$

$$0.333 \times (-100)\text{kN} \cdot \text{m} = -33.3\text{kN} \cdot \text{m}$$

杆 BC 的传递力矩为

$$1/2 \times (-66.7)\text{kN} \cdot \text{m} = -33.4\text{kN} \cdot \text{m}$$

经过分配和传递，结点 C 已经平衡，可在分配力矩的数字下画一横线，表示横线以上的结点力矩总和已等于零。

(4) 重新锁住结点 C，并放松结点 B，结点 B 的约束力矩为

$$60.0\text{kN} \cdot \text{m} - 100.0\text{kN} \cdot \text{m} - 33.4\text{kN} \cdot \text{m} = -73.4\text{kN} \cdot \text{m}$$

放松结点 B，等于在结点 B 新加一个力偶 ($73.4\text{kN} \cdot \text{m}$)。$BA$、$BC$ 两杆的分配力矩为

$$0.4 \times 73.4\text{kN} \cdot \text{m} = 29.4\text{kN} \cdot \text{m}$$

$$0.6 \times 73.4\text{kN} \cdot \text{m} = 44.0\text{kN} \cdot \text{m}$$

传递力矩为

$$1/2 \times 29.4 \text{kN} \cdot \text{m} = 14.7 \text{kN} \cdot \text{m}$$

$$1/2 \times 44.0 \text{kN} \cdot \text{m} = 22.0 \text{kN} \cdot \text{m}$$

此时,结点 B 已经平衡,但结点 C 又不平衡了。以上完成了力矩分配法的第一个循环。

(5)进行第二个循环。再次先后放松结点 C 和 B,相应的结点约束力矩分别为 $22 \text{kN} \cdot \text{m}$、$-7.3 \text{kN} \cdot \text{m}$。

(6)进行第三个循环。相应的结点约束力矩分别为 $2.2 \text{kN} \cdot \text{m}$、$-0.7 \text{kN} \cdot \text{m}$,由此可以看出,结点约束力矩的衰减过程是很快的。进行三次循环后,结点约束力矩已经很小,结构已接近恢复到实际状态,故计算工作可以停止。

(7)将固端弯矩历次的分配力矩和传递力矩相加,即得最后的杆端弯矩,其单位为 $\text{kN} \cdot \text{m}$(图 8-28(b))。

(8)根据杆端弯矩,可画出 M 图,如图 8-28(c)所示。

注意:力矩分配法是从位移法概念衍生出来的。力矩分配法是一种简便的,不需要求解联立方程的方法,它不是直接解出结点位移,而是用逐步松弛结点的办法逐步逼近真实解,避免了大规模联立方程式的求解。

8.5 超静定结构的特性

超静定结构具有以下一些重要特性:

(1)超静定结构是具有多余约束的几何不变体系。

(2)超静定结构的全部内力和反力不能仅由静力平衡条件求解,还必须考虑几何变形条件。

(3)超静定结构的内力与材料的性质和截面的几何特征有关,即与刚度有关,荷载引起的内力与各杆的刚度比值有关。因此在设计超静定结构时须事先假定截面的尺寸,才能求出内力;然后再根据内力重新选择截面尺寸。另外,也可以通过调整各杆的刚度比值达到调整内力的目的。

(4)温度改变、支座移动、材料收缩、制造误差等都将导致超静定结构产生内力。

(5)超静定结构存在多余约束,当某一约束被破坏后,结构仍有一定的承载能力,但承载能力会下降。

微课:
超静定结构应用

(6)由于存在多余约束,故与相应的静定结构比较而言,超静定结构的内力分布较为均匀,刚度和稳定性都有所提高。

思考与实训

1. 试确定下列结构的超静定次数,如图 8-29。

2. 试用力法计算下列结构(图 8-30),并作 M、Q 图,各图 EI 为常数。

3. 试用力法计算下列刚架(图 8-31),并作 M 图。

4. 试用位移法计算图示连续梁,并绘出其弯矩图和剪力图。

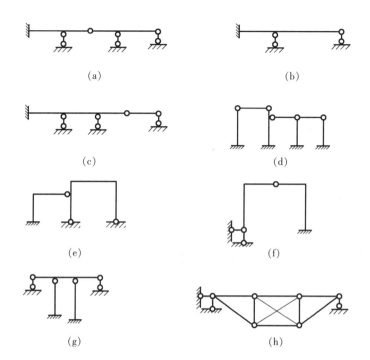

图 8-29 习题 1 图

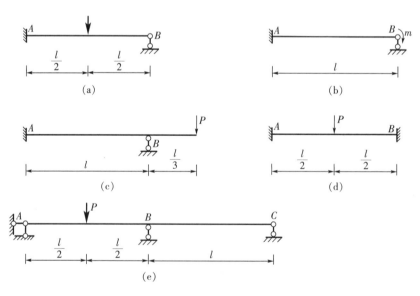

图 8-30 习题 2 图

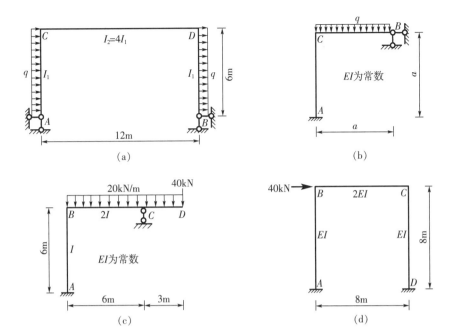

图 8 - 31　习题 3 图

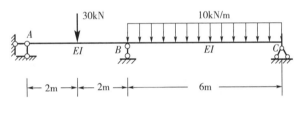

图 8 - 32　习题 4 图

5. 试用位移法计算图示刚架,并绘出其弯矩图和剪力图。

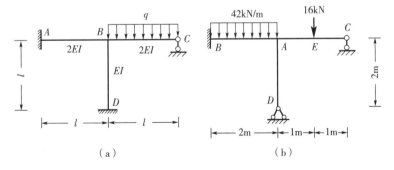

图 8 - 33　习题 5 图

6. 试用位移法计算图示连续梁,并绘出其弯矩图。

7. 试用位移法计算图示刚架,并绘出其弯矩图。

8. 试用力矩分配法计算图示连续梁,并绘出最后弯矩图。

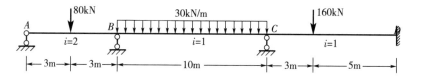

图 8-34 习题 6 图

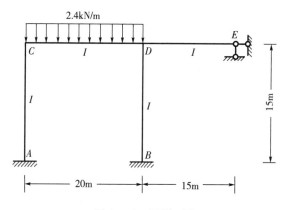

图 8-35 习题 7 图

9. 试用力矩分配法计算图示连续梁,并绘出最后弯矩图。

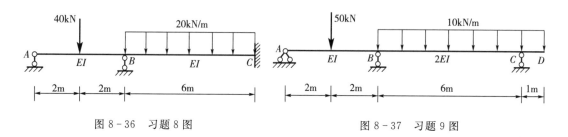

图 8-36 习题 8 图 　　　　　　　　　　　图 8-37 习题 9 图

10. 试用力矩分配法计算图示刚架,并绘出最后弯矩图。

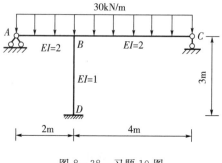

图 8-38 习题 10 图

模块九　　轴心压杆稳定性计算

 **教学目标** >>> ————————————————>>>

　　了解轴心压杆失稳的概念,掌握等直细长压杆临界力和临界应力计算的欧拉公式及适用范围;会确定各种杆端支承时压杆的长度系数,正确选用计算压杆临界力的公式;掌握提高压杆稳定性的措施。

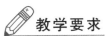 **教学要求**

能力目标	相关知识
了解轴心压杆稳定的概念	压杆受压变形,轴心压杆稳定的概念
能够计算在不同杆端约束情况下的临界力	长细压杆的临界力,压杆的长度系数,临界应力,柔度,欧拉公式
能够利用压杆稳定的计算解决压杆稳定性问题	压杆稳定条件,压杆的稳定计算,提高压杆稳定的措施

模块九课件

模拟试卷(9)

9.1 轴心压杆稳定的概念

工程中把承受轴向压力的直杆称为压杆。过去从强度观点出发,人们认为压杆在其横截面上只产生压应力,当压应力超过材料的极限应力时,压杆才因抗压强度不足而破坏。这种观点对于始终能够保持其原有直线形状的短粗压杆来说,可以认为是正确的,这时对它只进行强度计算也是合适的。但是,对于细长的压杆,在轴向力的作用下,往往在因强度不足而破坏之前,就因它不再保持原有直线状态下的平衡而骤然屈曲破坏,因而它也不再是强度问题,而是压杆能不能保持直线状态下的平衡问题,在工程实践中把这类问题称为压杆的稳定性问题。

为了说明这个问题,取一根细长的直杆进行压缩试验,如图9-1所示。当作用于压杆两端的轴向力 P 小于某一极限值时,压杆在直线状态下保持平衡。如果给压杆任一可能的横向干扰力使压杆微弯[图9-1(a)],然后再撤去这一干扰,压杆能够自动回复原有的直线形状[图9-1(b)],这时称压杆在直线状态下的平衡是稳定的,或简称压杆是稳定的。当继续增大轴向力 P 至某一极限值时,压杆在直线状态下的平衡将由稳定变为不稳定,其特点是如果压杆不受任何横向干扰,则压杆将在直线状态下保持平衡;但如果给压杆任一横向

干扰使其微弯,然后再撤去这一干扰时,压杆不再能回复原有的直线状态。对压杆在微弯状态下建立新的平衡,这时在压杆的横截面上既有轴向力 P 作用,又有弯矩 $M=Py$ 作用(y 为杆的侧向挠度),如图9-1(c)所示。将压杆可能在直线状态下保持平衡的同时又可能在微弯状态下保持平衡的状态称为压杆由稳定到不稳定的临界状态;把相应的轴向力称为临界力,并用 P_{cr} 表示。当实际作用的轴向力 P 超过该临界力时,就将引起杆件的骤然屈曲破坏。这时,称压杆在直线状态下的平衡是不稳定的,或简称压杆失稳。

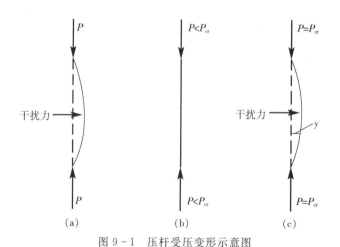

图9-1 压杆受压变形示意图

在工程实践中,常会遇到比较细长的压杆,如内燃机的气门挺杆,螺旋千斤顶丝杆,液压油缸活塞杆,内燃机连杆和桁架及起重机机臂的压杆等。由于制成这些杆件的材料不是绝

对均匀;杆件的加工和安装不可能没有误差;作用在杆上的轴力不可能和杆的轴线完全重合;而且在工作过程中不可能不受某种偶然因素的干扰。这就要求压杆必须是稳定的,因为压杆一旦失稳,往往会造成严重事故。1907年,加拿大魁北克省圣劳伦斯河上的钢结构大桥(跨长548m)在施工中,由于桁架中两根受压弦杆的突然失稳,造成了整个大桥的倒塌,九千吨钢结构变成一堆废铁,在桥上施工的85名工人中有74人丧生。目前,高强度钢和超高强度钢的广泛应用使压杆稳定性问题更加突出,已成为结构设计中极为重要的部分。

除了压杆外,只要壁内有压应力,其他弹性薄壁构件就同样有可能出现失稳现象。本章只限于讨论压杆的稳定性问题。

引例8　脚手架立杆的稳定

扣件式钢管脚手架在混凝土建筑工程施工中广泛应用,是由钢管和扣件搭设的空间结构。脚手架立杆主要是轴心受压,如图所示,其稳定性至关重要。

工程中主要通过以下构造措施来增强立杆的稳定性。

(1)脚手架立杆竖向连接一般采用对接,保证立杆是轴心受压。

(2)设置纵横向水平杆进行约束。

(3)设置边墙件。

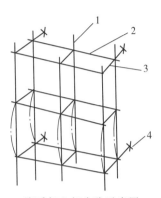

脚手架立杆失稳示意图
1—立杆;2—水平杆;3连墙件

9.2　压杆临界应力的计算

9.2.1　两端铰支细长压杆的临界力

求压杆的临界力 P_{cr},即杆弯曲后保持平衡状态时的纵向力 P,这个问题是欧拉在1774年首先解决的。

设有一根等截面的直杆 AB,长为 l,两端铰支(图9-2),在纵向力作用下,发生微小弯曲变形。选取坐标轴如图所示,杆在弯曲状态下,距下端为 x 的任一截面的挠度为 y,该截面的弯矩为

$$M(x) = Py \qquad (9-1)$$

压杆开始丧失稳定时,挠度很小,可以根据挠曲线的近似微分方程来进行分析,将式(9-1)代入挠曲线近似微分方程,得:

$$EI\frac{d^2 y}{dx^2} = -M(x) = -Py \qquad (9-2)$$

令

$$k^2 = \frac{P}{EI}$$

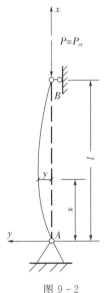

图9-2
压杆变形示意图

式(9-2)的微分方程就可写成

$$\frac{\mathrm{d}^2 y}{\mathrm{d}x^2} + k^2 y = 0$$

它的通解是：

$$y = c_1 \sin kx + c_2 \cos kx \qquad (9-3)$$

上式就是挠曲线的方程，其中 c_1 及 c_2 是两个待定的积分常数，k 是一个待定值。

要确定上述这几个待定值，可以利用杆端的两个边界条件。

在 A 端，即 $x=0$ 处，挠度 $y=0$，把它代入式(9-3)，即可求得：

$$c_2 = 0$$

因此挠度曲线方程为

$$y = c_1 \sin kx$$

在 B 端，即 $x=l$ 处，挠度 $y=0$，代入上式得

$$0 = c_1 \sin kl$$

由此解得：

$$c_1 = 0 \ \text{或} \ \sin kl = 0$$

若取 $c_1 = 0$，得挠曲线方程为 $y=0$，表示杆仍保持直线式，这个结论与原来的前提相矛盾。因此，得

$$kl = n\pi \quad (n = 0, 1, 2, 3, \cdots, n)$$

即

$$k = \frac{n\pi}{l} \quad (n = 0, 1, 2, 3, \cdots, n)$$

式中，n 为任意整数。由此得：

$$P = \frac{n^2 \pi^2 EI}{l^2}$$

实际中有意义的是最小临界力，故取 $n=1$，得

$$P_{\mathrm{cr}} = \frac{\pi^2 EI}{l^2} \qquad (9-4)$$

式中，E 为材料的弹性模量；l 为杆的长度；I 为杆件横截面的惯性矩。

上式即为两端铰支细长压杆的临界力计算公式，该式又称为欧拉公式。若两端是球形铰或与它类似的支承，两端截面在任何方向都可以转动，则应取 $I_{\min}$ 代入上式，因为在这种支承情况下，压杆将在抗弯能力最弱的平面内发生弯曲。这个平面称为最小刚度平面。

9.2.2 不同杆端约束情况下的临界力

在前节中，推导了两端为铰支细长压杆的临界力计算公式。对于其他约束形式的压杆，

不同的杆端约束条件,其临界力值也不一样。这里直接给出临界力的一般表达式为

$$P_{cr} = \frac{\pi^2 EI}{(\mu l)^2} \qquad (9-5)$$

式中,μ 为长度系数,其值取决于压杆两端的约束情况,见表 $9-1$,μl 为压杆的计算长度。

表 $9-1$　压杆的长度系数

杆端的约束情况	两端固定	一端固定,另一端铰支	两端铰支	一端固定,另一端自由
压杆的挠曲线的形状				
长度系数(μ)	0.5	0.7	1.0	2.0

9.2.3　临界应力和柔度

　　按照式($9-5$)计算出临界力 P_{cr} 后,将它除以压杆的横截面面积 A,所得的平均应力定义为临界应力,用 σ_{cr} 表示为

$$\sigma_{cr} = \frac{P_{cr}}{A} = \frac{\pi^2 EI}{(\mu l)^2 A} \qquad (9-6)$$

　　令 $i = \sqrt{\dfrac{I}{A}}$,式中 i 为截面的惯性半径。令 $\lambda = \dfrac{\mu l}{i}$,则式($9-6$)可写为

$$\sigma_{cr} = \frac{\pi^2 E}{\lambda^2} \qquad (9-7)$$

式中,λ 称为压杆的柔度或细长比,是一个没有量纲的量,它综合了压杆的所有外部特征,反映了压杆长度(l)、截面尺寸和形状(i)以及杆端约束情况(μ)对临界力的影响,是压杆稳定计算中的一个重要的参数。压杆愈细长,λ 值愈大,则临界力愈小,压杆愈容易失稳。

9.2.4　欧拉公式的适用范围

　　欧拉公式($9-1$)以及式($9-5$)都是当胡克定律适用于其材料的前提下推导出来的,因此,当杆内应力不超过材料的比例极限时,式($9-1$)、式($9-5$)才成立。今以临界应力 σ_{cr} 表示杆内应力,以 σ_p 表示材料的比例极限,则欧拉公式的适用条件是

$$\sigma_{cr} = \frac{\pi^2 E}{\lambda^2} \leqslant \sigma_p$$

从而得

$$\lambda \geqslant \pi \sqrt{\frac{E}{\sigma_p}}$$

若用 λ_p 表示对应于 $\sigma_{cr} = \sigma_p$ 时的柔度值，则有

$$\lambda_p = \pi \sqrt{\frac{E}{\sigma_p}} \qquad\qquad (9-8)$$

显然，当 $\lambda \geqslant \lambda_p$ 时，欧拉公式才成立。通常将 $\lambda \geqslant \lambda_p$ 的杆件称为细长压杆，或大柔度杆。

对于常用钢 Q235A，$E = 206\text{GPa}$，$\sigma_p = 200\text{MPa}$，代入式（9-8）得 $\lambda_p = 100$。对于其他材料，同样可以计算出各自的 λ_p 值，见表 9-2。

表 9-2　常用几种材料的 λ_p

材　料	λ_p	材　料	λ_p
Q235A 钢	100	铸铁	80
优质碳钢	100	松木	50
硅钢	100	硬铝	50

9.3　压杆的稳定性校核

9.3.1　压杆的稳定条件

当压杆的应力超过其临界应力时，压杆将要丧失稳定，因此，正常工作的压杆，其截面上的应力应小于临界应力。在工程中，为了保证压杆具有足够的稳定性，还必须考虑一定的安全储备，这就要求横截面上的应力不能超过压杆的临界应力的容许值 $[\sigma_{cr}]$，即

$$\sigma = \frac{P}{A} \leqslant [\sigma_{cr}] \qquad\qquad (a)$$

其中，$[\sigma_{cr}]$ 为临界应力的容许值，其值为

$$[\sigma_{cr}] = \frac{\sigma_{cr}}{n_{cr}} \qquad\qquad (b)$$

式中，n_{cr} 为稳定安全系数。

为了计算方便，将临界应力的容许值写成下列形式：

$$[\sigma_{cr}] = \frac{\sigma_{cr}}{n_{cr}} = \varphi[\sigma] \qquad\qquad (c)$$

由该式可知：

$$\varphi = \frac{\sigma_{cr}}{n_{cr}[\sigma]} \qquad\qquad (d)$$

式中,$[\sigma]$为强度计算时的容许应力;φ称为折减系数,其值小于1。

由(d)式可知,当$[\sigma]$一定时,φ决定于σ_{cr}与n_{cr}。由于临界应力值σ_{cr}随压杆的柔度而改变,而不同柔度的压杆一般又规定不同的稳定安全系数,所以折减系数φ是柔度λ的函数,表9-3列出了不同材料的折减系数。

将(c)式代入(a)式,则有

$$\sigma=\frac{P}{A}\leqslant\varphi[\sigma] \tag{9-9}$$

通常改写为

$$\frac{P}{\varphi A}\leqslant[\sigma] \tag{9-10}$$

该式即为压杆需满足的稳定条件。

表9-3 折减系数 φ 值

λ	折减系数 φ			
	Q235 钢	Q345 锰钢	木材(杉木)	钢筋混凝土
20	0.981	0.974	0.914	1.0
40	0.941	0.921	0.725	0.96
60	0.883	0.831	0.540	0.82
70	0.839	0.751	0.463	0.76
80	0.783	0.665	0.398	0.67
90	0.714	0.571	0.343	0.60
100	0.638	0.488	0.280	0.54
110	0.563	0.418	0.231	0.49
120	0.494	0.360	0.194	0.43
130	0.434	0.312	0.166	0.38

9.3.2 压杆的稳定计算

应用稳定条件,可对压杆进行三方面的计算。

1. 稳定性校核

当压杆的几何尺寸、所用材料、支承情况及压力 P 均为已知时,校核其是否满足式(9-9)或式(9-10)之稳定条件。

此时,应首先算出压杆的柔度λ,由λ查出相应的折减系数φ,按式(9-9)或式(9-10)校核。

2. 求压杆容许荷载

当压杆的几何尺寸、所用材料、支承情况已知时,按稳定条件计算 P 值:

$$P \leqslant A\varphi[\sigma]$$

此时亦需首先算出压杆的柔度 λ,再依 λ 查出相应的折减系数 φ。

3. 选择截面

当杆的长度、所用材料、支承情况及压力 P 均为已知时,按稳定条件选择杆的截面尺寸。

选择截面需采用"试算法"。先入假定一个不大于 1 的 φ 值,由稳定条件算出面积 A,然后依算得的 A 及截面形状算出 λ,查出 φ,再根据 A 及 φ 值验算其是否满足稳定条件。如不满足,需重新假定 φ 值,重复上述过程,直到满足稳定条件为止。

【例 9 - 1】 一端固定,一端自由的压杆($\mu = 2$),材料为 Q235 钢,已知 $P = 450\text{kN}$,$L = 1.5\text{m}$,$[\sigma] = 205\text{MPa}$,试选工字钢截面(图 9 - 3)。

【解】 因为工字截面型号尚未知,这样就不能计算 λ,也就不知道 φ 值,因而也不能用式(9 - 9)进行校核。

可先从强度方面估算截面面积,即

$$A \geqslant \frac{P}{[\sigma]} = \frac{450 \times 10^3}{205} = 2\ 195(\text{mm}^2)$$

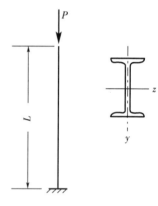

图 9 - 3 例 9 - 1 图

从型钢表中按估算面积的 2 倍(4 390mm²),初选 22b 号工字钢,$A = 4\ 640\text{mm}^2$,最小惯性半径 $i_y = 22.7\text{mm}$,于是,有

$$\lambda = \frac{\mu l}{i_y} = \frac{2 \times 1\ 500}{22.7} = 132$$

由表 9 - 3 按线性插值法算出 φ:

$$\varphi = 0.434 - \frac{0.434 - 0.383}{10} \times 2 = 0.424$$

$$\frac{P}{\varphi A} = \frac{450 \times 10^3}{0.424 \times 4\ 640} = 228.7(\text{MPa}) > [\sigma] = 205\text{MPa}$$

重选 25a 号工字钢,$A = 4\ 850\text{mm}^2$,$i_y = 24.03$。得

$$\lambda = \frac{\mu l}{i_y} = \frac{2 \times 1500}{24.03} = 124.8,\ \varphi = 0.465$$

$$\frac{P}{\varphi A} = \frac{450 \times 10^3}{0.465 \times 4\ 850} = 199.5(\text{MPa}) < [\sigma] = 205\text{MPa}$$

所选截面符合要求。

9.3.3 提高压杆稳定性的措施

1. 合理选择截面形状

由临界力计算公式可知,临界力与压杆截面的惯性矩 I 成正比,因此在压杆截面面积一

定的条件下,应当选择惯性矩较大的截面形状。例如空心圆截面杆与实心圆截面杆相比,在截面面积相等的条件下,空心圆截面杆的稳定性要比实心圆截面杆好(但空心圆截面的壁厚不宜过小,否则将引起局部失稳);如用槽钢或工字钢制造压杆时,往往采用组合截面(图9-4)。

微课:
提高压杆稳定的措施

2. 改善支承情况

在其他条件相同的情况下,杆端约束愈牢固,压杆的长度系数 μ 就愈小,压杆的柔度 λ 也愈小,因而压杆就不易失稳,例如,两端固定的压杆与两端铰支的压杆相比,前者的临界力为后者的四倍,可见约束情况对临界力的影响很大,因而加强约束,可以提高压杆的稳定性。

在工作条件允许的情况下,若增加压杆中间支承,对提高压杆稳定性的效果更好。

3. 材料的选择

对于细长杆($\lambda \geqslant \lambda_p$),临界应力 σ_{cr} 与材料的弹性模量 E 成正比,因此在其他条件相同的情况下可以选择弹性模量 E 值高的材料来提高压杆的稳定性。但各种钢材的 E 值相差不多,所以采用高强度钢对改善细长杆的稳定性是不起什么作用的。

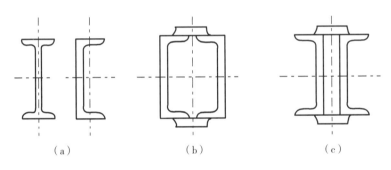

（a）　　　　　　　（b）　　　　　　　（c）

图 9-4　不同类型型钢截面

思考与实训

拓展:
脚手架因何垮塌

1. 直径 $d = 25\text{mm}$ 的钢杆,长为 l,用作抗压构件,试求其临界力及临界应力。已知钢的弹性模量 $E = 206\text{MPa}$,其约束条件及杆长分别为:(1)两端铰支,$l = 600\text{mm}$;(2)两端固定,$l = 1\,500\text{mm}$;(3)一端固定,另一端自由,$l = 400\text{mm}$;(4)一端固定,另一端铰支,$l = 1\,000\text{mm}$。

2. 如图 9-5 所示,压缩机活塞杆受活塞传来的轴向力 $P = 120\text{kN}$ 的作用,活塞杆的长度 $l = 1\,800\text{mm}$,横截面直径 $d = 75\text{mm}$,材料 $E = 210\text{GPa}$,$\sigma_P = 240\text{MPa}$。规定 $n_{cr} = 8$,试校核活塞杆的稳定性。

3. 一简易吊车的摇臂如图 9-6 所示,最大载重量 $G = 20\text{kN}$。已知 AB 杆的外径 $D = 50\text{mm}$,内径 $d = 42\text{mm}$,材料为 Q235 钢,稳定安全系数 $n_{cr} = 2$,试复核压杆 AB 的稳定性。

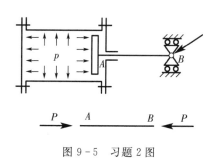

图 9-5 习题 2 图

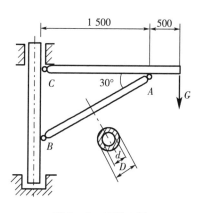

图 9-6 习题 3 图

模块十　影　响　线

 教学目标 》》》——————————————————————————————————————》》》

理解影响线的概念,掌握影响线的基本绘制方法,熟练绘制静定梁的影响线,能应用影响线确定荷载的最不利位置。

 教学要求

能力目标	相关知识
理解影响线的概念	影响线的概念,影响线的研究意义
能正确建立量值的影响线方程,作出量值的影响线	静力法作静定梁的影响线
能根据约束条件判断杆件刚体位移,正确做出影响线	机动法作静定梁的影响线
能应用影响线求解各种荷载作用下量值的数值、确定荷载的最不利位置	均布荷载、单个集中荷载、多个集中荷载作用下最不利荷载位置的确定

模块十课件

模拟试卷(10)

10.1   影响线的认知

在前面讨论结构的内力计算时,作用在结构上的荷载无论位置还是大小、方向都是不变的,称之为恒载。而一般的工程结构中除了承受恒载外,还受到活载作用;当活载的方向、大小不变,仅作用位置可以移动时,称之为移动荷载。例如,工业厂房中吊车梁上的吊车荷载或桥梁上的汽车荷载等。

一般来说,任一幅梁,在固定荷载(恒载)作用下,各截面上的内力(弯矩、剪力)是不变的。内力图(弯矩图、剪力图)表示出梁中各截面的内力大小,据此可以确定梁中内力最大值以及发生内力最大值时所在截面的位置。

当该梁在移动荷载作用下,梁的反力及各截面的内力(弯矩、剪力)将随着荷载位置的移动而变化。通常把在竖向单位移动荷载作用下,结构内力、反力或变形的量值随竖向单位荷载位置移动而变化的规律图像称之为影响线。若移动荷载是有关各种荷载组合而成,即可根据叠加原理来分析结构在各种移动荷载组合下的支座反力、截面内力、应力、变形等量值。影响线的图像具体表达方式是用水平轴表示荷载的作用位置,纵轴表示结构某一指定位置某一量值的大小,正量值画在水平轴的上方,负量值画在水平轴的下方。

影响线是研究移动荷载作用下结构计算的基本工具,利用影响线可确定实际移动荷载对结构某量值的最不利位置,从而求出该量值的最大值。

作影响线的基本方法有两种:静力法和机动法。

10.2   用静力法作静定梁的影响线

静力法是取单位移动荷载的作用位置 x 为自变量,根据所选定的坐标系,由静力平衡条件列出所求量值与 x 之间的函数关系式。这个关系式称为该量值的影响线方程。利用影响线方程,即可绘制该量值的影响线。

下面以简支梁为例,介绍用静力法作影响线的方法。

10.2.1   反力影响线

简支梁 AB 如图 $10-1(a)$ 所示。选取 A 点为坐标原点,坐标 x 向右为正。将单位集中荷载 $P=1$ 移至距离坐标原点 x 处,并假定支座反力 F_{yA} 和 F_{yB} 向上为正。取整体为隔离体,由平衡条件有

$$\sum M_B = 0, F_{yA} = \frac{l-x}{l} \quad (0 \leqslant x \leqslant l) \tag{10-1}$$

$$\sum M_A = 0, F_{yB} = \frac{x}{l} \quad (0 \leqslant x \leqslant l) \tag{10-2}$$

式(10-1)和式(10-2)分别为支座反力 F_{yA} 和 F_{yB} 的影响线方程。

由影响线方程作出影响线,如图 $10-1(b)$、(c) 所示。作影响线时,通常正号影响线竖标绘在基线上方,负号竖标绘在基线下方,并在图中标明正、负号。

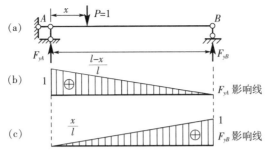

图 10-1　反力的影响线

10.2.2　剪力影响线

由于单位力 $P=1$ 在截面 C 左侧和右侧移动时,剪力 Q_C 的影响线方程不同,因此应分段求出 Q_C 的影响线方程。

当 $P=1$ 在截面 C 左侧移动,即 $0 \leqslant x \leqslant a$ 时[图 10-2(a)],有

$$Q_C = -F_{yB} = -\frac{x}{l} \quad (0 \leqslant x \leqslant a) \tag{10-3}$$

当 $P=1$ 在截面 C 右侧移动时,即 $a \leqslant x \leqslant l$ 时[图 10-2(b)],有

$$Q_C = F_{yA} = \frac{l-x}{l} \quad (a \leqslant x \leqslant l) \tag{10-4}$$

式(10-3)和式(10-4)为剪力 Q_C 影响线方程,其影响线如图 10-2(c)所示。

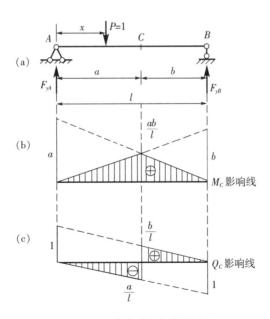

图 10-2　剪力及弯矩的影响线

10.2.3 弯矩影响线

由于单位力 $P=1$ 在截面 C 左侧或右侧移动时,弯矩 M_C 的影响线方程不相同,因此应分段求出 M_C 影响线方程。

弯矩的方向仍以使梁截面上部受压,下部受拉时为正,反之为负。

当 $P=1$ 在截面 C 左侧,即 $0 \leqslant x \leqslant a$ 时,有

$$M_C = F_{yB}b = \frac{x}{l}b \quad (0 \leqslant x \leqslant a) \tag{10-5}$$

当 $P=1$ 在截面 C 右侧,即 $a \leqslant x \leqslant l$,有

$$M_C = F_{yA}a = \frac{l-x}{l}a \quad (a \leqslant x \leqslant l) \tag{10-6}$$

式(10-5)和式(10-6)为 M_C 的影响线方程。由影响线方程作出 M_C 的影响线,如图 10-2(b)所示。

10.3 用机动法作静定梁的影响线

机动法作影响线是以刚体虚位移原理为依据的。下面以简支梁[图 10-3(a)]为例说明这一方法。

欲求 F_{yA} 的影响线,首先去掉与它相应的约束,即 A 处的支座链杆,以正向的反力 F_{yA} 代替其作用,如图 10-3(b)所示。此时原结构已成为具有一个自由度的体系。然后使体系发生任意微小的虚位移(即梁 AB 绕 B 点作微小转动),以 δ_A 和 δ_P 分别表示 F_{yA} 和 P 的作用点沿该作用力方向的虚位移。由于体系在 F_{yA}、F_{yB} 和 P 共同作用下处于平衡状态,根据虚位移原理,得虚功方程为

$$F_{yA}\delta_A + P\delta_P = 0 \tag{10-7}$$

因为 $P=1$,式(10-7)为

$$F_{yA} = -\frac{\delta_P}{\delta_A} \tag{10-8}$$

式中,δ_P 为荷载 $P=1$ 作用点处的虚位移。

由于虚位移具有任意性,不妨令 $\delta_A = 1$,则式(10-8)成为

$$F_{yA} = -\delta_P \tag{10-9}$$

由于 $P=1$ 的位置是变化的,则 δ_P 表示为荷载作用点的竖向虚位移图,如图 10-3(b)所示。由式(10-9)可见,F_{yA} 的影响线实际上就是 $\delta_A = 1$ 时的荷载竖向虚位移图,仅差正负号。通常 $P=1$ 的方向向下,由于规定 δ_P 是以与 $P=1$ 方向一致为正,即 δ_P 向下为正。若位移图画在横轴上方,显然 δ_P 为负值,由式(10-9)可知 F_{yA} 为正,即影响线恰好画在横轴上方为正。由此确定的影响线如图 10-3(c)所示,这与静力法的结果一致。

从上面讨论可以看出,欲求某一量值的影响线,首先将所求量值相应的约束去掉,使结

构成为一个机构,然后令其沿量值的正向发生单位位移,则荷载竖向位移图即为所求量值的影响线。这种作影响线的方法称为机动法。

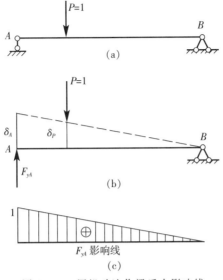

图 10 - 3　用机动法作梁反力影响线

下面通过作如图 10 - 4(a)所示简支梁 M_C 和 Q_C 的影响线,进一步说明机动法作影响线的问题。

求截面 C 的弯矩 M_C 影响线,首先将 M_C 的相应约束去掉,即截面 C 由刚结改为铰接,用一对正向弯矩 M_C 代替 C 点两侧截面相对约束。令这两个截面沿 M_C 正向发生相对转角 $\alpha + \beta$,如图 10 - 4(b)所示。列虚功方程为

$$M_C(\alpha + \beta) + P\delta_P = 0$$

令 $\alpha + \beta = 1$,且 $P = 1$,故有

$$M_C = -\delta_P \qquad\qquad (10 - 10)$$

由式 10 - 10 可知,所得竖向虚位移图即为 M_C 的影响线,如图10 - 4(c)所示。

作截面 C 的剪力 Q_C 影响线,首先去掉与 Q_C 相应的约束,即将截面 C 改为定向支承,用一对正向剪力代替结点 C 两侧截面相对的约束。令此机构发生如图 10 - 4(d)所示虚位移,列虚功方程为

$$Q_C(CC_1 + CC_2) + P\delta_P = 0$$

令 $CC_1 + CC_2 = 1$,且 $P = 1$,则有

$$Q_C = -\delta_P \qquad\qquad (10 - 11)$$

由式 10 - 11 可知,所得虚位移图即为 Q_C 的影响线,如图 10 - 4(e)所示。

由于 AC 和 BC 杆用两根平行链杆相连,发生虚位移后,则 AC 和 BC 杆仍保持平行,再由 $CC_1 + CC_2 = 1$ 可求出各竖杆标值。

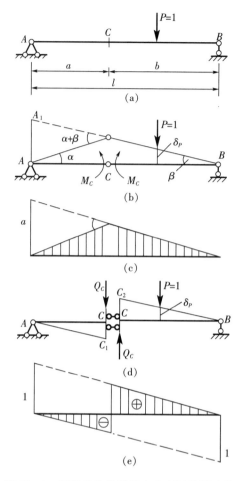

图 10-4　用机动法作梁剪力和弯矩的影响线

【例 10-1】　试用机动法作如图 10-5(a)所示静定梁 F_{yB}、M_A、M_K 及 Q_K 的影响线。

【解】　(1)作 F_{yB} 影响线。

将支座 B 去掉,梁只能上下平动。令 B 点沿 F_{yB} 正向移动单位距离,则 F_{yB} 的影响线如图 10-5(b)所示。

(2)作 M_A 的影响线。

因为支座 A 是定向去承,约束 A 端的水平位移和转角,因此去掉与 M_A 对应的约束(即去掉一根支座连杆)。杆件可绕 B 点转动,使 A 截面沿 M_A 正向产生单位转角,则 M_A 的影响线如图 10-5(c)所示。

(3)作 M_K 的影响线。

将截面 K 由刚结改为铰接,杆 AK 上下平动时,杆 KB 可绕 B 点转动。令杆 KB 绕 B 点顺针向转动单位角度,即结点 K 两侧发生与 M_K 一致的相对单位转角,得 M_K 的影响线,如图 10-5(d)所示。

(4)作 Q_K 的影响线。

将截面 K 由刚结改为定向支承,KB 部分为几何不变体系,AK 杆只能上下平动。令

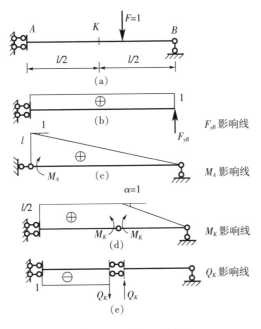

图 10-5 例 10-1 图

AK 杆向下移动单位位移,得 Q_K 影响线如图 10-5(e)所示。

【例 10-2】 用机动法作如图 10-6(a)所示多跨静定梁 F_{yE}、M_1、Q_1、Q_C^L、Q_C^R 的影响线。

【解】 (1)作 F_{yE} 影响线。

去掉支座 E,AD 部分为几何不变体系,DF 杆只能绕 D 点转动。令点 E 向上移动一个单位距离,即得 F_{yE} 影响线,如图 10-6(b)所示。

(2)作弯矩 M_1 的影响线。

将结点 1 由刚结改为铰接,$1A$ 部分为几何不变体,而杆 $1B$ 只能绕结点 1 转动,并带动其他部分运动。令杆 $1B$ 发生顺时针单位转角,即得影响线,如图 10-6(c)所示。

(3)作 Q_1 的影响线。

将结点 1 由刚结改为定向支承,$1A$ 部分是几何不变体,此时杆 $1B$ 只能上下平动,并带动其他部分运动。令杆 $1B$ 向上移动单位距离,即得 Q_1 影响线,如图 10-6(d)所示。

(4)作 Q_C^L 的影响线。

将结点 C 左侧截面由刚结改为定向支承,AB 部分为几何不变体系,杆 CB 只能绕 B 点转动。由于杆 CB 和杆 CD 在移动过程中保持平行,并且 CD 杆 C 端有铰支座,则杆 CD 只能绕 C 点转动并与 CB 杆转角相同。令 CB 杆绕 B 点转动使 C 端向下产生单位位移,即得 Q_C^L 影响线,如图 10-6(e)所示。

(5)作 Q_C^R 的影响线。

将结点 C 右侧截面由刚结改为定向支承,AC 部分为几何不变体系,杆 CD 可上下平动。令杆 CD 向上移动单位距离,得 Q_C^R 影响线,如图 10-6(f)所示。

用机动法作多跨静定梁的影响线是较为方便的。首先,去掉所求量值对应的约束;然后

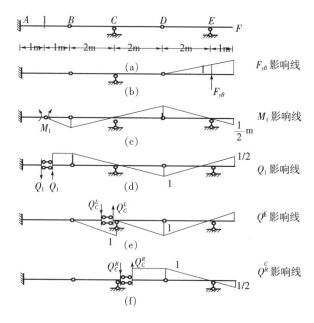

图 10 - 6　例 10 - 2 图

使体系沿其约束力正向发出单位虚位移,根据每一杆的虚位移应为一直线段,以及支座和结点对杆件位移的影响,画出各杆件的虚位移图,从而得到所求量值的影响线。由此可见,一般静定结构的影响线均为直线段。

10.4　影响线的应用

影响线是研究移动荷载作用下结构计算的基本工具,应用它可确定一般移动荷载作用下某量值的最不利荷载位置,从而求得该量值的最大值。为此,需要解决两方面的问题:一是当实际荷载在结构上的位置已知时,如何利用某量值的影响线求出该量值的数值;二是当实际的移动荷载在结构上移动时,如何利用影响线确定其最不利荷载位置。下面分别讨论:

10.4.1　各种荷载作用下的影响线

1. 集中荷载作用的情况

设在结构的已知位置上作用一组集中力 $P_1,P_2,\cdots,P_n$,结构某量值 S 的影响线在各荷载作用点的竖标分别为 $y_1,y_2,\cdots,y_n$,如图 10-7 所示。现要求在这组集中力作用下量值 S 的大小。

由影响线的定义可知,P_i 引起的量值 S 等于 P_iy_i,根据叠加原理,求得在此组荷载作用下 S 的值为

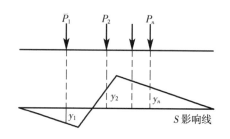

图 10 - 7　多个集中力共同作用下的影响线

$$S = P_1 y_1 + P_2 y_2 + \cdots + P_n y_n \qquad (10-12)$$

2. 分布荷载作用的情况

利用某量值 S 的影响线,求作用在结构上分布荷载引起量值 S 时[图10-8(a)],可将荷载分布长度分成无限多个微段,每一微段上的荷载 $q(x)\mathrm{d}x$ 可视为一个集中荷载,故在 AB 段内的分布荷载所引起的 S 值为

$$S = \int_{xA}^{xB} q(x) y \mathrm{d}x$$

若 $q(x) = q$ 为均布荷载[图 10-8(b)],则有

$$S = \int_{xA}^{xB} q(x) y \mathrm{d}x = \int_{xA}^{xB} y \mathrm{d}x = q\omega = q(\omega_2 - \omega_1) \qquad (10-13)$$

式中,ω 为均布荷载分布区域对应的影响线面积代数和。在基线上方影响线面积取正号,反之取负号。

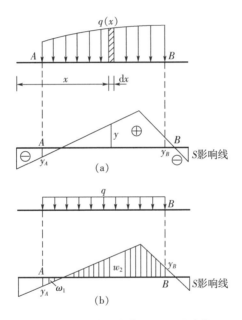

图 10-8 分布荷载作用下的影响线

【例 10-3】 利用影响线求如图 10-9(a)所示结构在图示固定荷载作用下 F_{yA}、M_C、Q_C^L、Q_C^R 的值。

【解】 首先作出 F_{yA}、M_C 和 Q_C 的影响线,如图 10-9(b)、(c)、(d)所示。

$$F_{yA} = q\omega_1 + Py_1 = 8 \times \left(\frac{1}{2} \times 1 \times 3 + \frac{1}{2} \times 0.5 \times 3 \right) + 24 \times 0.5 = 30(\mathrm{kN})$$

$$M_C = q\omega_2 + Py_2 = 8 \times \frac{1}{2} \times 1.5 \times 3 + 24 \times 1.5 = 54(\mathrm{kN})$$

$$Q_C^L = q\omega_3 + Py_3 = 8 \times \left(-\frac{1}{2} \times 0.5 \times 3 \right) + 24 \times 0.5 = 6(\mathrm{kN})$$

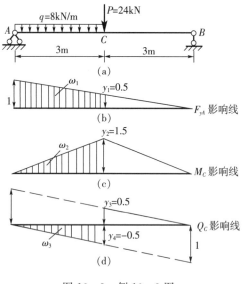

图 10 - 9　例 10 - 3 图

$$Q_C^R = q\omega_3 + Py_4 = 8 \times \left(-\frac{1}{2} \times 0.5 \times 3\right) - 24 \times 0.5 = -18(\text{kN})$$

10.4.2　最不利荷载位置的确定

在移动荷载作用下,结构上的指定量值(内力、反力)将随荷载位置的变化而变化。若荷载移动到某位置而使该量值达到最大值或最小值(即最大负值),则称该荷载位置为最不利的荷载位置。最不利荷载位置确定后,可按固定荷载求出该量值的最大值。

1. 均布荷载的情况

可动均布荷载是指可以任意布置的均布荷载,如人群、货物等荷载。由式(10-8)可知,将荷载布满影响线正号面积对应的区域时,量值 S 将产生最大值;反之,将荷载布满影响线负号面积对应的区域时,则量值 S 将产生最小值(图10-10),它们均为量值 S 的最不利荷载位置。

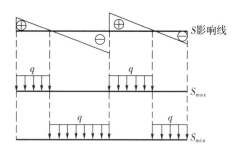

图 10 - 10　移动荷载作用

对于分布长度固定不变的移动均布荷载,当影响线为直角三角形时,将均布荷载一端置于正(或负)竖标最大的顶点上,即为最不利荷载分布,如图10-11(a)所示。当影响线为一般三角形且均布荷载跨过其顶点[图10-11(b)]时,可用一般求极值的方法确定最不利荷载位置。令 $\dfrac{dS}{dx} = 0$,有

$$\frac{dS}{dx} = \sum P_{Ki} \tan \alpha_i = P_K^L \frac{h}{a} - P_K^R \frac{h}{b} = 0 \ \text{或} \ \frac{P_K^L}{a} = \frac{P_K^R}{b}$$

即左、右两边的平均荷载应相等。

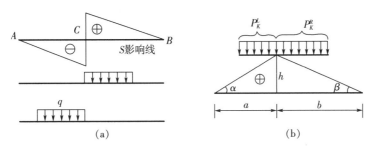

图 10-11 移动荷载作用

2. 集中荷载的情况

当荷载情况比较简单时，最不利荷载位置易于确定。例如，结构只承受一个移动集中荷载 P 作用时，只要将荷载 P 置于 S 影响线的最大竖标处，就可得到 S 的最大值为 $S_{max}=Py_1$；而将荷载 P 置于 S 影响线最小竖标处，则得到 S 的最小值为 $S_{min}=Py_2$。此时，最不利的荷载位置如图 10-12 所示。

对于由多个集中荷载所组成的一组行列荷载，其最不利荷载位置的确定，一般较为复杂，需要利用高等数学求函数极值的方法。在这里，仅将有关该问题讨论的推断与论证结果总结如下。

图 10-12 移动集中荷载作用

（1）最不利荷载位置必然发生在荷载密集于影响线竖标最大处。

（2）当移动集中荷载在最不利荷载位置时，必有一个集中荷载作用在影响线的顶点。通常将这一位于影响线顶点的集中荷载称为临界荷载，相应的荷载所处位置称为临界位置。需要试算才能确定荷载最不利位置，并求出相应量值的最大值。

拓展：
吊车梁设计

思考与实训

1. 如图 10-13 所示，作出悬臂梁竖向支反力及根部截面的弯矩、剪力的影响线。

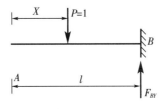

图 10-13 习题 1 图

2. 如图 10-14 所示，作出外伸梁支座反力的影响线及 M_C、Q_C 的影响线。

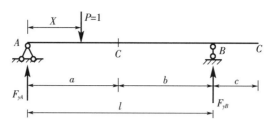

图 10-14　习题 2 图

3. 利用影响线,求如图 10-15 所示结构在固定荷载作用下指定量值的大小。

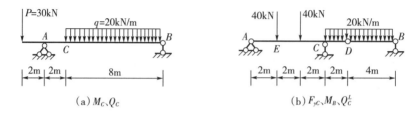

（a）M_C、Q_C　　　　（b）F_{yC}、M_B、Q_C^L

图 10-15　习题 3 图

附录 1　平面图形的几何性质

一、截面的形心、面积矩、惯性矩

1. 形心

截面的形心是指截面图形的几何中心,如附图 1-1所示。对于密度均匀的实物体,质心和形心重合。若几何图形有对称轴,则形心必在对称轴上。因此,某些最简单的几何图形的形心位置是不用计算而可知的。例如,矩形的形心在两条对称轴的交点;圆的形心在圆心。

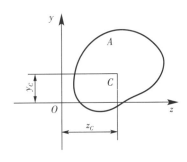

附图 1-1　平面图形的形心

对于较为复杂形状的平面图形,面积为 A,可按如下步骤确定它的形心位置。

(1)选取坐标系 zOy;

(2)将截面图形分解为若干个简单的分部图形;

(3)求每一分部图形的面积为 A_i、分部图形的形心坐标(z_{Ci}, y_{Ci});

(4)该图形的形心为

$$y_C = \frac{\sum A_i y_{Ci}}{\sum A_i}, z_C = \frac{\sum A_i z_{Ci}}{\sum A_i} \qquad (附-1)$$

微课:
常见平面图形的形心

2. 面积矩

平面图形的面积与其形心坐标 z_C 或 y_C 的乘积 Az_C 或 Ay_C 称为该平面图形面积对 z 轴或 y 轴的面积矩,又称静矩,用 S_z 或 S_y 表示。即

$$S_y = Az_C \qquad S_z = Ay_C \qquad (附-2)$$

于是截面形心公式又可写为

$$z_C = \frac{S_y}{A} \qquad y_C = \frac{S_z}{A} \qquad (附-3)$$

微课:
平面图形的静矩

如果平面图形由若干简单的分部图形组合而成,根据面积矩的定义,组合图形对 z 轴或 y 轴的面积矩等于各分部图形对同一轴面积矩的代数和,即

$$S_z = A_1 y_{C1} + A_2 y_{C2} + \cdots + A_n y_{Cn} = \sum_{i=1}^{n} A_i y_{Ci} \qquad (\text{附}-4\text{a})$$

$$S_y = A_1 z_{C1} + A_2 z_{C2} + \cdots + A_n z_{Cn} = \sum_{i=1}^{n} A_i z_{Ci} \qquad (\text{附}-4\text{b})$$

式中, y_{Ci}、z_{Ci} 及 A_i 分别为各分部图形的形心坐标和面积, n 为组成组合图形的分部图形的个数。

从上式可见:面积矩的量纲是长度的三次方,单位是 m^3、mm^3 等。面积矩可能为正值、负值或等于 0。

通过截面形心的坐标轴,称为截面的形心轴。应该注意:截面对于形心轴的面积矩等于 0;反之,若截面对于某轴的面积矩等于 0,则该轴一定通过形心,即为截面的形心轴。

【例 1】 确定附图 1-2(a)所示 L 形截面的形心位置。

【解】 可采取如下两种方法:

(1)分割法

取参考轴 z、y 如附图 1-2(a),将 L 形截面分割(如图中虚线)为两个矩形部分,容易写出这两个矩形部分的形心位置及面积。

第一个矩形,形心为 C_1,其形心坐标和图形面积分别为

$$z_1 = \frac{10}{2} = 5\,\text{mm}, y_1 = \frac{120}{2} = 60\,\text{mm}, A_1 = 10 \times 120 = 1\,200(\text{mm}^2)$$

第二个矩形,形心为 c_2,其形心坐标和图形面积分别为

$$z_2 = 10 + \frac{70}{2} = 45\,\text{mm}, y_2 = \frac{10}{2} = 5\,\text{mm}, A_2 = 70 \times 10 = 700(\text{mm}^2)$$

利用式(2)求得整个截面形心 C 的位置为

$$z_C = \frac{\sum A_i z_i}{\sum A_i} = \frac{A_1 z_1 + A_2 z_2}{A_1 + A_2} = \frac{1\,200 \times 5 + 700 \times 45}{1\,200 + 700} = 19.7(\text{mm})$$

$$y_C = \frac{\sum A_i y_i}{\sum A_i} = \frac{1\,200 \times 60 + 700 \times 5}{1\,200 + 700} = 39.7(\text{mm})$$

(2)负面积法

取参考轴并用虚线画出矩形,如附图 1-2(b)所示。以虚线与 L 形外边围成的矩形为分部图形 1,以虚线与 L 形内边围成的矩形为分部图形 2。容易写出两个分部图形的形心位置及面积如下:

图形 1:$z_1 = \frac{80}{2} = 40\,\text{mm}, y_1 = \frac{120}{2} = 60\,\text{mm}, A_1 = 80 \times 120 = 9\,600(\text{mm}^2)$。

图形 $2:z_2=10+\dfrac{70}{2}=45(\mathrm{mm})$，$y_2=10+\dfrac{110}{2}=65(\mathrm{mm})$，$A_2=-70\times110=-7\,700(\mathrm{mm}^2)$。

由于分部图形 2 是虚设的，因此 A_2 带负号，表示应从 A_1 中减去 A_2 才是原 L 形截面。利用式(2)求得原 L 形截面的形心位置为

$$z_C=\frac{\sum A_i z_i}{\sum A_i}=\frac{9\,600\times40-7\,700\times45}{9\,600-7\,700}=19.7(\mathrm{mm})$$

$$y_C=\frac{\sum A_i y_i}{\sum A_i}=\frac{9\,600\times60-7\,700\times65}{9\,600-7\,700}=39.7(\mathrm{mm})$$

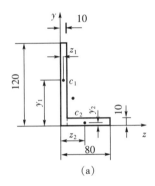
(a)

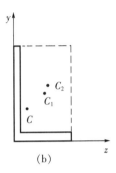
(b)

附图 1-2　例 1 图

3. 惯性矩

如附图 1-3 所示的平面图形，面积为 A，选取坐标系 zOy，其上微面积 $\mathrm{d}A$ 的形心坐标为 (z,y)。算式 $y^2\mathrm{d}A$、$z^2\mathrm{d}A$ 分别称为微面积 $\mathrm{d}A$ 对 z 轴或 y 轴的惯性矩，整个平面图形上各微面积对 z 轴或 y 轴惯性矩的总和称为该平面对 z 轴或 y 轴的惯性矩，用 I_z 或 I_y 表示。即

$$I_z=\int_A y^2\mathrm{d}A,\ I_y=\int_A z^2\mathrm{d}A \tag{5}$$

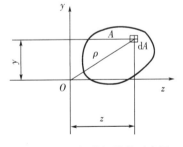
附图 1-3　惯性矩计算示意图

由上式可见，惯性矩恒为正值，其量纲是长度的四次方，单位是 m^4、mm^4 等。

4. 极惯性矩

如附图 1-3 所示，ρ 是微面积 $\mathrm{d}A$ 的形心与坐标原点之间的距离。算式 $\rho^2\mathrm{d}A$ 称为微面积 $\mathrm{d}A$ 对于坐标原点的极惯性矩，则整个平面图形对坐标原点的极惯性矩用 I_ρ 表示为

$$I_\rho=\int_A \rho^2\mathrm{d}A \tag{6}$$

可见,极惯性矩也恒为正值,其单位为 m^4、mm^4 等。

附表 1　几种常见截面图形的面积、形心和惯性矩

序号	图形	面积	形心到边缘 (或顶点)距离	惯性矩
1		$A = bh$	$e_z = \dfrac{b}{2}$ $e_y = \dfrac{h}{2}$	$I_z = \dfrac{bh^3}{12}$ $I_y = \dfrac{bh^3}{12}$
2		$A = \dfrac{\pi}{4} d^2$	$e = \dfrac{d}{2}$	$I_z = I_y = \dfrac{\pi}{64} d^4$
3		$A = \dfrac{\pi}{4}(D^2 - d^2)$	$e = \dfrac{D}{2}$	$I_z = I_y = \dfrac{\pi D^4}{64}(1 - \alpha^4)$ $\left(\alpha = \dfrac{d}{D}\right)$
4		$A = \dfrac{bh}{2}$	$e_1 = \dfrac{h}{3}$ $e_2 = \dfrac{2h}{3}$	$I_z = \dfrac{bh^3}{36}$
5		$A = \dfrac{h(a+b)}{2}$	$e_1 = \dfrac{h(2a+b)}{3(a+b)}$ $e_2 = \dfrac{h(a+2b)}{3(a+b)}$	$I_z = \dfrac{h^3(a^2 + 4ab + b^2)}{36(a+b)}$
6		$A = \dfrac{\pi R^2}{2}$	$e_1 = \dfrac{4R}{3\pi}$	$I_z = \left(\dfrac{1}{8} - \dfrac{8}{9\pi^2}\right)\pi R^4$ $I_y = \dfrac{\pi R^4}{8}$

二、平行移轴公式

如附图 1-4 所示，C 是平面图形的形心，z_C、y_C 是平面图形的形心轴，z、y 是分别与 z_C、y_C 平行的任意轴，a、b 是截面形心 C 在 zOy 坐标系中的坐标。平面图形中任一微面积 dA 在 zOy 坐标系中的坐标是 z、y，在 z_CCy_C 坐标系中的坐标是 z_C、y_C。根据惯性矩定义，平面图形对 z 轴的惯性矩 I_z 为

微课：
平行移轴公式

$$I_z = \int_A y^2 \, dA = \int_A (y_C + a)^2 \, dA = \int_A y_C^2 \, dA + 2a \int_A y_C \, dA + a^2 \int_A dA$$

$$= I_{z_C} + 2aS_{z_C} + a^2 A$$

式中，A 为该平面图形的截面积，I_{z_C} 为平面图形对自身形心轴 z_C 的惯性矩，S_{z_C} 为平面图形对自身形心轴 z_C 的面积矩，显然其值等于 0。于是有

$$I_z = I_{z_C} + a^2 A \tag{7a}$$

同理，可推出截面对于 y 轴的惯性矩 I_y

$$I_y = I_{y_C} + b^2 A \tag{7b}$$

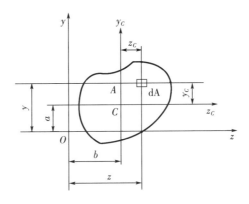

附图 1-4　平行移轴示意图

三、组合图形惯性矩

在工程中，常会遇到构件的截面是由矩形、圆形和三角形等几个简单图形组成，称为组合图形。由惯性矩的定义可知，组合图形对任一轴的惯性矩等于组成组合图形的各简单图形对同一轴惯性矩之和，即

$$I_z = \sum I_{zi}, \quad I_y = \sum I_{yi} \tag{8}$$

【例 2】　求如附图 1-5 所示截面图形对形心轴 z_C 的惯性矩 I_{z_C}。

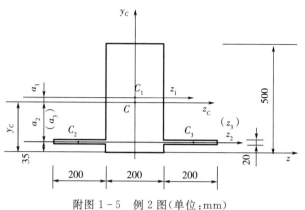

附图 1-5 例2图(单位:mm)

【解】 先确定形心轴 z_C 的位置。如附图 1-5 所示,建立参考轴 z,并把截面分为三个矩形部分,则得

$$y_C = \frac{\sum A_i y_i}{A_i} = \frac{200 \times 500 \times 250 + 2(200 \times 20 \times 35)}{200 \times 500 + 2(200 \times 20)} = 234(\text{mm})$$

然后求 I_{z_C}。为此应先求出三个分部图形的形心 C_1、C_2、C_3 在所要求惯性矩 $z_z C y_C$ 的坐标系中的坐标:

$$a_1 = 250 - 234 = 16\text{mm}, a_2 = a_3 = 35 - 234 = -199(\text{mm})$$

再分别算出三个分部图形对 z_c 轴的惯性矩:

$$I_{z_C}^{(1)} = I_{z_1} + a_1^2 A_1 = \frac{200 \times 500^3}{12} + 16^2 \times 200 \times 500 = 2.1089 \times 10^9 (\text{mm}^4)$$

$$I_{z_C}^{(2)} = I_{z_C}^{(3)} = I_{z_3} + a_3^2 A_3 = \frac{200 \times 20^3}{12} + (-199)^2 \times 200 \times 20 = 1.5854 \times 10^8 (\text{mm}^4)$$

最后相加得原截面图形对本身形心轴 z_C 的惯性矩:

$$I_{z_C} = \sum I_{z_C}^{(i)} = 2.1089 + 2 \times 1.5854 \times 10^8 = 2.426 \times 10^9 (\text{mm}^4)$$

附录2 平面杆件体系的几何组成分析

一、刚片、自由度、约束的概念

1. 刚片

体系内的任何杆件都看成是不变形的平面刚体称为刚片。显然,每一杆件或每根梁、柱都可以看作是一个刚片,建筑物的基础或地球也都可以看作是一个大刚片,某几何不变部分也可视为一个刚片。这样,平面杆系的几何分析就在于分析体系内各个刚片之间的连接方式能否保证体系的几何不变性。

2. 自由度

自由度是指确定某个物体或整个体系在平面内位置所需要的最少独立坐标(参数)的数目。例如,一个点在平面内运动时,其位置可用两个坐标$(x、y)$来确定,因此平面内的一个点有两个自由度[附图$2-1$(a)];一个刚片在平面内运动时,其位置要用$x、y、\varphi$三个独立参数来确定,因此平面内的一个刚片有三个自度[附图$2-1$(b)]。

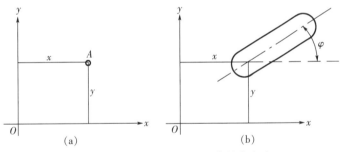

附图$2-1$ 点和刚片在平面内的自由度

一般说来,如果一个体系有n个独立的运动方式,则这个体系就有n个自由度。换句话说,一个体系的自由度,等于这个体系运动时可以独立改变坐标的数目。

3. 约束

(1)约束的定义及分类

在力学中,将限制物体自由运动的条件称为约束,这些限制条件总是由被约束物体周围的其他物体构成的。在平面杆件体系中,常见的约束类型很多,总的来说主要有五种形式。

① 链杆。不计自重且没有外力作用的刚性构件,其两端借助铰将两个物体连接起来,就构成刚性链杆约束,简称链杆约束,如直杆、曲杆、折杆。显然链杆约束是二力杆,所以约束反力必沿着两铰中心的连线。一个链杆为一个约束。

② 单铰。单铰即连接两个刚片的铰,一个单铰为两个约束。

③ 复铰。如附图$2-2$所示,连接多于两个刚片的铰,连接n个刚片的复铰相当于$(n-1)$个单铰(n为刚片数)约束。

④ 刚性连接。刚性连接是将两个刚片以整体连接的方式进行连接,构成一个更大的刚片。一个刚性连接相当于三个约束。

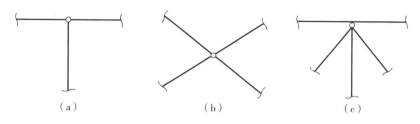

附图 2-2　复铰约束示意图

(2)必要约束与多余约束

一个平面体系,通常都是由若干个构件加入一定约束组成的。加入约束的目的是减少体系的自由度。凡使体系的自由度减少为零所需要的最少约束,称为必要约束;如果在体系中增加一个约束,而体系的自由度并不因此而减少,则该约束被称为多余约束。多余约束只说明为保持体系几何不变是多余的,在几何体系中增设多余约束,可改善结构的受力状况,并非真是多余。

如附图 2-3 所示,平面内有一个自由点 A,在附图 2-3(a)中 A 点通过两根链杆与基础相连,这时两根链杆分别使 A 点减少一个自由度而使 A 点固定不动,因而两根链杆都是必要约束。在附图 2-3(b)中,A 点通过三根链杆与基础相连,这时 A 虽然固定不动,但减少的自由度仍然为2,显然三根链杆中有一根没有起到减少自由度的作用,因而是多余约束(可把其中任意一根作为多余约束)。

附图 2-3　动点 A 的约束

二、几何不变体系、几何可变体系及几何瞬变体系

附图 2-4(a)表示动点 A 加一根水平的支座链杆1,还有一个竖向运动的自由度。由于约束数目不够,是几何可变体系。

附图 2-4(b)是用两根不在同一直线上的支座链杆 1 和 2,把 A 点联结在基础上,点 A 上下、左右的移动自由度全被限制住了,不能发生移动。因此附图 2-4(b)是约束数目恰好够的几何不变体系,叫无多余约束的几何不变体系。

附图 2-4(c)是在附图 2-4(b)上又增加一根水平的支座链杆3。这第三根链杆,就保持几何不变而言是多余的,故附图 2-4(c)是有一个多余约束的几何不变体系。

附图 2-4(d)是用在一条水平直线上的两根链杆 1 和 2 把 A 点连接在基础上,保持几何不变的约束数目是够的。但是这两根水平链杆对限制 A 点的水平位移,有一根是多余的,而对限制 A 点的竖向位移都不起作用。在附图 2-4(d)两根链杆处于水平线上的瞬时,A 点可以发生很微小的竖向位移到A'处,这时,链杆1和2不再在一直线上,A'点就不继续向下移动了。这种在某一瞬时,可发生微小几何变形的体系,叫瞬时可变体系,简称瞬变体系。瞬变体系是约束数目够,但因约束的布置不恰当而形成的瞬时可变体系。瞬变体系也是不能作结构用的体系。

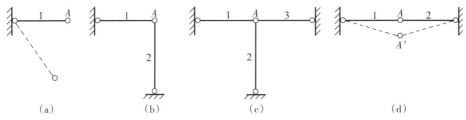

(a)   (b)   (c)   (d)

附图2-4 不同几何体系示意图

三、几何不变体系的组成规则

1. 虚铰

基本规则是几何组成分析的基础,在进行几何组成分析之前先介绍一下虚铰的概念。

如果两个刚片用两根链杆连接(附图2-5(a)),则这两根链杆的作用就和一个位于两杆交点的铰的作用完全相同。通常称连接两个刚片的两根链杆相当于一个虚铰,虚铰的位置即在这两根链杆的交点上,如附图2-5(a)的O点,因为在这个交点O处并没有真正的铰,所以称它为虚铰。

如果连接两个刚片的两根链杆并没有相交,则虚铰在这两根链杆延长线的交点上,如附图2-5(b)所示。

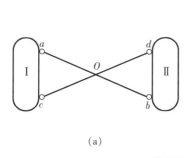 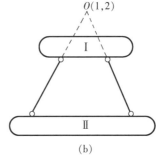

(a)   (b)

附图2-5 虚铰

2. 二元体规则

附图2-6(a)所示为一个三角形铰接体系,假如链杆Ⅰ固定不动,那么它是一个几何不变体系。

将附图2-6(a)中的链杆Ⅰ看作一个刚片,成为附图2-6(b)所示的体系,从而得出以下结论。

[规则1(二元体规则)]一个点与一个刚片用两根不共线的链杆相连,则组成无多余约束的几何不变体系。

由两根不共线的链杆(或相当于链杆)连接一个结点的构造,称为二元体(附图2-6(b))。

推论1:在一个平面杆件体系上增加或减少若干个二元体,都不会改变原体系的几何组成性质。

如附图2-6(c)所示的桁架,就是在铰接三角形ABC的基础上,依次增加二元体而形成的一个无多余约束的几何不变体系。同样,也可以对该桁架从H点起依次拆除二元体而成为铰接三角形ABC。

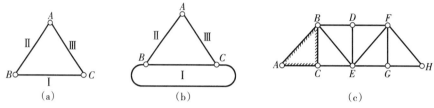

附图2-6 二元体规则示意图

3. 两刚片规则

将附图2-6(a)中的链杆Ⅰ和链杆Ⅱ都看作是刚片,成为附图2-7(a)所示的体系,从而得出以下结论。

[规则2(两刚片规则)]两刚片用不在一条直线上的一铰(B铰)、一链杆(AC链杆)连接,则组成无多余约束的几何不变体系。

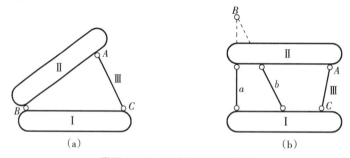

附图2-7 两刚片规则示意图

如果将附图2-7(a)中连接两刚片的铰B用虚铰代替,即用两根不共线、不平行的链杆a、b来代替,成为附图2-7(b)所示体系,则有推论2。

推论2:两刚片用不完全平行也不交于一点的三根链杆连接,则组成无多余约束的几何不变体系。

4. 三刚片规则

将附图2-6(a)中的链杆Ⅰ、链杆Ⅱ和链杆Ⅲ都看作是刚片,成为附图2-8(a)所示的体系,从而得出以下结论。

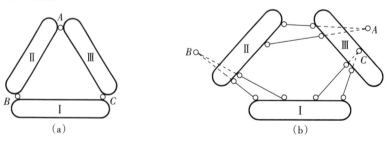

附图2-8 三刚片规则示意图

[规则3(三刚片规则)]三刚片用不在一条直线上的三个铰两两连接,则组成无多余约束的几何不变体系。

如果将图中连接三刚片之间的铰 A、B、C 全部用虚铰代替,即都用两根不共线、不平行的链杆来代替,成为附图 2-8(b)所示体系,则有下面推论3。

推论3:三刚片分别用不完全平行也不共线的两根链杆两两连接,且所形成的三个虚铰不在同一条直线上,则组成无多余约束的几何不变体系。

从以上叙述可知,这三个规则及其推论,实际上都是三角形规律的不同表达方式,即三个不共线的铰可以组成无多余约束的三角形铰接体系。规则1(及推论1)给出了固定一个节点的装配格式,如附图 2-6(b)所示的体系中,A 点通过不共线的链杆Ⅱ和链杆Ⅲ固定在基本刚片Ⅰ上;规则2(及推论2)给出了固定一个刚片的装配格式,如附图 2-7(a)、(b)所示的体系中,用不在一条直线上的 B 铰、链杆Ⅲ,或者用不交于一点的三根链杆将刚片Ⅱ固定在刚片Ⅰ上;规则3(及推论3)给出了固定两个刚片的装配格式,如附图 2-8(a)、(b)所示的体系中,通过不共线的三个铰 A、B、C 将刚片Ⅱ、刚片Ⅲ固定在刚片Ⅰ上。

多媒体知识点索引

序号	章	节	资源名称	类型	页码
1	模块一	1.4	力的平移定理	微课	15
2		1.5	平面力系简化	微课	17
3		1.5	合力偶定理	微课	18
4		1.5	平面力系平衡条件	微课	18
5		1.5	平面力系合成与平衡	微课	19
6		1.5	塔吊的平衡	PPT	20
7	模块二	2.2	约束与约束反力	微课	24
8		2.4	单跨梁受力图绘制	微课	29
9		2.5	鲁班锁的奥秘	PPT	33
10	模块三	3.1	轴向拉压杆的内力计算	微课	43
11		3.3	梁的弯曲内力计算	微课	52
12		3.3	内力方程法应用	微课	55
13		3.3	荷载与内力之间关系	微课	59
14		3.3	简捷法作梁内力图	微课	61
15		3.3	法国河上建纸桥	PPT	64
16	模块四	4.2	钢材的拉伸试验	动画	70
17		4.3	轴向拉压杆强度计算	微课	77
18		4.5	纯弯曲梁正应力计算	微课	88
19		4.5	梁的正应力强度计算	微课	92
20		4.5	吊车梁改造	PPT	99
21	模块五	5.4	偏心压缩构件介绍	微课	110
22		5.4	牛腿柱变形分析	PPT	115
23	模块六	6.2	多跨静定梁内力分析	微课	120
24		6.3	静定平面刚架内力分析	微课	124
25		6.4	桁架结点法	微课	132
26		6.4	桁架截面法	微课	135
27		6.4	中国馆钢桁架应用	PPT	137

序号	章	节	资源名称	类型	页码
28	模块七	7.1	胡克定律	微课	142
29		7.6	图乘法	微课	159
30		7.6	斜而不危的土楼	PPT	162
31	模块八	8.2	超静定结构介绍	微课	168
32		8.2	力法的基本原理	微课	170
33		8.3	等截面直杆的转角位移方程	微课	180
34		8.4	力矩分配法	微课	194
35		8.5	超静定结构应用	PPT	195
36	模块九	9.3	压杆稳定简介	微课	200
37		9.3	提高压杆稳定的措施	微课	207
38		9.3	脚手架因何垮塌	PPT	207
39	模块10	10.4	吊车梁设计	PPT	219
40	附录	1	常见平面图形的形心	微课	221
41		1	平面图形的静矩	微课	221
42		1	平行移轴公式	微课	225
43		2	几何不变体系组成规则	微课	229

参 考 文 献

1. 张毅．建筑力学(上册)[M]．北京:清华大学出版社,2006.

2. 周国瑾,施美丽,张景良．建筑力学[M].3 版．上海:同济大学出版社,1992.

3. 刘寿梅．建筑力学[M]．北京:高等教育出版社,2002.

4. 周凯龙,陈小刚．建筑力学[M]．上海:上海交通大学出版社,2008.

5. 刘志宏,蒋晓燕．建筑力学[M]．北京:人民交通出版社,2008.

6. 赵志平．建筑力学．北京:化学工业出版社,2019.

7. 林贤根．土木工程力学．少学时[M].2 版．北京:机械工业出版社,2002.

8. 于英．建筑力学[M].4 版．北京:中国建筑工业出版社,2017.

9. 苏炜．工程力学．武汉:武汉工业大学出版社,2000.

10. 陈永龙．建筑力学[M].3 版．北京:高等教育出版社,2011.

11. 梁春光,冯昆荣．建筑力学[M].3 版．武汉:武汉理工大学出版社,2014.

12. 王焕定．结构力学[M]．北京:清华大学出版社,2004.

13. 满广生,张彩凤,凌卫宁．工程力学[M]．北京:中国水利水电出版社,2015.

14. 陈送财．工程力学[M]．合肥:中国科学技术大学出版社,2006.

15. 张玉敏,腾琳．建筑力学与结构[M]．大连:大连理工大学出版社,2019.

16. 李峰．材料力学案例[M]．北京:科学出版社,2011.

17. 范钦珊．工程力学[M].2 版．北京:清华大学出版社,2012.

18. 鲍东杰,杨江波．建筑力学[M]．北京:中国电力出版社,2016.

19. 刘明晖．建筑力学[M].3 版．北京:北京大学出版社,2017.

编后语

按照出版社的统筹安排,由本编辑室策划、组编的一套高职高专土建类专业系列规划教材陆续面世了。

本套系列教材很荣幸地请安徽工程科技学院院长干洪教授作为顾问。干教授在担任安徽建筑工业学院副院长时曾是"安徽省高校土木工程系列规划教材"第一届编委会主任,与我社有过很好的合作。本套高职高专土建类专业系列教材从策划到编写,干教授全程关注,提出了许多指导性意见。他认为编写者和出版者都要为教材的使用者——学生着想,他希望我们把这一套教材做深、做透、做出特色、做出影响。

担任本套系列教材编委会主任的是合肥工业大学博士生导师柳炳康教授。他历任合肥工业大学建筑工程系主任、土木与建筑工程学院副院长,是国家一级注册结构工程师。从1982年起长期在教学第一线从事本科生及研究生的教学工作,曾主编多部土木工程专业教材,著述颇丰。柳教授为本套教材的编写和审定等做了大量而具体的工作,并在百忙中为本套教材作总序。

在这里,本编辑室还要感谢所有为这套教材的编写和出版付出智慧和汗水的人们:

安徽建工技师学院周元清副院长、江西现代职业技术学院建筑工程学院罗琳副院长和合肥共达职业技术学院齐明超等学校领导,以及诸位系主任、教研室负责人等,都非常重视这套教材的编写,亲自参加编委会会议并分别担任教材的主编。

江西赣江发展文化公司的纪伟鹏老师对本套教材的出版提出许多建设性的意见,也协助我们在江西省组建作者队伍,使本套教材的省际联合得以落实。

感谢社领导的大力支持和我社各个部门的密切配合,使得本套教材在组稿、编校、照排、出版和发行各个环节上得以顺利进行。

"职业学校的学生,要学习知识,还要学会本领,学会生存。"我们编写出版这套教材时,也在一直思索着:如何能让学生真正学到一技之长,早日成为一个个有真本领的应用型技术人才?也在努力把握着:本套教材如何在"服务于教学、服务于学生"和"培养实用人才"上面多下一番功夫?也在探索尝试着:本套教材在编排上、体例上、版式上做了一些创新处理,如何才能达到形式与内容的统一?

是不是能够达到以上这些目的,尚待时间和实践检验。我们恳请各位读者使用本套高职高专土建类专业系列规划教材时不吝指教,有意见和建议者请随时与我们联系(0551-62903204)。也欢迎其他相关院校的老师加入到本套教材的建设队伍中来。有意参编教材者,请将您的个人资料发至组稿编辑信箱(zrsg2020@163.com)。

合肥工业大学出版社

2009 年 1 月

基础课类

土木工程概论	曲恒绪	建筑力学	方从严
房屋建筑构造	朱永祥	工程力学	窦本洋
建设法规概论	董春南	建筑材料	吴自强
建筑工程测量	刘双银	土力学与地基基础	陶玲霞
建筑制图与识图（上下册）	徐友岳	建筑工程概预算	李 红
建筑制图与识图习题集	徐友岳	工程量清单计价	张雪武

建设工程监理专业

建设工程监理概论	陈月萍	建设工程进度控制	闫超君
建设工程质量控制	胡孝华	建设工程合同管理	董春南
建设工程投资控制	赵仁权		

建筑工程技术专业

建筑结构（上册）	肖玉德	建筑施工技术	张齐欣
建筑结构（下册）	周元清	建筑施工组织	黄文明
建筑钢结构	檀秋芬	建筑CAD	齐明超
建筑设备	孙桂良	建筑施工设备	孙桂良

建筑装饰工程专业

建筑装饰构造	胡 敏	建筑装饰施工	周元清
建筑装饰材料	张齐欣	建筑装饰施工组织与管理	余 晖
住宅室内装饰设计	孙 杰	建筑装饰工程制图与识图	李文全

建筑设计技术专业

建筑·设计——平面构成	夏守军	建筑·设计——素描	余山枫
建筑·设计——色彩构成	王先华	建筑·设计——色彩	姜积会
建筑·设计——立体构成	陈晓耀	建筑·设计——手绘表现技法	杨兴胜

工程造价专业

工程造价计价与控制	范一鸣	装饰工程概预算	李 红
市政与园林工程概预算	崔怀祖		

工程管理专业

工程管理概论	俞 磊	建筑工程项目管理	李险峰